啤酒酿造科技译著丛书

IPA: BREWING TECHNIQUES, RECIPES AND
THE EVOLUTION OF INDIA PALE ALE

印度淡色艾尔（IPA）啤酒的 酿造技术、配方及其历史演变

〔美〕M. 斯蒂尔　著

崔云前　译

科 学 出 版 社

北　京

图字：01-2018-2948 号

内 容 简 介

本书不仅探索了精酿啤酒最流行的风格之一——印度淡色艾尔啤酒的历史演变，还介绍了一些国际顶级酿酒师的酿酒技巧。本书内容涵盖了从水处理到酒花添加过程的各种技术，并包括 48 种著名啤酒的配方，是一本令人大开眼界，内容极其丰富的技术指南。

本书适合食品专业人员及啤酒酿造爱好者阅读参考。

IPA: Brewing Techniques, Recipes and the Evolution of INDIA PALE ALE ©2012，by Brewers Publication™, a division of the Brewers Association. www.BrewersPublications.com.
All rights reserved. Arranged through Sylvia Hayse Literary Agency, LLC, Eugene, Oregon, USA.

图书在版编目（CIP）数据

印度淡色艾尔（IPA）啤酒的酿造技术、配方及其历史演变/（美）M. 斯蒂尔（Mitch Steele）著；崔云前译. —北京：科学出版社，2021.3
（啤酒酿造科技译著丛书）
书名原文：IPA: Brewing Techniques, Recipes and the Evolution of INDIA PALE ALE
ISBN 978-7-03-066362-7

Ⅰ. ①印… Ⅱ. ①M… ②崔… Ⅲ. ①啤酒酿造 Ⅳ.①TS262.5
中国版本图书馆 CIP 数据核字（2020）第 197096 号

责任编辑：李 悦 刘 晶 / 责任校对：严 娜
责任印制：吴兆东 / 封面设计：北京图阅盛世文化有限公司

科 学 出 版 社 出版
北京东黄城根北街 16 号
邮政编码：100717
http://www.sciencep.com

北京中石油彩色印刷有限责任公司 印刷
科学出版社发行　各地新华书店经销
*
2021 年 3 月第 一 版　　开本：B5（720×1000）
2021 年 3 月第一次印刷　印张：17 1/4
字数：350 700
定价：**138.00 元**
（如有印装质量问题，我社负责调换）

丛 书 序

　　这是为啤酒爱好者、酿酒师以及啤酒生产、流通、消费及相关产业各环节从业者、管理者而准备的一套丛书,由科学出版社向美国酿酒师协会出版社(Brewers Publications)购买版权后委托齐鲁工业大学中德啤酒技术中心翻译出版。

　　本丛书原著的选择是根据美国酿酒师协会出版图书的热销榜及科学出版社的评估而确定的,选定过程中得到了美国酿造化学家协会前主席尹象胜(Xiang S Yin)先生以及布鲁塞尔国际啤酒挑战赛中国大使米歇尔(Michelle Wang)女士的大力帮助。本丛书将从"认识啤酒风格、了解啤酒历史、掌握酿造工艺、学习啤酒文化" 等方面使读者对相关酿造啤酒的知识有较大提升。

　　认识啤酒风格　中国新一代消费者已经对"拉格"、"淡色艾尔"、"波特"、"世涛"等常见的啤酒风格有所接触,但大多没有深入了解。本丛书不但深度介绍了上述经典风格,还进一步细致介绍了"老艾尔"、"大麦酒"、"兰比克"、"博克啤酒"、"德式小麦"、"加州蒸汽啤酒"、"印度淡色艾尔"、"弗兰德斯红色艾尔"、"弗兰德斯棕色啤酒",以及多种水果啤酒,为您提供啤酒风格最全方位的认识。

　　了解啤酒历史　从幼发拉底河和底格里斯河两河流域的苏美尔人,沿地中海到欧洲的日耳曼人和比利时人,再到英国和美国的啤酒业相关人员都为世界啤酒的发展作出了巨大贡献,谱写了源远流长的啤酒历史。本丛书以各经典啤酒风格的起源入手,详尽介绍了自然发酵啤酒到精酿啤酒分化演变的过程,通过博古论今,可使人们沉浸在啤酒发展厚重的历史氛围之中。

　　掌握酿造工艺　人们所享用啤酒的营养和感受均来源于酿酒师所采用的原料和工艺,因此,本丛书把典型风格啤酒的原料选用、酿造步骤、风味形成作为选取重点。目前在中国最热销的两类世界级精酿啤酒风格是小麦啤酒和印度淡色艾尔(IPA)啤酒,丛书中特意选定了《德国小麦啤酒》和《印度淡色艾尔(IPA)啤酒的酿造技术、配方及其历史演变》以飨广大读者。书中介绍从明亮的金色到琥珀色的印度淡色艾尔起源于古老的英式淡色艾尔(EPA),随着20世纪80年代开始的美国精酿运动,酿酒师采用北美的淡色麦芽、酵母菌和啤酒花开发了美式淡色艾尔(APA),到如今的"双料"、"三料"、"社交"、"帝国"、"浑浊"等系列IPA不断创意发展,苦味更浓烈刺激、香气更浓郁,各类IPA的原料配方、糖化工艺、发酵步骤、风味特点尽在书中。喜欢更大挑战的酿酒师，可以重点阅读《野生菌精酿：超越酿酒酵母作用的啤酒》，通过掌握兰比克布雷特菌、德氏乳酸杆菌、啤酒片球菌等菌种的特点，酿造兰比克、弗兰德斯艾尔风格的野生菌啤酒，再搭配特定水果和混酿陈酿工艺，精酿作品将更加令人着迷。广大的家庭酿造爱好者，可以从《酿造经典风格啤酒：80 种获奖配方》《如何缔造伟大的啤酒：经典风格啤酒的终极酿造指南》两本书中找到广泛的基础知识以及大量的经典配方和酿造工艺，让你在麦芽、啤酒花、酵母菌的选用上不再迷茫，并协助你展开想象的翅膀，在精酿世界里大胆尝试。

学习啤酒文化　从最高境界上讲，啤酒代表了一种文化。啤酒将自然、历史、人文、地理、科技串联在一起，层次丰富、韵味无穷。阅读本套丛书不但可以使您喝酒喝得更明白、更健康，还足以涤荡心胸、升华境界，以更美好的心境迎接未来。正如《如何缔造伟大的啤酒：经典风格啤酒的终极酿造指南》开篇中所写的，"啤酒是那些有思想、无畏惧、无羁绊的人的饮品，他们不饮于无谓的沉沦，而饮于思想的美好。"

很高兴我们能够通过这套丛书相识，也让我们共同感谢本丛书各分册的翻译者及审校人员，感谢为本套丛书作出奉献的所有人！

上面所写是基于我多年的学识积累和科学判断。我从 1990 年上大学开始就学习发酵工程专业，后来一直从事本领域的工作，做过酿酒师、啤酒公司总经理和大学学院的负责人，从多个角度参与并见证了中国啤酒产业近 30 年来的变革和突破。在新时代，啤酒产业必将向着更加满足消费者的营养健康、感官文化等个性化需求发展。我相信，全世界啤酒行业最大的发展机遇在中国！让我们以阅读这套丛书为开端，沉浸于知识的海洋，灵活地、创造性地运用所学理论为生产服务，一起享受更加美好的生活。

丛书总策划　刘新利

2020 年 2 月于齐鲁工业大学

译 者 序

  本书详细介绍了印度淡色艾尔（IPA）的历史演变、酿造技术（包括工艺和设备），以及具体的工艺配方，是世界范围内第一本系统介绍 IPA 的专业书籍。书中描述了 IPA 的历史变迁、品种变化、酿造技术，以及具体配方（尤其重点比较了新旧世界配方的变化）等，内容全面、图文并茂、重点突出、实用性强，是啤酒酿造技术人员的必备用书，也是目前火爆全球的精酿啤酒的从业人员、家酿爱好者不可多得的经典收藏，其中书后介绍的几十款世界经典 IPA 啤酒配方也将是开发各种 IPA 新品（如浑浊 IPA、奶昔 IPA、香槟 IPA、酸 IPA）的重要依据与参考。

  目前，精酿啤酒火爆全球，已有星火燎原趋势。究其原因，不外乎与精酿啤酒色泽各异、口感新鲜、品种繁多、特色鲜明、彰显个性等特点有关，特别是不同色泽、不同香气、不同口味的 IPA 在精酿啤酒风靡全球的过程中起着推波助澜的作用，不同品种酒花的组合带来了 IPA 不同苦味和多种香气的变化，尤其是美国、新西兰等新世界酒花赋予的系列热带水果香气、多层次/美妙的酒花风味更是受到 IPA 啤酒酿酒师、酒花爱好者的大力追捧，大有"无 IPA，精酿啤酒不成席"之意，甚至有美国酿酒商推出多款不同酒花组合的系列 IPA 啤酒，引发啤酒酿酒师、爱好者彻夜排队购买。

  鉴于 IPA 啤酒在精酿啤酒圈日益凸显的重要地位，在科学出版社的牵头与组织下，齐鲁工业大学中德啤酒技术中心团队将 *IPA：Brewing Techniques, Recipes and the Evolution of INDIA PALE ALE* 这本书进行了翻译，于是便有了中文版《印度淡色艾尔（IPA）啤酒的酿造技术、配方及其历史演变》的问世。

  参与本书翻译工作的还有成冬冬、任辉、战雯丽、朱笑广、曹静等硕士研究生，他们做了大量的翻译工作和文字校对工作，并尽力达到"信、达、雅"的翻译水准，刘新利博士对本书校对出版提供了帮助，在此一并致谢！

  由于中西方文化差异、思维方式不同，加之译者水平有限、时间仓促，翻译过程中难免有不当之处，请给予批评指正，以便在今后的翻译工作中加以完善。

齐鲁工业大学中德啤酒技术中心

崔云前

2020 年 10 月 16 日

原 书 序

当我还是卡拉马祖香料提取公司（Kalamazoo Spice Extraction Company）酒花实验室的年轻技术员时，我在一家啤酒行业杂志上读到一则新闻摘要——关于一位来自加利福尼亚的酿酒师在安海斯-布希公司（Anheuser-Busch）工作的事情。由于某些原因这个故事吸引了我：难道是这个酿酒师在执行一项使命？难道他在寻求更深的知识？或者他在炒作？我本人是一个有好奇心的酿酒师，一直对参观大型啤酒厂了解尖端的酿造技术都很有兴趣。我有几百张（事实上可能有几千张）关于过滤槽、啤酒泵、变速箱、阀门、管道、发酵罐及酵母的照片，这是我在全世界的啤酒厂拍摄到的。在美国酿酒师协会（Master Brewers Association of the Americas，MBAA）和美国酿造化学家协会（American Society of Brewing Chemists），我热切地想与主要酿造联盟的酿酒师、工程师和科学家进行交流座谈，希望能收集到一些信息，让我能够酿造出更好的啤酒。我特别喜欢与工厂的老员工进行交流，他们是在工厂工作了几十年的酿酒师，并且日复一日、年复一年。

据说，实际上最难酿造的啤酒是美式风格的淡爽型拉格，因为这种啤酒很难隐藏缺点，该类型啤酒是通过去粗取精演变而成的。酿酒师所做的一切就是保障除了二氧化碳、甜味和淡淡的酵母味外，在玻璃杯中别无他物，没有酒花香、没有黏性、没有烟熏麦芽味、没有酒花苦味。酿造过程必须始终如一，始终以平衡性和饮用性为中心，并无缺陷运行。

在卡拉马祖的酒花实验室里，我们使用气相色谱和高效液相色谱设备来分析这些淡爽型拉格啤酒。我们不仅能够检测出这些啤酒的苦味值，而且也能拆分、评判并报道所存在的异 α-酸的同分异构体。我们还研究酒花油的组分，并为啤酒酿造商提供生产最细腻酒花香气的酒花添加方法。大多数情况下，这些啤酒都是采用下游产品酒花浸膏来酿造的。因此，酒花香气不会得到展现，所有的酒花特征都得到了控制。

这些淡爽型拉格啤酒的酿酒师，拥有最丰富的资源和成熟的啤酒酿造技术，可以打造想象的任意啤酒类型。如果世界上有人能复制出一款经典世涛（stout）、比尔森（pilsner）或者印度淡色艾尔（India pale ale，IPA），他们也可以，他们在酿造界的地位与 Microsoft、BMW 和 NASA 在各自领域的地位是相同的，但是出于某种原因，他们选择在自己的啤酒厂不酿造新世界 IPA（New-World IPA），可能是由于从 19 世纪以来，啤酒的酿造已改变了太多。也许是在大型发酵罐或者在啤酒厂的大型酒窖缺失了什么，并把他们推向了一个无法回到起点的位置？也许是世界上大多数的啤酒饮用者还没有准备好再回到过去？也许，对于大型的现代化啤酒厂而言，与酿造有风险的啤酒相比，收购是测试新型啤酒的最简单方式。可能只有时间会告诉我们，但是肯定现在的大型啤酒酿造世界已经偏离了啤酒曾经的样子。工业革命、禁酒令、两次世界大战、经济大萧条，以及随后的品牌融合，这些都在世界啤酒品位的变革中扮演了重要的角色，对成品啤酒的平衡性和可饮用性的追求过滤掉了啤酒曾经的差异性和个性化。对于饮料消费者而言，淡爽型拉格继承、改变了啤酒和艾尔的定义。

在 20 世纪 90 年代中期，我有幸和格雷格·霍尔（Greg Hall）一起在鹅岛啤酒公司（Goose Island Beer Company）工作，帮助酿造鹅岛 IPA（Goose Island IPA）。作为一个完美的啤酒配方设计师，霍尔非常清楚在一款 IPA 中他想要什么。我们一起去了西海岸，并亲身体验了当时酿酒者的啤酒风格。当然，霍尔基于他在英格兰的旅行经历以及对"旧世界 IPA"（Old-World IPA）的理解，对酿造 IPA 有特殊的要求，他想不用特殊麦芽去酿造啤酒，只想采用淡色艾尔麦芽、伯顿硬质水、英国艾尔酵母和酒花。

我帮助设计了酒花添加方案，并想出了如何在啤酒中使用大量的酒花来酿造啤酒。我坚持将来自华盛顿雅基玛（Yakima）的世纪酒花加入到这个配方，这为啤酒带来了一种新世界酒花（New-World hop）的香味。我们尝试用 90 型酒花颗粒进行干投，是由于意识到在嫩啤酒（green beer）中添加酒花，在主发酵的最后阶段会大大增加酒花的特点，在合适的时间内会转化成清澈的啤酒。英国酒花和美国酒花的混合使用有助于我们定义风味，创造出一些非常独特的东西。从"鹅岛 IPA"上市的那一刻，就吸引了大量的关注，现在销量持续上升，并以惊人的速度流行起来。我们发现自己处于一场革命的前沿，重新创造了 150 年前一种流行风格的现代版本。在精酿啤酒圈中，IPA 是目前发展相当快速的风格类型。

阅读本书，能提醒我自己啤酒历史是一种自我重复。当一个啤酒商决定推出一种具有独特风味和品质的啤酒时，真正的精酿就开始了。这不是一个原创的想法，但是随着现代技术和新原料的不断发展，我们的精酿运动正在为啤酒历史创造一个永久而独特的标志。200 年后，像米奇·斯蒂尔（Mitch Steele）这样的人会从另一个角度重新讲述这个故事，其中一个讨论了美国的 IPA 是如何重新兴起，并冲击到一个喜欢喝淡爽啤酒的国家的，这一新篇章如何结束？我们将拭目以待。

就像米奇告诉我们的那样，真正定义工艺酿造的原料是美国酒花，更具体地说，特别是 4 种酒花：卡斯卡特（Cascade）、世纪（Centennial）、奇努克（Chinook）和哥伦布（Columbus），它们的柑橘味、水果味的美式特征已经成为区分美国精酿啤酒和其他啤酒的重要标志之一，很难想象现代精酿啤酒离开了它们会怎么样。多亏查尔斯·齐默尔曼（Charles Zimmerman）、阿尔·豪诺尔德（Al Haunold）、斯坦·布

鲁克斯（Stan Brooks）和他们美国酒花的培育项目，我们才能够酿造出一款别具匠心、有特色的啤酒，我们可以称这种风格为美式风格。在最近游历欧洲的过程中，我也无时无刻不在传达美国酒花种植者的理念，这便是明证。

品尝美式 IPA，并和欧洲啤酒酿造专业的学生一起摩擦、嗅闻美国酒花，是一种经历，我希望能回到美国与每一位酿酒师分享。我不能告诉你我听过多少次"这太疯狂了"、"这不是啤酒"或者"这在德国从来没有卖过"的话，因为我看到很多酿酒师因为兴奋而两眼放光。

随着对这些啤酒好奇心的逐年递增，以及美国香型酒花需要扩展到新的市场，让·德克拉克（Jean De Clerk）在他 1957 年出版的《酿造手册》（*A Text Book of Brewing*）一书中，提到美国酒花有水果风味，不适合酿造欧洲啤酒。然而，在 55 年后的现在，欧洲啤酒也展示了美国酒花的新品种。啤酒革命的种子已经生根发芽，我们不知道的是，这一趋势将会变得多普遍，我们是否希望它传遍全世界，我们是否真的梦想有一天大型啤酒公司会掌控 IPA 风格的啤酒，并将它打造成一种工业产品大量生产。或许我们希望，或许我们不希望，但是在这点上我们是自豪的，我们的新世界 IPA 有了一系列的粉丝，与此同时，我们也希望我们的努力和激情不会重蹈 IPA 在过去历史上所遭遇的命运。

我非常感激米奇介绍我认识伊恩·杰弗里（Ian Jeffery），帮我落实在特伦特河畔-伯顿（Burton-on-Trent）马斯顿啤酒公司（Marston's Beer Company）的合酿工作，正如你读到的那样，伯顿镇是 IPA 历史中的一个关键城市。在马斯顿公司，我看到了留存的世界级的伯顿联合发酵设备，并酿造了富含酒花香的美式淡色艾尔。我们酿造的啤酒可以供应全英格兰的酒吧。

米奇说的是对的，每个酿酒师都应该把特伦特河畔伯顿镇当作朝圣之地，这里蕴含了太多的啤酒酿造历史。虽然这里可能不是一个旅游胜地，但特伦特-伯顿是现代淡色艾尔啤酒真正的酿造中心。在这个酿造圣地，米奇花了很多时间会见了很多酿造历史学家、政治家和酿酒师，这样他就可以为这本书收集第一手资料。现在他已经把他所学到的知识巧妙地编进了 IPA 的发展史，并且融入了大量的酿造技术信息。米奇不仅论述了第一批 IPA 是什么、是如何酿造的，而且还记录了过去三个世纪艾尔啤酒的兴衰起伏，其后他继续汇总了一系列 IPA 啤酒的配方和酿造技术，涵盖了从经典的"旧世界 IPA"到现在的"双料 IPA"（craft-style double IPA），可谓包罗万象。很显然，这本书应该放入每一位酿酒师的书架，成为经典收藏。

我认识米奇已经超过 10 年了，然而我却不能准确地说出我是在什么时候、什么地方遇见他的。很有可能是在美国啤酒节安海斯-布希的展位上品尝他的实验款 IPA 的时候；或者可能是在东海岸的一次美国酿酒师协会（MBAA）举办的会议上听到他关于酿造技术的讲座时；更有可能是在一次精酿啤酒师会议上，我们几个坐在一个酒吧里，讨论关于酿造富含酒花啤酒的困难之处。无论何时何地我都仰慕他的名字、他的酿造知识和他的啤酒。

当我听到米奇离开安海斯-布希公司，回到巨石啤酒公司（Stone Brewing Co.）的精酿车间开发产品的时候，我非常高兴。可能他是一个美式酿造浪子？当然，他是一个具有好奇心的人，但另一方面，他酿酒也很严谨。他在国外学习过最好的酿造知识，也愿意花时间与我们一起分享激情。与米奇一起酿酒，称他为朋友是我的荣幸。

为我们这个时代的一位伟大的酿酒师和他关于印度艾尔的史诗巨著而喝彩！

Matt Brynildson

火石行者啤酒公司酿酒大师

杰克联合和杰克双料 IPA 酿酒师

帕索罗布尔斯，加利福尼亚州

前　　言

我对所获得的友好帮助和慷慨支持感到惊讶，因为与采访者、与我认为的专家讨论关于 IPA 和酿造历史需要很多时间，而且几乎没有被拒绝过。我联系的商界人士都很热心地对这本书提出了一些问题，慷慨地给予我很多时间，分享了很多信息。这不仅是非常令人感激的，而且它坚定了我的信念——我们都在世界上最好的职业中工作，总体而言，酿酒师就是"好人"。

如果没有这么多人的帮助和支持，是不可能完成此书的。首先请接受我的歉意，我可能无意中遗漏了部分人士。

所有招待过我、接受采访、提供大量信息和建议的人，以及在某些情况下提供配方的英国酿酒商有：IPA Hunters 公司的 Mark Dorber、Roger Putman、Ray Anderson、Tom Dawson、Paul Bayley、Steve Brooks 和 Steve Wellington；Marston's 啤酒公司的 Emma Gilliland、Des Gallagher、Paul Bradley 和 Gen Upton；Burton Bridge 啤酒厂的 Bruce Wilkinson 和 Geoff Mumford；Meantime 酿酒公司的 Alastair Hook、Peter Haydon 和 Steve Schmidt；Fullers 啤酒公司的 John Keeling 和 Derek Prentice；J. W. Lees 啤酒厂的 John Gilliland、Gill Turner 和 William Lees-Jones；Brew Dog 公司的 James Watt 和 Martin Dickie；Thornbridge 啤酒厂的 Kelly Ryan、Stefano Cossi、 Alex Buchanon 和 James Harrison。

所有帮我提供资料、接受采访、在某些情况下提供配方的美国酿酒商有：C. H. Evans 酿酒公司的 Neil Evans 和 George de Piro；Smuttynose 酿造公司的 Peter Egelston、J. T. Thompson 和 David Yarrington；Anchor 酿造公司的 Mark Carpenter；Nevada 酿酒公司的 Ken Grossman、Teri Fahrendorf、Vinnie Cilurzo、Adam Avery、Tomme Arthur、Jeff Bagby、Doug Odell 和 Garrett Oliver；Harpoon 酿酒公司的 Al Marzi 和 Charlie Storey；Thirsty Dog 酿酒公司的 Tim Rastetter；Rogue 酿酒公司的 John Maier；Deschutes 酿酒公司的 Larry Sidor；Dogfish Head 酿酒公司的 Mike Roy、Fred Scheer、Bill Pierce、Sam Calagione 和 David Kammerdeiner；Fat Head's 啤酒厂的 Matt Cole；Goose Island 酿酒公司的 Greg Hall 和 Brett Porter；Vermont Pub 啤酒厂神奇的 Vermont 酿酒师 Steve Polewacyk；The Alchemist 酿酒公司的 John Kimmich；Hill Farmstead 酿酒公司的 Shaun Hill；Lawson's Finest Liquids 公司的 Sean Lawson。

所有帮助我的作家、啤酒博客撰写者、啤酒历史学家有：Pete Brown、Martyn Cornell、Ron Pattinson、James McCrorie、Roger Protz、Gregg Smith 和 Ray Daniels；

MyBeerBuzz.com 网站的 Bil Corcoran；Brew Your Own 网站的 Brad Ring；牛津布鲁克斯大学图书馆的 Don Marshall、Alex Barlow；澳大利亚 Thunder Road 酿酒公司的 Philip Withers；BeerLabels.com 网站的 Nate Wiger 和 Corey Gray；Seacoast New Hampshire 酿酒公司的 Dennis Robinson；Portsmouth Athenaeum 前任主席 Richard Adams；家酿啤酒师/啤酒研究者 Christopher Bowen 和 Kristen England。

　　我也想感谢多年来支持我、教导我、激励我成为酿酒师的那些人。没有他们，我不可能有今天如此美好的境遇，例如：加利福尼亚大学戴维斯分校的酿酒教授 Michael Lewis；San Andreas 酿酒公司给我第一次专业酿酒机会的 Bill Millar；第一个给我倾倒啤酒机会的酒店老板 Judy Ashworth；1992 年第一次雇用我在 Anheuser-Busch 公司工作的 Marty Watz 和 John Serbia，以及在该公司引领我前行的 Greg Brockman 和 Doug Hamilton；在 Anheuser-Busch 公司工作期间，Mike Meyer、Doug Muhleman、Paul Anderson、Tom Schmidt、Dan Driscoll、Frank Vadurro 和 Hans Stallman 也给了我多次升职机会并引领我荣任多个职位。

　　我的酿酒业务更多与友情相关，我想感谢酿酒界多年来的朋友，但名单太长了，恕不能一一列出，我想向他们最杰出的酿酒技能致敬，例如：Jim Krueger、Kevin Stuart 和 Peter Cadoo；Anheuser-Busch 公司的青年才俊 George Reisch、Jim Canary、Otto Kuhn、Paul Mancuso、Dan Kahn、Rick Shippey 和 John Hegger；Paul Davis、Scott Houghton、Jaime Schier 和 Will Meyers，以及 Brew Free or Die 俱乐部的朋友 Phil Sides、Shaun O'Sullivan、Andy Marshall 和 Tod Mott。

　　也非常感谢美国酿酒师协会成员无论我在哪家酿酒公司都一如既往地支持我，如 Charlie Papazian、Bob Pease、Nancy Johnson、Paul Gatza 和 Chris Swersey；同样，也感谢神奇的"Team Stone"成员 Michael Saklad，是他带我环游新英格兰、探寻黑色 IPA 的起源；也非常感谢帮我整理本书中所有图片的 Todd Colburn 和 Tyler Graham，还有我们了不起的酿酒团队以及摄影师 John Trotter。

　　特别感谢 Brewers Publications 出版社 Kristi Switzer 给我这次机会及其源源不断的鼓励；感谢 Ron Pattinson、Martyn Cornell、Steve Parkes 和 Matt Brynildson 所做的本书的技术校对工作；感谢 Steve Wagner 给我提供千载难逢的机遇加入 Stone 啤酒公司他与 Greg Koch 的团队，参与 IPA 的研究，并成为我出差旅行、收集素材的旅行伙伴，感谢他作为酿酒师源源不断的灵感和指导才能。

　　最后，我想感谢我的家人：我的父母 Bud 和 Fay Steele、我的岳父母 Pat 和 Kathy Coleman、我的孩子 Sean 和 Caleigh，尤其感谢我的妻子 Kathleen，谢谢她的爱与支持，谢谢她在我花费大量周末和假期时间撰写此书时从不抱怨。

Mitch Steele

目　　录

导　　论

　　自 20 世纪 80 年代我第一次尝试以来，IPA 便成为我最喜爱的啤酒类型。当我作为精酿师第一次在旧金山湾地区工作时，我不确定谁酿造了第一款 IPA，但是我确实记得我被啤酒中的酒花风味所深深地吸引，如"船锚自由艾尔"（Anchor Liberty Ale）、"内达华山脉庆典艾尔"（Sierra Nevada Celebration Ale）、"卢比孔河 IPA"（Rubicon IPA）及"岩石三料 IPA"（Triple Rock's IPA）。当然，20 世纪 80 年代也是我第一次了解 IPA 的历史，我听说了其中的故事，最浓烈、更高酒花添加量的啤酒创始于 18 世纪初期，采用特别酿造方式，以便漂洋过海 6 个月从英国运到印度。正如我在这本书中发现的，故事是神秘的，IPA 的真实历史更令人着迷。

　　尽管我对 IPA 啤酒的喜爱与日俱增，但我实际上从来没有机会接触酿造 IPA，直到许多年后我进入了酿造圈。当我在圣安德烈亚斯（San Andreas）酿造的时候，老板比尔·米勒（Bill Millar）想要保持其啤酒的社交性和易饮性，这是一个令人钦佩的目标，这也是我们在加利福尼亚霍利斯特（Hollister）这个农业小镇上工作的缘由之一。由于我很想酿造一款 IPA，但是这个类型不符合米勒的计划，我从没有成功地和他深谈这个项目。在 20 世纪 90 年代初期，IPA 还没有真正出现。

　　其后，我加盟了安海斯-布希（Anheuser-Busch）公司，学到了很多关于拉格的酿造技术，但 IPA 也不是该公司计划中的一种啤酒类型。当我被调到新产品小组之后，我们在公司 15 桶（1 桶=117 升）规模的中试啤酒车间尝试酿造了一两款优质 IPA，我们的啤酒品评小组并没有深入研究这些啤酒，但当我们在美国啤酒节上展示我们的实验款 IPA 时，印入我脑海的是很多人告诉我这是我们提供的最好的啤酒，其中也包括来自于波士顿啤酒公司（Boston Beer Company）的 Jim Koch。啤酒节期间，在我们提供的 15 款啤酒中，IPA 是唯一让人们津津乐道的啤酒，但我们的市场人员依然没有考虑它。想象一下，在 1996 年，安海斯-布希公司就推出了一款苦味值 70 IBU、酒精度 6.5% 的 IPA 啤酒，并用哥伦布酒花和卡斯卡特酒花进行了干投。

　　当我住在圣路易斯时，再次开始了我的家酿生涯，利用我在新罕布什尔州梅里马克镇（Merrimack，New Hampshire）安海斯-布希公司工作的契机，一直持续追求我的爱好继续研究 IPA。在 20 世纪 90 年代中期，我有幸去圣地亚哥旅游，以完成几个商业业务，我被当地的"盲猪 IPA"（Blind Pig IPA）和"波特 IPA"（Port's IPA）的口味震惊了。我的家酿产品中大约 75%是一种类型的 IPA，即后来在开始酿造的后期才意识到的"双料 IPA"（double IPA）类型。在 20 世纪 90 年代末期，当我开始在美国啤酒节和世界啤酒杯上做评委时，我总是首选 IPA 和双料 IPA 来评判，以便品尝其区别、了解更多。圣地亚哥酒吧老板 Tom Nickel（当时是 Oggi's 酿酒公司的首席酿酒师）在 2003 年双料 IPA/帝国 IPA 的首次品评时，给我和其他的评委们介绍了一种新风格的双料 IPA 入门技术，包括如何追求一种积极的风味、什么是负面气味，以及哪种酿造技术能够产生大量的酒花风味。现在我依然保留着当时品尝时所做的笔记，几个月之后我参加了 2004 年精酿啤酒峰会，Tom Nickel 和 Vinnie Cilurzo 对于双料 IPA 做了精彩的演讲，在演讲中，他们传授了酿造双料 IPA 的关键因素，其酿造步骤也展示于本书中。

从 1999 年到 2006 年，我住在新罕布什尔，这一时期我在 Brew Free or Die 俱乐部工作，对 IPA 酿造技术的了解得到了极大地丰富。我们都酿造 IPA，在讨论会上，从精酿啤酒厂（如 Stone 啤酒公司、Russian River 酿酒公司和 Dogfish Head 啤酒厂）取样对比也就变成了现实。Castle Spring's Lucknow IPA 和 Harpoon IPA 都是我啤酒冰箱中的必备品，我继续利用每个机会研究和探索这种类型。2006 年，我们在安海斯-布希梅里马克河啤酒厂最终研发出了一款短保质期的 IPA，命名为"恶魔酒花园 IPA"（Demon's Hopyard IPA），该 IPA 名字取自于新罕布什尔一个非常受欢迎的徒步旅行地"恶魔酒花园"。这批测试版 IPA，口味令人惊艳，完全取自于我们开发的配方，我迫不及待地要用大罐酿造它，并推至市场（本书中也有该 IPA 的原始配方）。

但是在那个时候，巨石啤酒公司（Stone Brewing Co.）在酿酒师协会论坛上刊登了一则广告，要招聘一位首席酿酒师。当然，作为一名 IPA 爱好者，我不仅是巨石啤酒的超级粉丝，而且也是其啤酒厂、经营理念的忠实拥趸。关于那则招聘广告，我半开玩笑地告诉妻子 Kathleen，我们笑着谈论着关于移居圣地亚哥——我最喜欢的地方之——一的想法。但是第二天，当 Kathleen 问我是否收到巨石啤酒公司的回复，我意识到她没有开玩笑，然后我们开始严肃地讨论离开安海斯-布希公司和新罕布什尔，去加盟一个能够酿造世界上我最喜欢的 IPA 的啤酒厂。

2006 年我加盟了巨石啤酒公司，再也没有去品尝大罐生产的"恶魔酒花园 IPA"。但是东部的人告诉我测试的那一批次并没有酒花特征，非常令人遗憾，对此我感觉很糟糕。我知道，我们只要稍微调整干投过程就可以酿造出一款杰出的 IPA。

无论怎样，我现在在巨石啤酒公司，有兴趣和荣幸去酿造我一生最喜欢的 IPA 以及其他完美的巨石啤酒。我的职业生涯无须过多陈述。我对 IPA 的追求在巨石啤酒公司得以延续，我参与确定和酿造了"巨石 10 周年 IPA"、"巨石 11 周年艾

尔"、"巨石 14 周年帝国 IPA"和"巨石 15 周年帝国黑色 IPA"。希望在我未来的酿酒生涯中创造出更多的 IPA。

当我着手为 Brewers Publications 出版社写一本关于 IPA 的书时，我非常兴奋（可能你并不相信）。我开始在网上通过（Martyn Cornell 和 Ron Pattinson 的）博客以及 Google Books 研究 IPA，我迅速意识到已有大量的 IPA 酿造信息，但精酿粉丝们还没有完全了解，我非常激动能尝试把它们汇总到一起。

IPA 是一款啤酒类型，透过历史可知其经过了很多戏剧性的变化，至少有三个明显的啤酒版本。第一个版本来自霍德森（Hodgson）的普通淡色艾尔，19 世纪演变成伯顿（Burton）版本，以浅色麦芽和哥尔丁酒花酿制而成，酿造之后，要陈贮很长的时间，酒体清亮透明，颜色很淡，有强烈的酒花香，美味可口。

19 世纪末期，伴随着出口贸易下滑，国内的 IPA 消费开始增长流行。但是，禁酒运动和税收激励着酿酒师去酿造低醇啤酒，因此 IPA 转变为了一种低酒精、酒花添加较少的啤酒，最终变成了未陈贮的运动型啤酒，并以糖、其他辅料和结晶麦芽酿造而成。最后，由于精酿师复兴了该啤酒类型，IPA 恢复到了它原有的酒精含量和酒花添加量，现在它已经成为展示新型美国酒花的传播媒介。"酒花炸弹"（hop bomb）这个词经常被用来描述现在的精酿 IPA。我们的酿酒师和精酿粉丝一样，期待尝试新的酒花品种、新的风味和新的 IPA 类型。

当为这本书调研的时候，我遇见很多富有激情和知识渊博的酿酒师、啤酒作家及啤酒历史学家，他们抽出很多时间和我讨论 IPA，慷慨地分享了他们所知道的，以帮助我把这本书做到最好。在采访和调研期间，我发现了很多我以前不知道的关于 IPA 的事情。举个例子，没有人真的知道乔治·霍德森（George Hodgson）酿造的浅色啤酒和运往印度的任何细节，没有记录啤酒的酒精含量是多少、所用的原材料，以及是如何酿造的。历史学家基于已知的酿造实验、广告、价格清单，以及来自酿酒师、啤酒作家和当时印度殖民者的品尝建议，提出了关于这款啤酒看起来非常中肯的理论。对于"霍德森浅色啤酒"（Hodgson's pale beer），现在有一个普遍的共识：其被轮船运到印度，直接激发了 19 世纪伯顿啤酒酿造师开发出了自己的版本。

在我签约写这本书后不久，2009 年夏天，在伦敦的白马酒吧（White Horse Pub）我参加了巨石啤酒公司的活动，在那里我认识了一个名叫 James McCrorie 的家酿师。我和 McCrorie 谈了差不多 2 个小时，他告诉了我他所知道的关于 IPA 酿造历史的所有事情，以及他搜集的关于伦敦德顿公园啤酒圈（Durden Park Beer Circle）的一些信息。德顿公园啤酒圈是一个家酿者组织，他们对历史上的英国啤酒充满激情，研究了很多古老的酿造日志，以了解酿酒师所使用的配方和工艺。在 20 世纪 70 年代，John Harrison 博士和德顿公园啤酒圈的成员们撰写并出版了《古老的英国啤酒及其酿造方法》，这是一本难以置信的、研究精细的书，提供了很多英国啤酒类型历史版本的配方和酿造工艺。McCrorie 是第一个告诉我"十月艾尔"（October ale）啤酒和"霍德森 IPA"之间可能存在的关联、应用在伯顿 IPA 中的浅色麦芽、结晶麦芽的缺乏、苏格兰酿酒师在历史发展中的重要性及 19 世纪 IPA 的历史的人。对我而言，这是全新的、令人着迷的信息，他讲话的时候我做了大量的笔记。在后来的一次旅行中我们又见面了，McCrorie 带了他家酿的 19 世纪版本 IPA，美味可口、富有酒花香、苦味十足、清亮透明，和今天的精酿 IPA 完全不同。

在同一次旅行中，我遇见了 Mark Dorber，他是白马酒吧的前任老板、英格兰沃尔伯斯威克船锚酒吧（Anchor Pub）的现任老板。在我们聊天的时候，我提到我的出书计划，他告诉我 20 世纪 90 年代早期曾在白马酒吧举行了 IPA 研讨会，几位著名的啤酒酿酒师和历史学家出席了会议，每位参会者都提交了关于 IPA 酿造的论文，有的还带了自酿的 IPA 啤酒。Dorber 给了我一本在该研讨会上发表论文的复印版，所包含的很多信息也罗列在本书中。当我回到伯顿做研究的时候，他还邀请我去回访他。

当巨石啤酒公司的联合创始人、IPA 研究伙伴 Steve Wagner 和我开始准备这次旅行的时候，Dorber 和 Roger Putman（前巴斯酿造大师、现任《国际酿酒师与蒸馏师》杂志编辑）一起为我们策划了一场令人兴奋的欢送宴。参加宴会的人员有 Wargner 和我、Dorber 和 Putman、啤酒厂历史协会主席 Ray Anderson、来自 Worthington Museum 啤酒厂的 Steve Wellington、前巴斯酿酒大师 Tom Dawson、前马斯顿酿酒大师 Paul Bayley 和 Steve Brooks。我们在库尔斯（原巴斯）的国际酿酒中心和马斯顿啤酒厂举行宴会。在两天的时间里，我们参观了伯顿啤酒厂、看了存档的书籍和日记、讨论了 IPA 的历史，当然还喝了不少啤酒！在这本书中你想要知道的都来自那场讨论，包括伯顿联合发酵系统、历史和目前 IPA 的酿造技术，以及 IPA 对特伦特-伯顿的影响。对于像我一样的啤酒痴迷者来说，这将是一生的经历，我将永远感激 Dorber 和 Putman。

2008 年年初，我和 Wargner 返回了英国，为牧羊人尼姆啤酒厂（Shepherd Neame Brewery）的韦瑟斯本酒吧（Wetherspoon Pub）酿造一款 IPA，该配方可以在《巨石精酿》（*The Craft of Stone Brewing*，Ten Speed Press，2011）中查到。在伦敦举办的一场啤酒派对上，我遇到了作家 Pete Brown，他给我讲了一个惊人的故事：他如何从特伦特河到达印度，复制了 IPA 的旅程。现在他正在写一本关于他的经历和 IPA 历史的书。他的书《酒花与荣耀》（*Hops and Glory*）（Macmillan，2009），不仅是关于 IPA 和东印度公司的历史记录，而且是一本不错的读物，非常有趣。我们在品尝了几款啤酒和英式蔬菜拼盘之后讨论了 IPA，他自愿提供自己的研究笔记和数据来帮助我完成这本书。

IPA 的"猎人们"聚集在马斯顿酒吧（Marston's Pub）前合影留念
后排左起：Steve Wagner、Mark Dorber、Paul Bayley、Mitch Steele；
前排左起：Steve Brooks、Ray Anderson 和 Tom Dawson；摄影师 Roger Putman 不在合影中

在特伦特河畔-伯顿国家酿酒中心档案馆书架上的酿造日志。大多数日志都是装饰华丽的皮面装
订本，里面的手写文本详细而精美

　　Brown 非常和善地把我介绍给了 Steve Wellington，他最近刚从 Miller-Coors
公司退休，多年来一直是特伦特河畔-伯顿国家酿酒中心博物馆酿酒部的惠灵顿白
盾酿酒师。他不仅酿造了 Brown 去印度旅行时带着的"加尔各答 IPA"（Calcutta
IPA），而且也是我见过的最友善、最杰出的酿酒师之一。他为这本书提供了两种
配方，并花了大量时间帮我在国家酿酒中心博物馆酿酒部和巴斯啤酒厂档案馆搜
寻 IPA 资料。

写了很多 IPA 书并做了很多研究的人，例如，前面提到的作家 Pete Brown、Martyn Cornell 和 Ron Pattinson、Roger Protz，他们都很慷慨地花时间与我分享他们自己的研究。这些啤酒历史学家可谓煞费苦心，他们通过寻找英国图书馆的旧报纸广告和其他档案、酿造文件、文献、200 年前的酿酒师笔记和历史书籍，把关于 IPA 的理论整合到一起，本书很多内容都来源于这些文件。Cornell 和 Pattinson 对历史啤酒风格做了大量详尽的研究，他们对这本书中的资料进行了实地考察，帮我确定我是正确的，对此我心存感激。他们的工作验证了很多关于 IPA 的神话和传统智慧，以及其他的历史啤酒风格。我鼓励本书的所有读者也要读一下他们的日记和书籍，以获知更多啤酒风格令人惊异的历史，尽管我们自认为已经都了解了这些。

　　我的酿酒师朋友也相当慷慨地为这本书提供了配方和故事，因而本书收集的 IPA 配方是目前最全面的，涵盖了美国、英国一些最早的配方以及今天的经典精酿啤酒配方。这也是有史以来第一次，我们正式公布了"巨石 IPA"、"巨石 10 周年 IPA"、"巨石卓越高傲艾尔"，以及"巨石 14 周年帝国 IPA"配方。因此，利用本书可以开启你的酿造之旅，尽享乐趣。

　　当我汇总撰写本书的三年计划时，我回忆了一下，意识到我比从前更像一个痴迷 IPA 的怪才。啤酒作家 Stan Hieronymous 早期告诉我，撰写像这样一本书最困难的事情之一就是要知道何时需要停止研究、何时开始写作，我完全认同他。当我完成这篇手稿时，我仍在研究，期望能继续获得更多的历史酿造知识。我向那些分享历史酿造技术真相的研究人员致敬，我也向家酿者（如 Christopher Bowen 和 Kristen England）和专业酿酒师（如 Dan Paquette、Tom Kehoe、Alastair Hook、John Keeling，以及 Derek Prentice）致敬，这些专业酿酒师一直努力在自己的啤酒厂重现历史的啤酒。关于许多历史的啤酒类型，还有很多内容值得去探究，这是一个非常吸引人的话题，我们应该为许多被遗忘的啤酒类型和酿造技术重新开启一扇大门。

第1章

1700年前的英国啤酒和艾尔

在人类和诸神之间，艾尔被称为啤酒。

——11 世纪，古挪威语 Alvisimal 是最早提到 "ale" 的语言之一

所以，笑吧，孩子们，痛饮吧，孩子们，它会使你们健壮；在我的一生中，我要歌颂布朗十月艾尔。

——Reginald De Koven（音乐剧 Robin Hood 中的歌曲）

英格兰的酿造史似乎在基督时代之前就已经开始了，在罗马占领时期达到繁荣昌盛，当时英国酿酒商已经向罗马军队提供啤酒了。罗马时期的酒馆门口通常有一根标杆（称为艾尔杆），标杆上经常黏附一束常绿的叶子。在 1066 年，英格兰被诺曼人征服后，酿造成为一种更有组织的活动，经常在入侵之后修建的修道院和寺庙中举行。

在大多数情况下，早期的艾尔只有三种原材料：发芽的谷物（大多数是大麦，有时使用小麦和燕麦）、水和酵母[1]。煮沸并不总是酿酒车间的一部分，香草和其他香料的使用直到中世纪末期才出现[2]。16 世纪和 17 世纪期间，在英国，不加酒花酿造艾尔的酿酒师和加酒花酿造啤酒的酿酒师之间产生了尖锐的分歧与争论。

加香料、没加酒花的艾尔啤酒是通过原材料来调节风味的，如沼泽桃木、薯草、迷迭香、鼠尾草、艾蒿、常春藤和苦艾。没加酒花和没加香料的艾尔仍继续酿造，它们偶尔也混合着蜂蜜、香草和水果并加热，以庆祝节日或者为了达到医疗目的[3]。下面是来自 1542 年对艾尔的描述：

由麦芽和水酿造，除了酵母、泡沫之外没有其他任何东西。一定是新鲜清澈的，一定不是黏稠或者有烟熏味的，一定不要在 5 天之内饮用。刚酿造的艾尔是不卫生的，酸的艾尔和过期的艾尔也是有害身体的[4]。

啤酒中酒花的使用也有不确定性，但在某种程度上人们公认酒花具有防腐的功能，在很多饮料中使用，包括蜂蜜酒和啤酒，有助于防止这些饮料变质[5]。第

一批添加酒花的啤酒被认为是在中欧酿造的，关于它们的防腐价值从1150年才开始采用。酒花被认为是在12世纪或13世纪的德国或者在14世纪的荷兰最先被种植的。尽管现在通过考古学研究有证据表明，在瑞士西部和法国一些有水的地方发现了大量的酒花，说明它们早在6~9世纪[6]就开始被种植了。英国的第一批酒花啤酒可能是在13世纪中期的弗兰德斯地区进口的，1391年《伦敦城市信笺》里第一次提及啤酒酿造[7]。当弗兰德移民在英格兰肯特郡定居时，他们于15世纪在那里开始种植酒花并酿造添加酒花的啤酒。

在接下来的两个世纪中，人们对酒花是否为啤酒的成分进行了激烈的争论，并通过相关法规将没加酒花的啤酒和加酒花的啤酒区分开来。随着这一转变的开始，在英国啤酒厂中，加酒花的啤酒也占据了一席之地。1655年，欧洲进口的酒花被征收较高的税率之后，在英格兰的14个郡开始种植酒花。1710年，议会禁止在啤酒酿造中使用酒花替代品；到1800年，英国各地种植了超过35 000英亩（1英亩≈4046.86平方米）的酒花[8]。

当酒花第一次用于英国啤酒酿造中时，大多数英国啤酒和艾尔都是在酒庄和酒馆里被酿造的，由于大多数酿造都是由女士来完成的，因此她们被称为啤酒店女主人（图1.1）。到16世纪，将啤酒卖给酒馆和其他商人的商业啤酒厂已经建立，主要在大城市里。但是，直到18世纪工业革命的第一波浪潮开始，商业酿酒业才真正开始主宰酿酒业。在那段时间之前，啤酒和艾尔都是由酒馆主人和酒吧老板酿造的，或者由农民、家庭人员作为营养品或提神之物来酿造。大多数英格兰人每餐都喝艾尔啤酒，因为水的供应无法保证不受细菌和其他杂质污染。喝艾尔是当时英国人的主要生活方式，据说在1695年，人均年收入的28%用于消费艾尔和啤酒[9]。人们通过城镇任命的艾尔检测官颁发的证书来进行啤酒酿造，他们通过在城市中建立啤酒协会来确保啤酒质量和恰当的价格。

图1.1　Elinore Rummin木雕，英格兰开酒馆的著名女人（1624年）

在这段时期，麦芽通常是由稻草、泥煤或者木头烘烤干燥制成的，颜色通常是浅琥珀色或者深棕色[10]。烟熏风味通常来自烘干过程，尽管这些风味在啤酒中是不受欢迎的，但实际这种情况有助于木桶中啤酒老化过程的延长，使成熟的啤酒有一些烟熏味道，使啤酒更美味。大麦芽并不是酿造中使用的唯一麦芽，人们也使用燕麦、小麦、小米、玉米、豌豆、豆子和其他的谷物。在 16 世纪的伦敦，一款无大麦啤酒"Mum"开始流行，这是一款使用小麦、燕麦和豆子酿造的烈性艾尔，添加了香料，用桶贮存了两年（如果放在一艘船上，口味就会差一些；早在 17 世纪，啤酒酿酒师就意识到海上航行可以加速啤酒的老化过程）[11]。

　　在 17 世纪，影响酿酒业的一个重要技术因素是如何利用煤炭生产焦炭，焦炭是通过加热煤炭到极高的温度制得的，其中衍生的硫磺、焦油和其他的烟熏气体化合物致使煤炭不适合烘烤麦芽，这个过程也类似于用木材制造木炭，使用煤作为热源能够使温度更容易控制。1643 年制麦师开始在干燥过程中使用焦炭，并采用低温烘烤工艺。在 17 世纪末期，他们开发出了浅色麦芽。酿酒师发现了使用浅色麦芽的一些优点，如生产的啤酒没有烟熏味和泥煤味，而且糖化车间收得率会提高（即采用同样数量的谷物，可以酿造出更烈的啤酒）[12]。

　　17 世纪英国的糖化车间（图 1.2）通常采用单醪多次煮出糖化法来酿造，该过程包括将麦芽投入水中、得到麦汁（那时没有洗糟过程，洗糟是 100 年之后的事情了），并作为一款烈性艾尔（strong ale）进行发酵。当麦汁从麦糟中被分离之后，麦糟再用另一批热水洗糟，该热水温度比醪液温度要高一些，洗糟过程要重复 3~4 次，使麦汁浓度依次下降，可以分别酿成烈性艾尔、佐餐啤酒（table beer）和淡啤酒（small beer）[13]。

图 1.2　庄园啤酒厂生产场景

酿造也是一种季节性活动，通常从 10 月开始，在 3～4 月结束。通常认为，浅色麦芽在温度高于 22℃的时候不能有效地发酵。制冷设备的缺乏，使发酵温度在春天和夏天的几个月份难以控制。因此，通常在较温暖的季节里，酿造会暂停。酒花是一种众所周知的防腐剂，在这一时段会提高酒花添加量，以至于在 5 月份酿造的啤酒酒花添加量要比在 1 月份酿造的啤酒高出 2～3 倍之多[14]。

　　浅色麦芽的开发直接导致产生了几种新的啤酒类型，包括一种金黄色艾尔，被人称为淡色艾尔（pale ale）。其第一次出现是在 1675 年，200 年后变成了世界上最受欢迎的啤酒类型之一。

　　在接下来的几个世纪，浅色麦芽的使用导致了几种新的和流行的啤酒类型产生，包括比尔森（pilsner）、浅色拉格（helles lager）、比利时三料（tripels of Belgium）。今天的浅色麦芽变成了啤酒行业中的一个标准，现在酿酒师使用浅色麦芽作为酿造所有啤酒的一项基础，用特种麦芽来调节风味和色泽。

　　十月啤酒和艾尔啤酒是最早的英国烈性浅色啤酒，是在 10 月和 12 月酿造的，仅使用了新鲜采摘的酒花和浅色麦芽。十月啤酒在经过 1 个月的主发酵之后，将啤酒和干酒花加入桶中，进行老熟。在温暖的夏季月份，在发酵开始后，桶上的塞子需要松一下，老熟过程一般需要一年左右，但可能需要花费两年的时间才能喝到酒。十月啤酒有较高的原麦汁浓度（初始糖度）19～25°P，酒花添加量为 2 盎司/加仑（1 盎司=28.3495 克；1 加仑=3.7854 升），酒精度为 8%～12%（V/V）[15]。

　　浅色啤酒和十月啤酒的酿造过程为 18 世纪末期的印度淡色艾尔奠定了基础。印度淡色艾尔由伦敦淡色艾尔起源，18 世纪高度流行，被描述为一种适度的烈性淡色艾尔，需要较长的一段时间后熟，通常在采摘新鲜的酒花和新鲜的浅色麦芽之后的秋天酿造。

引用

1. W. Brande, *The Town and Country Brewery Book*.
2. Martyn Cornell, "The Long Battle between Ale and Beer."
3. Lesley Richmond and Alison Turton, *The Brewing Industry*.
4. H. A. Monkton, *The History of English Ale and Beer*.
5. Brande, *The Town and Country Brewery Book*.
6. Stan Hieronymus, personal communication with author (2012).
7. Ibid.
8. Cornell, "A Short History of Hops."
9. Richmond and Turton, *The Brewing Industry*.
10. Dr. John Harrison, "London as the Birthplace of India Pale Ale.
11. Monkton, *The History of English Ale and Beer*.
12. Cornell, "The Long Battle between Ale and Beer."
13. Pamela Sanbrook, *Country House Brewing*.
14. Harrison, "London as the Birthplace of India Pale Ale."
15. Ibid.

第 2 章

18 世纪的啤酒和 IPA 的诞生

一杯苦啤酒，或一杯淡色艾尔，连同每天的主食，有益身体，减少病痛，胜过医师开的所有药物！

——1750 年，英格兰，S. Carpenter 博士

2.1　18 世纪的啤酒

18 世纪，英国啤酒开始了 200 年的发展，最终遍布全球各地。这一历史时期标志着英格兰啤酒从酒吧和庄园酿造转变为城市的商业酿造向多个地区提供啤酒，并出口到其他国家和地区。随着 18 世纪早期工业革命的开始，为酿造业提供了燃料，有力地推动了商业啤酒厂的发展。随后生产波特和艾尔的啤酒厂开始扩张和增加，啤酒出口、酿造科学技术也开始发展。

在 18 世纪期间，一些先进技术的应用使酿造工厂化成为可能。蒸汽机、比重计和温度计的引入促进了酿造技术的发展，有助于酿造过程的稳定性和精确控制[1]。17 世纪末期，浅色麦芽的出现是最具影响力的酿造技术进步之一。琥珀麦芽或棕色麦芽是通过使用木头、稻草或其他燃料来烘烤，并带有烟熏风味；而浅色麦芽则通过焦炭来烘烤干燥，因为是在较低温度下干燥、焙焦，故麦芽色泽较浅。在酿造过程中，使用浅色麦芽可以开发几种关键的啤酒类型，包括淡色艾尔、十月艾尔和十月啤酒。18 世纪，还见证了其他一些重要的历史啤酒类型的发展或迅速扩张，其中包括名为伦敦波特和伯顿啤酒的棕色啤酒。18 世纪中叶，淡色艾尔啤酒获得了发展，并为印度淡色艾尔啤酒的诞生奠定了基础。

在 18 世纪初期，浅色麦芽相对较少且十分昂贵，因而只是远离城市的较富裕的庄园酿酒商在使用。浅色麦芽是在英国北部和中部地区被研发出来的，因此英国南部的酿酒商主要使用琥珀麦芽和棕色麦芽，其中棕色的艾尔啤酒和波特啤酒的成功也反映了这一点[2]。随着时代发展，焦炭烘干技术在商业啤酒厂中声名鹊

起。酿酒师认为，通过使用浅色麦芽作为基础麦芽，可以生产出更高质量的啤酒，并提高生产效率，然后再用琥珀麦芽或者棕色麦芽来调节啤酒的风味与色泽。以丰富的焦炭作为燃料也是有益的补充，人们不必担心木材等传统燃料是否够用。伦敦酿酒师酿造浅色啤酒的第一个文字记载是在 1717 年，但是乡村酿酒师们第一次酿造浅色啤酒是在这种麦芽刚研发出来的 17 世纪末期，早在 1709 年伦敦就开始出售浅色啤酒了。到了 18 世纪中期，淡色艾尔啤酒开始日趋流行，伦敦的许多商业啤酒厂开始使用浅色麦芽来酿造浅色啤酒和波特啤酒[3]。

这一时期最引人注目的烈性淡色艾尔之一是十月浅色啤酒，该酒是由新鲜浅色麦芽和当季收获的新鲜酒花酿造而成，只在 10～11 月期间酿造。采用 100%浅色麦芽，只收集头道麦汁，原麦汁浓度很高，酒花添加量也较高，在出售之前需要在桶中老熟 2～3 年的时间[4]。由于老熟和酿造过程都十分昂贵，十月啤酒深受一些富商们所喜爱，工薪阶层很难获得。有些人认为，该酒就是印度淡色艾尔的前身。表 2.1～表 2.3 是所用的酿酒原料和酿造过程。

表 2.1　十月啤酒配方

十月啤酒 1	十月啤酒 2
11 蒲式耳麦芽/大桶（hogshead）	14 蒲式耳麦芽/大桶（hogshead）
陈贮 9 个月	保存 12 个月
添加 3.5 磅酒花，煮沸 75 分钟	添加 6 磅酒花

资料来源：*The London and Country Brewer*（1736）。

注：理论上来说，每桶投料 11～14 蒲式耳麦芽可以生产原麦汁浓度为 28.5°P（比重为 1.140）的啤酒。

表 2.2　18 世纪早期的酒花添加量

啤酒类型	每大桶（hogshead）的酒花添加量/磅	每桶（bbl，31 加仑）的酒花添加量/磅
淡色艾尔	1.25	0.81
十月棕色啤酒	3.00	1.95
十月浅色啤酒	6.00	4.86

资料来源：十月浅色啤酒的酒花添加量来源于 Pattinson，"*Early 18th Centry British Beer Styles*" *Shut Up about Barclay Perkins*（2008 年 8 月 22 日博客），以及 *The London and Country Brewer*（1736），第 73 页。

表 2.3　18 世纪早期的啤酒数据

啤酒类型	原麦汁浓度/°P	残糖/°P	酒精度/%（*V/V*）	外观发酵度/%
琥珀艾尔	29.63	13.75	7.93	53.57
淡色艾尔	31.90	14.50	8.69	54.51
十月烈性啤酒	28.50	16.25	9.50	53.91

资料来源：十月浅色啤酒的酒花添加量来源于 Pattinson，"*Early 18th Centry British Beer Styles*" *Shut Up about Barclay Perkins*（2008 年 8 月 22 日博客），以及 *The London and Country Brewer*（1736），第 42 页。

注：注意这些啤酒是多么甜！

18 世纪的酿造技术与 19 世纪至今的酿造技术是十分不同的。例如，据苏格兰酿酒师说，直到 18 世纪末期才出现洗糟技术，甚至到 19 世纪中期，英格兰也没有广泛进行洗糟[5]。英国酿酒师经常采用多步糖化来酿造啤酒，通过 4 种不同的糖化醪液，能够从同一批次的谷物中酿造出 4 种风格的啤酒。为了降低啤酒浓度和酒精度，利用同一批麦芽可以酿造出烈性艾尔、贮藏艾尔、淡啤酒和佐餐啤酒等[6]，将 4 种麦汁进行混合也可以生产不同浓度的啤酒。

记录下这一阶段的发现也是十分重要的一件事，酵母是一种生物，艾尔酵母和拉格酵母之间存在着生物学的差异，因此，那时的艾尔（ale）和啤酒（beer）的含义与今天的含义完全不同。艾尔是一种酒花添加量较少的麦芽饮料，而啤酒是一种新型的、酒花添加量较高、通常用浅色麦芽酿造而成的饮料。淡啤酒和佐餐啤酒之所以被认为是啤酒，是因为它们较高的酒花添加量。酿酒师知道，酒精含量越低，啤酒就越容易变质，因此提高酒花添加量，可以防止啤酒腐败[7]。

尽管在 19 世纪初期，艾尔和啤酒的定义还不太明确，但在 20 世纪，已经明确了二者的定义。1710 年，对麦芽的税收提高了，啤酒饮用者也适应了酒花的口感，这这些因素都鼓励酿酒师提高酒花添加量，特别是要提高烈性艾尔和贮存艾尔的酒花添加量。同在 1710 年，酒花替代品被禁止使用，这也鼓励了在传统低酒花添加量的艾尔中添加酒花。在 19 世纪早期较高酒花添加量的淡色艾尔流行之前，许多不同啤酒的酒花添加量大体与艾尔的酒花添加量相当。

在 18 世纪另一个重要的定义是淡艾尔（mild ale）。不像今天，淡艾尔一般是指低酒花添加量、较低原麦汁浓度的艾尔，在 18 世纪，淡艾尔是一种新鲜的、没有后熟时间的啤酒。淡艾尔有较多的酒花添加量和较高的酒精含量，"淡"（mild）一词主要指的是陈贮时间较短，而不是其酒精含量较低。换句话说，经过后熟的啤酒称为陈贮啤酒、老化啤酒或贮藏啤酒。根据定义，这些啤酒的酿造是需要进行陈贮的，这意味着它们有更高的酒精含量，大多数情况下酒花添加量也较高（每桶添加酒花有 6～8 磅之多）。随着陈贮的进行，它们很可能会与布雷特菌（也称酒香酵母，*Brettanomyces*）发生作用，从而导致酸味的产生。陈贮时间的延长有助于啤酒风味的平滑，例如，可以减轻伦敦波特啤酒中由棕色麦芽烘烤过程所带来的烟熏味[8]。记住某些啤酒类型也是很重要的，例如，伦敦波特既有淡味版本，也有老化版本，其中陈贮版本具有较高的酒花添加量以及在木桶中陈贮产生的典型酸味，在酒馆里通常会将其与淡味版本混合一下。

2.2　船上的啤酒

啤酒出口是 18～19 世纪英国啤酒史上最重要的事件之一。船上装载啤酒并不是一件新事物，因为大多数英国船只都配备盛酒的木桶。船员每天可以饮用 1 加仑啤酒，是水的最佳替代品，水在船上是非常短缺的，因为它会变"咸"。17 世纪末期到 18 世纪早期，随着大英帝国逐渐走向世界霸主地位，船员配备的啤酒也推动了啤酒出口到英国的各个殖民地。

在 18 世纪早期，大多数英国啤酒从伦敦出口到美洲的殖民地。来自伦敦、利物浦和布里斯托的啤酒也被送到多个目的地，包括澳大利亚和西印度，啤酒出口到印度（或东印度*）最早可以追溯到 18 世纪早期[9]。

差不多在同一时间，伦敦酿酒师开始将啤酒运输到印度，而伯顿的酿酒师开始将伯顿艾尔（有棕坚果色或黑色、口味甜、酒精度高）出口到俄罗斯和波罗的海。伯顿进军出口市场是 1698 年法案的直接结果，当时允许经特伦特河从伯顿到赫尔（Hull）进行商业交易。1712 年伯顿的酿酒师将啤酒船运到赫尔，然后从那里运到伦敦或者波罗的海。啤酒出口业务刺激了伯顿酿造业的快速发展，只靠小镇当地的人口是不足以支持啤酒厂发展的。文献记载表明，1716 年伯顿艾尔和浅色啤酒已在苏门答腊岛被饮用，1718 年啤酒也已被运送到印度马德拉斯（Madras）**港[10]。

看来 18 世纪船运到印度的啤酒和艾尔主要来自于伦敦的啤酒厂，也许是伦敦的船只更容易到达印度。过去的传统观点认为，运到印度的大多数啤酒质量参差不齐，据报道口味平淡、酸、甜或者液体浑浊，甚至有报道说在印度如果没有通过质量检测，坏啤酒就会被倒入港口。但是今天的一些历史学家并不赞同这些故事，认为如果啤酒不适合饮用，可以被用做其他用途，运到印度的啤酒坏掉的概率并没有曾经认为的那样普遍。事实上，很多文献记载显示，18 世纪有很多不同风格和酒精度的啤酒成功运送到了印度，货运清单和广告显示淡啤酒、佐餐啤酒、棕色艾尔、波特啤酒和马德拉（Madeira）酒在大量出口，而且可以确认这些饮料抵达后也完好无损[11]。

尽管当时酿酒师对于酵母管理和环境卫生保持没有今天这么好的理解，但他们依据经验意识到，烈性啤酒在长距离的远洋航行中保质期会更长，酒花是一种完美的啤酒防腐剂。这些知识最初被认为是来自 16 世纪的欧洲，由弗兰德移民把酒花带到英格兰，并在英国开始使用它们酿造啤酒。在 18 世纪早期，酿酒者普遍认为，在啤酒中添加更多的酒花能使啤酒（或出口啤酒）保质期更长，甚至 18 世纪早期的第一批酿造书籍中就建议在啤酒桶中要添加多达 33% 的酒花[12]。随着啤酒出口量的增加，贮存啤酒和烈性啤酒的发展非常迅猛。

出口印度是一种挑战，一款可口的啤酒必须在航行中具有良好的风味和适当的存贮条件。对于啤酒而言，远航的挑战不仅是要两次经历赤道的极端温度，而且还有 6 个月的航行时间（图 2.1），以及船在海浪起伏下造成的啤酒翻动。可能更重要的是，啤酒的微生物条件和贮存啤酒的桶。啤酒感染微生物是非常常见的，

---

* 编者注：西印度和东印度是一个历史名词，随着欧洲地理大发现而产生并沿用至今。为了与真正的印度地区区分，欧洲人把南北美洲之间加勒比海群岛称为"西印度"，而真正的印度地区便被称为"东印度"。

** 编者注：金奈，以前称为马德拉斯，南印度东岸的一座城市，印度第四大都市。

特别是在木桶中陈贮的贮存艾尔啤酒，非常容易被啤酒有害菌和野生酵母污染。18 世纪和 19 世纪，贮存啤酒的风味通常被描述为酸味，这就是为什么在英国酒吧里要与新鲜（或淡味）啤酒混合着喝。

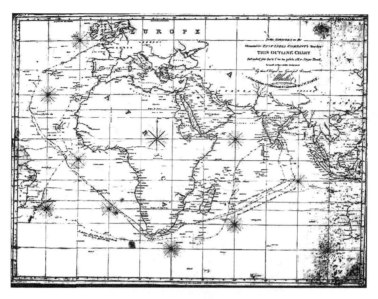

图 2.1　从英国到印度的航运路线，需要两次跨越赤道，大约需要 6 个月时间

　　了解到烈性啤酒比较容易保存，酿酒师开始改造他们运输到印度的啤酒，甚至尝试将船运的啤酒进行浓缩。18 世纪中期，船员们尝试冰冻啤酒，以进行浓缩，在航行结束的时候再加水。这种冷冻浓缩工艺也用麦汁尝试过，到达印度后再将麦汁进行稀释，然后开始发酵。种种迹象表明，这些尝试都失败了，一方面因为印度天气太热，或许是微生物的问题，也或许仅仅是啤酒口感不好[13]。来自印度的早期报道表明，完好到达的啤酒常被抱怨酒味太强烈、令人昏昏欲睡，这进一步证明了酿酒商出口的啤酒多数为烈性啤酒。

2.3　东印度公司和霍德森的弓啤酒厂

　　东印度公司成立于 17 世纪，到了 18 世纪，成为印度和英国之间交易的主要力量。东印度公司的商业模式是带着异国风情的货物从殖民地到英国，出售这些商品获得巨大的利益，这个公司拥有 70 多艘船只，被称为"东印度大商船"。这些船只上的官员被允许在从英国到印度的船只上拥有一定数量的货运吨位。由于东印度公司在这段旅行中没有多少业务，这一私人贸易补贴使船只官员能够在驶往印度的船只上装配英国消费品，他们将这些货物卖给印度的殖民者，通常是通过印度贸易站，一般被称为"工厂"。这些物品给殖民地居民提供了舒适和有品位的生活，包括浅色啤酒、波特啤酒、艾尔啤酒、波尔特酒、葡萄酒、朗姆酒、杜松子酒、奶酪、火腿、腌菜、五金工具、珠宝、香水、玻璃器皿和衣服。当然，这个福利是东印度官员的私人生意，他们可以占有 50 吨货物吨位，不收取运费或者卸货费。

　　东印度公司总部位于伦敦东部泰晤士河和利河（River Lea）的十字路口（图 2.2，图 2.3）。从东印度公司到利河上游 2 英里（1 英里=1609.344 米）的地方是弓啤酒厂（Bow Brewery）（图 2.4，图 2.5），是 1752 年由乔治·霍德森（George Hodgson）建立的。像 18 世纪伦敦的很多酿酒师一样，霍德森开始建立的是一个波特酿酒厂，在前 16 年，每年平均酿造 11 000 桶啤酒。

图 2.2　东印度公司的公章

图 2.3　东印度公司总部

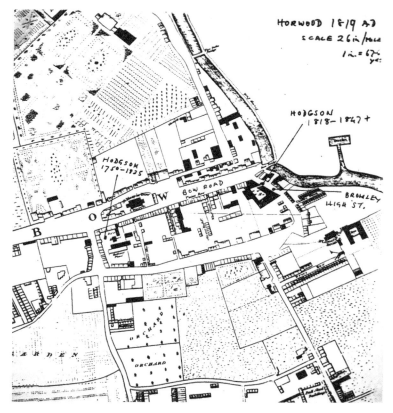

图 2.4　这张图展示了伦敦东部霍德森的弓啤酒厂的两处位置，现在在这两处位置建成了公寓大楼和公寓。本图来自于 John Harrison 博士，由 Mark Dorber 友情提供

图 2.5　在原弓啤酒厂一处遗址建成的公寓大楼，照片由 John Trotter 友情提供

霍德森以酿造波特啤酒和十月啤酒而闻名，其中十月啤酒这种烈性的、陈贮浅色啤酒在 18 世纪英国的上流社会非常流行，特别是定居在印度的贵族人群中。在 18 世纪中期的某个时候，霍德森和东印度公司的官员们建立了一种商业关系，为他们提供啤酒作为他们私人贸易补贴的一部分，这项合作对于霍德森和东印度公司而言取得了很大成功。由于他和东印度公司的关系及良好的信用，霍德森能够对印度出口的啤酒做到垄断，他的信用期限基本上是 12～18 个月，允许东印度公司的官员在印度卖掉啤酒之后，回到伦敦再支付啤酒费用。在 18 世纪末期和 19 世纪早期，霍德森通过使用价格战进一步巩固了其垄断地位，他会根除掉任何试图进入印度市场的其他酿酒商[14]（表 2.4）。

表 2.4　船运到印度的啤酒数量

年份	船运的桶数
1750	1480
1775	1680
1800	9000

资料来源：La Pensée and Protz，*Homebrew Classics：India Pale Ale*（2003）。

注：从 1775 年到 1800 年，船运到印度的啤酒数量急剧增加，大多数都是由霍德森提供。

　　霍德森船运啤酒到印度已经成为很多人研究的兴趣与讨论和辩论的主题。印度淡色艾尔的大多数粉丝都熟悉这个故事，即霍德森"发明"了一种独特的、高酒花添加量的、高酒精度的啤酒，特别适合远航运输到印度。但是，在过去的几年中，啤酒历史学家和啤酒制造商所做的研究并没有发现绝对证据来支持霍德森的啤酒是专门为出口印度而设计或发明的。事实上，这项研究揭示的信息支持了当前的观点：霍德森船运到印度的啤酒是其标准的浅色贮存啤酒之一，它在航行中能保存完好，证明了这是一款解渴的啤酒，也许印度太热，闷热的天气使印度淡色艾尔比运输到印度的波特啤酒、棕色啤酒和琥珀啤酒更好喝。该印度淡色艾尔啤酒只经过一年的陈贮（比一般的贮存淡色艾尔要早一点）便船运到印度，远洋航行加速了它的成熟，这种偶然发现推动了世界上其他国家最受欢迎的啤酒风格之一 IPA 的兴起。

　　有很多证据证明，霍德森的印度啤酒是一种标准的浅色啤酒，霍德森主要是波特啤酒酿酒师。在 18 世纪中期的伦敦，波特啤酒厂有别于全部使用浅色麦芽的小啤酒厂或特种艾尔啤酒厂。尽管弓啤酒厂也做淡色艾尔，但其明显致力于酿造波特啤酒。1812 年末，霍德森的儿子马克将弓啤酒厂称为波特啤酒厂[15]，1787 年弓啤酒厂生产了超过 16 000 桶波特啤酒（在伦敦波特啤酒厂中，其产量大约排名第 20 位），出口到印度的只占全部啤酒的 10%。

　　除波特啤酒外，霍德森也生产其他的啤酒品种，包括淡色艾尔、烈性艾尔和淡艾尔，并出口到西非。他所有的啤酒都成功运到了印度，但是没有任何研究提及"印度艾尔"或者"印度淡色艾尔"。事实上，第一个"印度市场淡色艾尔"或者"淡色艾尔"的名字出现于 1820 年，直到 1835 年，"印度淡色艾尔"的术语才被印刷使用。霍德森的第一批广告出现于 1793 年，并且波特啤酒和淡色艾尔的宣传费用相同，这与霍德森专门为印度发明了一种啤酒的观点看起来相互矛盾，如果确实是他发明的，估计他会在广告里做出标记的。

其他酿酒商也将波特啤酒和别的啤酒类型成功运输到了印度，这可以通过一些历史广告和其他来源的参考文献[17]得以证明。来自 1784 年 4 月 8 日《加尔各答公报》的第一批啤酒广告中提到，伦敦波特啤酒和淡色艾尔啤酒是清亮透明的、优质的。没有提到淡色艾尔是特别为印度设计的一款啤酒，也没有提及该款啤酒是弓啤酒厂酿造的。淡色艾尔、波特啤酒、淡艾尔和烈性艾尔的广告出现于 1790 年的《加尔各答公报》。

直到 1840 年，霍德森才成功将波特啤酒运往印度，这些证据打破了只有高酒花添加量的浅色烈性啤酒才可以运输到印度的说法。更有可能的是，考虑到高温和潮湿的印度气候，甜艾尔只是不受欢迎而已，用浅色麦芽酿造的啤酒更适合该气候。事实上，直到 19 世纪末期，波特啤酒都是驻扎在印度的英国部队成员最喜爱的啤酒之一。

在 18 世纪末期的广告和出版的书籍中，除了一种浅色啤酒和淡色艾尔，没有提到流行的弓啤酒。第一款专门为印度酿造的啤酒是在 1820 年发现的，比霍德森开始出口啤酒到印度晚了 50 多年，在广告中描述霍德森的啤酒为"啤酒是为印度人准备的"。第一个书面说明霍德森发明了印度淡色艾尔的是 William Molyneaux 的《特伦特河畔的伯顿：历史、水质及啤酒厂》（*Burton-on-Trent：Its Histories，Its Waters，and Its Breweries*），该书于 1869 年出版，比霍德森开始船运啤酒到印度晚了 100 多年[19]。

1809 年 5 月，《加尔各答公报》报道了"霍德森精选淡色艾尔"，1822 年 6 月的一则广告描述"霍德森从真正的十月啤酒中精选一款淡色艾尔，并进行了授权。"这是酿造贮存淡色艾尔啤酒和十月艾尔啤酒的标准时间，后来的广告并没有证明这款啤酒是"印度淡色艾尔"（图 2.6）。

Michael Combrune 撰写的《酿造理论与实践》（*Theory and Practice of Brewing*）一书，出版于 1762 年，曾提到船运淡色艾尔到印度。John Ashton 撰写的《安妮女王统治时期的社会生活》（*Social Life in the Reign of Queen Anne*）一书，出版于 1882 年，包含有一则 1715 年的广告"为东印度酿造的淡色艾尔"，该广告由喷泉啤酒厂的博物馆提供，喷泉啤酒厂成立时间比弓啤酒厂要早 40 多年，这也证明了在霍德森之前也有其他酿酒商远洋运输啤酒到印度。

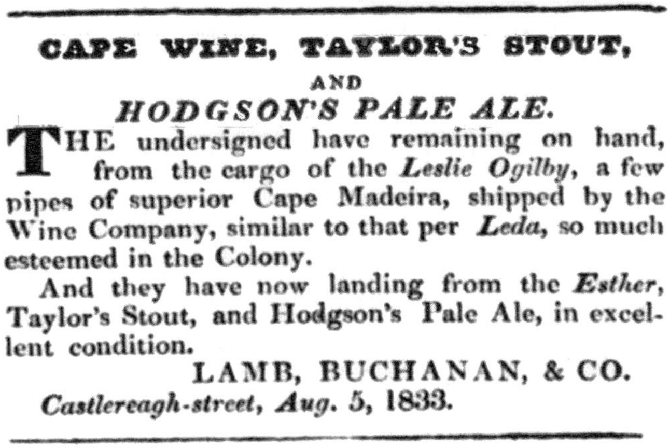

CAPE WINE, TAYLOR'S STOUT,
AND
HODGSON'S PALE ALE.

THE undersigned have remaining on hand, from the cargo of the *Leslie Ogilby*, a few pipes of superior Cape Madeira, shipped by the Wine Company, similar to that per *Leda*, so much esteemed in the Colony.

And they have now landing from the *Esther*, Taylor's Stout, and Hodgson's Pale Ale, in excellent condition.

LAMB, BUCHANAN, & CO.
Castlereagh-street, Aug. 5, 1833.

图 2.6   1833 年年末，霍德森还没有在广告中宣称他出口的淡色艾尔为"印度淡色艾尔"
本广告由 Martyn Cornell 友情提供

尽管有证据表明乔治·霍德森没有发明 IPA，但毫无疑问，在 18 世纪末和 19 世纪早期，弓啤酒厂是最著名的出口印度浅色啤酒或淡色艾尔的酿造商，它主宰了市场（表 2.5），该啤酒厂的成功是由于：①它以生产优质啤酒而闻名于世；②啤酒供应的可靠性（啤酒厂与东印度公司关系紧密）；③由乔治·霍德森、其儿子马克及其孙子福瑞克制定的残酷商业规则，而且福瑞克于 1819 年掌管了弓啤酒厂。

表 2.5   霍德森啤酒厂的产量

年份	烈性啤酒/桶	淡啤酒/桶	佐餐啤酒/桶
1786	19 099	532	57
1792	11 524	4 657	9 461

数据来源：Richardson，*The Philosophical Principles of the Science of Brewing*（1805）。

由于弓啤酒厂已不存在，没有酿造记录，也没有发现其他的酿造日记，研究人员研究了诸如广告和历史酿造书籍等资料，尝试对霍德森的淡色艾尔啤酒多一些了解：它是如何酿造的，口感如何。

首先，让我们了解一下 18 世纪的酿造原料和酿造过程，这会帮助我们了解霍德森淡色艾尔啤酒的酿造工艺。

2.4   18 世纪的酿造原料

2.4.1   水

酿造用水使用伦敦的水，该水质相对比较软，含钙量比较低。尽管这种软水被酿酒师所偏爱，刺激了深色啤酒的流行（因为它们彼此匹配），但它会使淡色艾尔啤酒的澄清变得更复杂，对伦敦的酿酒师而言，酿造拥有良好澄清度的浅色啤酒会变得更困难。然而，在伯顿地区酿造业兴起之前，伦敦酿酒师偏爱软水，当水质硬度发生季节性差异时，他们会将水煮沸，以沉淀除钙。人们认为，软水有助于改善棕色艾尔和深色艾尔的特性[20]。酿酒师可以通过观察清晰度判断水的质量，用肥皂泡沫水检查确定水的软度。

2.4.2　麦芽

大多数浅色啤酒中使用 100% 的浅色麦芽。在 18 世纪，结晶麦芽和黑麦芽还没有被研发出来，因此伦敦的酿酒商经常选择琥珀麦芽、棕色麦芽和浅色麦芽。尽管有一份参考资料表明贮存艾尔啤酒是用一部分的浅色麦芽和 25% 的琥珀麦芽混合酿造而成的，但其他淡色艾尔的配方和参考资料显示都是由 100% 的浅色麦芽酿造而成[21]。麦芽主要采用两棱麦芽，虽然有迹象表明，也会偶尔使用四棱麦芽（现代化酿造已不再采用）。最好的浅色麦芽来自于伦敦北部，如德比郡、林肯郡、诺福克等采用焦炭烘烤的地方，南部的麦芽主要用稻草烘烤，西部的麦芽用木头烘烤，直至 18 世纪。对于酿造淡色艾尔啤酒而言，这些麦芽并不是完美的，虽然有时采用当地产的麦芽。随着世纪的延续，更多的麦芽使用焦炭烘烤，特别是木材被越来越少地用作燃料。

2.4.3　酒花

伦敦酿酒师亲自挑选来自肯特郡的酒花，这些酒花是酿造淡色艾尔啤酒的首选，因为这些酒花生长在海洋性气候下而拥有独特的风味。酒花通常含有 3%～4% 的 α-酸，有些品种在酿造书籍中被描述为细腻的风味，而几种不受欢迎的酒花则被描述为粗糙的、恶心的味道。在 18 世纪使用的酒花种类包括肯特（Kent）、浅色法纳姆（Farnham Pale）、棕色坎特伯雷（Canterbury Brown）、弗兰德（Flemish）和长久（Long While）。到 18 世纪 50 年代，随着富含酒花啤酒流行度的持续增长，一些酒花的种类被认为适合在淡色艾尔啤酒中使用，包括来自萨里郡（Surrey）的法纳姆哥尔丁（Farnham Goldings）酒花、来自赫里福德-伍斯特郡（Herefordshire and Worcestershire）的酒花。1840 年，弓啤酒厂的记录显示，在其淡色艾尔啤酒中使用了 100% 的肯特哥尔丁（Kent Goldings）酒花。

由于冰箱的缺乏，酒花被紧紧地包装在酒花袋中，以这种袋装方式运送到啤酒厂，防止它们被快速老化和氧化。尽管酿酒者时刻保持酒花袋扎紧，努力保持冰冷状态，但是在秋天和早冬时期酿造最好的淡色艾尔啤酒只能使用新鲜的酒花。

只使用最新鲜的酒花和季节性酿造的做法一直延续到 19 世纪。这样看来，好像霍德森的第一款淡色艾尔啤酒也没有加入太多酒花，早期广告提到的浅色"艾尔"并不是浅色"啤酒"。但是随着时间的推移，酒花添加量逐渐增加。到 19 世纪 20 年代，伯顿酿酒商生产的啤酒显示出它是一款高酒花添加量的啤酒。

2.4.4　酵母

尽管几十年之后才发现酵母是一种将麦汁发酵成酒精的微生物，但伦敦酿酒师已经认识到酵母是啤酒酿造的一种重要原料。他们从发酵过程中提取酵母用于接种，通常在发酵罐或发酵桶泡沫的出口处收集酵母。

在酿造过程中，必须定期维护酵母，否则就会出现质量问题，因为在炎热的夏季，酿酒师很难控制温度，这也推动了不同季节风格啤酒的发展，从而更好地度过极端天气。进入 18 世纪后，伦敦的一些波特啤酒厂开发了压榨、脱水和贮存更长时间酵母的方法。如果酿造高浓度的贮存啤酒，采用高酒精耐受性的啤酒酵母是完全可能的。同时，由于 18 世纪还没有意识到微生物的作用，这时的酵母培养物很可能是由多种菌株组成的，包括布雷特菌以及可能感染的片球菌和乳酸杆菌，这就会导致贮存艾尔啤酒和波特啤酒呈现典型的特点及明显的酸感。

2.4.5　澄清剂

随着浅色啤酒越来越受欢迎，啤酒的澄清度变得更加重要，最优质的淡色艾尔被描述为浅色、明亮、细腻、稻草色。一般来说，酿酒师通常用长时间的自然沉降来澄清浅色啤酒，但是有些酿酒师使用法兰绒"过滤"出啤酒中的固体，使啤酒快速澄清。在木桶中加入酒花也能加速沉淀，同时对在桶中干投酒花的日益流行起到了重要作用。

明胶作为澄清剂的第一个文献记载出现在 1700 年的《酿造麦芽酒指南》（*Directions for Brewing Malt Liquors*）一书[22]。一些酿酒师在煮沸锅中添加小麦或者豆类，以澄清麦汁。鹿角屑、蛋壳、明矾和明胶也通常用作澄清剂，但总体而言，在这一时间段内，澄清剂的使用受到了限制。

2.4.6　其他原料

随着 18 世纪酒花的流行，其他风味原料的使用开始减少了，可以肯定的是，在"霍德森的淡色艾尔"中没有使用其他材料。有记载表明，在波特啤酒和伯顿啤酒中会加入糖蜜，以增加麦汁浓度。胡萝卜籽、苦艾和苦薄荷都是常见的酒花替代品，直到 18 世纪酒花的出现。大部分商业酿酒商只限定他们的原料为水、麦芽和酒花。

2.5　淡色艾尔酿造过程

2.5.1　水处理

像前面描述的那样，伦敦的酿酒师更喜欢用伦敦的天然软水来酿造。如果水质比较硬，唯一的处理方法是煮沸，使钙离子沉淀去除。用木头或者天然焦炭将水加热到煮沸，当它充分冷却到可以浸入一根手指的时候，或者说水面上可以清晰映射出酿酒师的面孔，水就准备好了。到 18 世纪末期，温度计得到了广泛应用，1762 年 Combrune 所著《啤酒酿造理论与实践》(*The Theory and Practice of Brewing*)一书便有记载，那时温度控制得到了明显改善。

2.5.2　糖化、保持/休止、过滤

糖化和过滤在木桶中进行，典型的是采用橡木桶和柚木桶。在此阶段，糖化被定义为麦芽和水混合的进程。在配方和酿造日记中单独列举的休止步骤，指的是糖化醪液的停留阶段，此时淀粉会发生酶转化反应。

酿酒师用搅拌桨将粉碎的麦芽和水在糖化锅内进行混合，在达到特定的转化温度、休止之前，该混合过程可以超过一个小时。对一部分麦芽进行多步糖化和休止，可以酿造 3～4 种浓度依次下降的啤酒。第一步糖化的典型水温在 66～77℃（150～170℉），大约休止 60 分钟。糖化水温会随着连续糖化的进行而升高，但通常不会超过 85℃（185℉），而休止时间会随着连续糖化的进行而减少。

有些酿酒师会添加较多的麦芽到后来的糖化醪液中，以提高淡啤酒的浓度。酿酒师们知道，如果初始糖化温度较高，将会损失大量浸出物，他们更倾向于第一步糖化采用较低的温度，因为他们明白随后的较高温度能弥补第一步糖化温度太低造成的差异。

"顶部糖化"（top mashing）是在糖化锅内加满水，然后将粉碎的麦芽从顶部加入、人工混合，保持一段时间之后，从顶部抽出液体，随后进行煮沸。

在第一步糖化期间，能休止 3 小时以上，酿酒师通常加入更多的粉碎麦芽，甚至在液体表面放几个麻袋，以维持糖化温度。而且，最初糖化醪液相当稠（水少），通常在休止 15～30 分钟后再加入较多的热水[23]。

"底部糖化"（bottom mashing）是利用假底将麦汁从麦糟层滤出，该方法在

20 世纪末期变得更常见。例如，酿造十月艾尔和其他一些烈性浅色啤酒时，要将麦汁循环通过麦糟，以提高麦汁浓度。

多批次糖化是一个标准的操作方法，这会得到 27.5°P 到 7.25°P（适合酿造低度佐餐啤酒或淡啤酒）不同浓度范围的麦汁。有时会将第一麦汁和第二麦汁混合在一起，来酿造贮存艾尔啤酒。

2.5.3　麦汁煮沸和酒花添加

麦汁和谷物分离之后，开始煮沸。有趣的是，回到艾尔不加酒花的时候，煮沸不总是酿造过程的一部分。但是到了 18 世纪，麦汁煮沸成了一种标准的程序。浓度特别高的麦汁，如十月艾尔啤酒的麦汁，通常贮存在一个称为"麦汁计量器"的容器中，在煮沸之前先进行沉淀，这个过程称为"间歇式排放"（blinking），这有助于产生更加澄清的麦汁[24]。通常而言，煮沸在一个铜的容器中进行，用木材或者焦炭在底部加热麦汁。煮沸的时间可以在 3～8 小时之间，这可能取决于热传导到煮沸锅的强度。

酒花在煮沸阶段添加，通常在取出之前只允许煮沸 30 分钟，然后再采用另一种添加方式。在这一时期的许多酿酒文献中都提到，啤酒酿酒师认为酒花煮沸超过 30 分钟就会产生粗糙的风味和苦味[25]。

由于酒花有种子，通常在加入煮沸锅之前，要包装到过滤袋中，这样能更容易移除，防止酒花种子和球果被带入酒花浸出罐和回旋沉淀槽中。然后，将麦汁从煮沸锅转到另一个容器中，有时是转移至一种含有假底的、可以容纳更多酒花的酒花浸出罐。偶尔会采用去除毛发的过滤筛，以过滤麦汁中的酒花。从第一次和第二次糖化过程中回收的酒花，通常可以重复用于较低浓度的麦汁。

煮沸结束之后，麦汁被贮存在一个容器中，以沉淀出固形物，然后在浅的冷却盘（英国啤酒厂称之为冷却器）中冷却。大部分冷却器由木头制造，但有时是用石头制成的，后来才用金属材料。凉爽的空气从环境进入，有时候借助于风扇，定期将冷却盘放入酒窖中，以加速麦汁冷却。20 世纪末期，人们用制冷设备产生的冷水来冷却麦汁。此时，酿酒师们都知道麦汁特别容易受到微生物侵染，并且会密切注意啤酒出现酸败的标志——"狐臭味"（foxing）或变酸。狐臭味来源于变质麦汁或者发酵啤酒顶部形成的微红色泡沫。

2.5.4　发酵过程和老熟

下一步，将麦汁转到大桶或木桶中，添加酵母，进行主发酵（primary fermentation），发酵过程会持续几天。发酵温度主要由气温或者季节酿造所控制。

然而，有必要的话，有些酿酒师通过置于发酵容器中的铜管里的水来冷却麦汁，或者向发酵液中加入冷麦汁。在冬天，如果发酵啤酒温度太低，可以将在沸水中煮过的石头/瓶子丢进发酵容器，以提高发酵温度。

主发酵结束之后，淡色艾尔通常要输送到桶中进行陈贮。众所周知，有些啤酒要一直存留在主发酵桶中，并与酵母等一起进行陈贮。木桶是橡木桶，要先用冷水浸泡，再用煮沸水浸泡等预处理方式，如果需要更大强度地清洗橡木桶，可以采用石灰水。当橡木桶充满啤酒后加入干酒花，啤酒就可以陈贮很长时间了。一款烈性十月啤酒可以陈贮整个冬天，到春天和夏天，啤酒温度会升高，由于橡木桶是敞口的，二次发酵得以进行。木桶里的烈性啤酒没有加糖或麦汁，似乎不能进行二次发酵，更可能的是，二次发酵使用的是啤酒中残留的可发酵糖，或者也可能是细菌或野生酵母所导致。

烈性贮存啤酒陈贮的标准一般是 2 年，但是如果运输到印度，航行前至少要陈贮近一年。通常要将木桶移动到另一个地方（仓库）进行陈贮，被称为"移动箍桶匠"或者"海外箍桶匠"的人负责检查贮存间啤酒的澄清度和二次发酵情况。如果使用澄清剂，移动箍桶匠通常自行添加，他也负责检查啤酒质量，将所有酸啤酒返回啤酒厂，这些酸啤酒可以重新混合利用或者使用澄清剂预处理。

2.6　霍德森之弓淡色艾尔啤酒配方

现在我们已经复习了一些关于酿造原料和酿造过程的内容，接下来可以看看所了解的霍德森淡色艾尔啤酒，并想象一下这款啤酒是如何酿造的。

21 世纪早期的一个理论表明，"霍德森浅色啤酒"是由"十月艾尔"演变而来，而"十月艾尔"是由庄园啤酒厂在研发浅色麦芽之后不久首先酿造而成的。尽管霍德森主要是一名波特酿酒师，但他确实也酿造过"十月啤酒"，他的淡色艾尔运输到印度，1822 年的广告为"最细腻的十月艾尔"。有利于"十月艾尔"在印度流行的一个论点是，18 世纪印度的许多殖民者都是乡村贵族，他们已经熟悉并喜爱"十月艾尔"啤酒[26]。在 1736 年出版的《伦敦和乡村酿酒师》（*The London and Country Brewer*）一书中可以找到"十月艾尔"啤酒的配方，据报道，每大木桶使用 11～14 蒲式耳（即每大木桶 462～588 磅、每桶 265～337 磅）的浅色麦芽，原麦汁浓度为 25～27.5°P[27]。煮沸锅的酒花添加量为每桶 2～3.5 磅，啤酒在木桶中陈贮至少 1～3 年。据说，这款啤酒相当苦，陈贮过程有助于抑制酒花的苦味，使风味趋于平衡。

一款相似的啤酒，名叫"三月艾尔"，采用最新收获的麦芽和酒花酿造而成，但是发酵过程是在较温暖的春天进行的，产生了一些异味，因此酿酒师提高了酒花添加量，是"十月艾尔"啤酒酒花添加量的 2.5 倍。"三月艾尔"啤酒的原麦汁浓度为 20°P 左右，像"十月艾尔"一样，他们在大桶内干投酒花，在桶内陈贮。

18 世纪末期的广告揭示，浅色啤酒、淡色艾尔啤酒的定价与贮存苦啤类似，略低于烈性艾尔。因而，出口到印度的淡色艾尔啤酒与贮存苦啤的原麦汁浓度和酒精含量类似，即原麦汁浓度约为 17.5°P，酒精含量约为 6.5%（*V/V*）。需要注意的是，在那时，这并不是一款特别烈的啤酒。估算的原麦汁浓度和酒精含量也得到了许多啤酒研究者的支持，包括马丁·康奈尔（Martyn Cornell）、富勒啤酒厂（Fulles Brewery）的约翰·基林（John Keeling）、德顿公园啤酒圈的约翰·哈里森（John Harrison）博士。哈里森博士声称霍德森 IPA 的原麦汁浓度是 17.5°P，啤酒作家罗杰·普罗茨（Roger Protz）宣称霍德森 IPA 的原麦汁浓度也是 17.5°P。

由于霍德森啤酒通常被描述为清亮透明、呈现稻草色，我们可以合理地假定它是用 100%的浅色麦芽酿造而成的；由于"霍德森淡色艾尔"啤酒与贮存啤酒的酿造特点类似，并在桶内干投酒花，因而我们也可以假定酿造淡色艾尔时也使用了大量酒花，这种假定得到了 1820 年一个故事的支持：东印度公司向塞缪尔·奥尔索普（Samuel Allsopp）啤酒厂提供了一瓶霍德森啤酒，试图另找一家啤酒供应商。当奥尔索普的主酿酒师约伯·古德海德（Job Goodhead）品尝霍德森啤酒时，他吐了出来，因为酒太苦了。对霍德森啤酒相似的评论来自布里斯托的乔治啤酒厂，他们 1828 年的评论是："我们既不喜欢其浓稠的外观，也不喜欢它的苦味[28]"。虽然这些评论在 19 世纪也有记载，但是可以合理地假定，霍德森在最初的成功之后，并没有改变其淡色艾尔啤酒的特性。

我们几乎可以确认，霍德森啤酒采用了干投酒花技术，干投酒花是酿造贮存艾尔啤酒，甚至波特啤酒和世涛啤酒的一个标准化程序。啤酒历史学家和作家马丁·康奈尔引用了两个参考：一个是印度殖民者试图用大木桶剩余的残渣种植酒花；另一个是失事船只的船员试图吃大木桶内底部残余的酒花，以获得其中的水分。

1847 年，W. H. 罗伯茨（W.H.Roberts）写道：酿酒商在印度贸易中失败的原因就是啤酒的原麦汁浓度太低、酒花添加量太少。由于霍德森在印度获得了成功，肯定地说，他的啤酒有较高的原麦汁浓度和较多的酒花添加量，霍德森的啤酒就是标准！

"霍德森淡色艾尔"啤酒小结

以下是我们所相信的关于"霍德森淡色艾尔"，以及啤酒运输到印度的事情。

- 在建立了啤酒厂之后，霍德森开始运输波特、淡色艾尔、烈性艾尔和佐餐啤酒到印度。在 18 世纪，所有类型的啤酒都被成功运到了印度。
- 他与东印度公司关系紧密，有助于他们之间的商业关系一直持续到 19

世纪，促使霍德森的弓啤酒厂成为向印度运输啤酒的主要供应商。

- 霍德森从没有声明为印度研发了一种啤酒，也没有任何文件声称他的啤酒是浅色啤酒。可以肯定地说，霍德森运到印度的浅色啤酒是他的标准啤酒之一，只占了总量的一小部分（至少最初如此）。

- 从价格表中我们可以看到"霍德森淡色艾尔"啤酒的价格与酒精度 6.5%、原麦汁浓度 17.5°P 左右的啤酒价格是一样的。可以合理地推断出，其啤酒酿造的规格相同，因为超烈性的艾尔啤酒将会定一个较高的价格。

- 来自 1822 年的广告描述了霍德森运到印度的啤酒最受欢迎的是"十月艾尔"，其使用了新鲜麦芽和酒花。由于殖民者中的大部分都是"十月艾尔"啤酒的拥护者，这也使霍德森啤酒是一款较低浓度版本的啤酒成为可能。

- 霍德森啤酒被描述为清澈、明亮和稻草色，表明它只使用了浅色麦芽。

- 由于霍德森主要是一名伦敦的波特啤酒酿酒师，他可能是用软水酿造的，这就意味着如果其淡色艾尔离开了长时间的陈贮过程，将不会十分清澈明亮（伯顿酿酒师出口啤酒成功的原因之一是硬水钙离子含量较高，能够促进酵母絮凝）。

  研究表明，在运到印度之前淡色艾尔至少要陈贮一年的时间，这样就允许啤酒在温暖的夏天进行二次发酵。在啤酒到达贮存地之前，桶都是开放性的，这样桶在远洋航行中就不会爆炸了，啤酒在去印度的路上会吸收一部分二氧化碳。由于在弓啤酒厂成立不久之后，澄清剂（如明胶）被允许投入使用，因此啤酒可能会进行澄清处理。有文档表明霍德森啤酒在那时是浑浊的，这进一步表明他使用了软水，没有使用澄清剂，在远洋航行期间可能会进一步发酵。

- 霍德森的啤酒很可能是使用来自肯特的酒花酿造的，这是伦敦酿酒师喜欢的酒花品种，他们也很容易得到新鲜的肯特酒花。众所周知，要出口的啤酒必须增加酒花投放量。看起来，好像霍德森啤酒的酒花添加量会随着时间的延长而增加。我们确实知道，19 世纪早期他的啤酒特别苦，其口感也有文档记录。

- 霍德森的啤酒是在陈贮的木桶中干投酒花，这对于各种类型的啤酒而言是一个标准操作，关于印度啤酒在木桶中的酒花残渣也有历史文献记载。

- 虽然霍德森是个无情的商人，赚取差价，但在 18 世纪末期、19 世纪早期，竞争对手也为印度酿造了相似的啤酒，这些啤酒厂的一些记录确实存在。我们可以推测，他们通过酿造相似的啤酒，试图效仿霍德森的成功。通过观察他们的啤酒，我们可以猜测出霍德森的啤酒是怎么样的。

> 　　尽管对于霍德森淡色艾尔啤酒的味道和酿造过程并没有明确的描述，但啤酒历史学家和酿酒商做了大量的研究，使我们对霍德森在弓啤酒厂如何进行酿造有了更清楚的了解。在 19 世纪之初，其他酿酒商开始酿造竞争性产品，关于在特伦特-伯顿、爱丁堡和伦敦高度流行的印度淡色艾尔是如何酿造的，现存的文献资料也提供了非常详细的信息。

引用

1. W. H. Roberts, *The Scottish Ale Brewer and Practical Maltster.*
2. Clive La Pensée and Roger Protz, *Homebrew Classics: India Pale Ale.*
3. Martyn Cornell, "Pale Beers."
4. Dr. John Harrison and Members of the Durden Park Beer Circle, *Old British Beers and How to Make Them.*
5. La Pensée and Protz, *Homebrew Classics: India Pale Ale.*
6. Cornell, interview with author (February 2010).
7. Cornell, "The Long Battle between Ale and Beer."
8. Harrison et al., *Old British Beers and How to Make Them.*
9. Pete Brown, research files for *Hops and Glory* (supplied to author 2009).
10. Brown, "Mythbusting the IPA."
11. Ibid.
12. Michael Combrune, *The Theory and Practice of Brewing.*
13. H. A. Monkton, *The History of English Ale and Beer,* and Thom Thomlinson, "India Pale Ale: Parts 1 and 2."
14. Alan Pryor, "Indian Pale Ale: An Icon of an Empire."
15. Dr. John Harrison, "London as the Birthplace of India Pale Ale."
16. Cornell, "IPA: Much Later Than You Think."
17. Cornell, *Amber, Gold, and Black.*
18. Cornell, interview with author (February 2010).
19. Cornell, "Hodgson's Brewery, Bow, and the Birth of the IPA."
20. W. Brande, *The Town and Country Brewery Book.*
21. Roberts, *The Scottish Ale Brewer and Practical Maltster.*
22. Geoffrey Boys, *Directions for Brewing Malt Liquors.*
23. La Pensée and Protz, *Homebrew Classics: India Pale Ale.*
24. Randy Mosher, *Radical Brewing.*
25. Roger Protz, interview with author (March 2010).
26. Cornell, *Amber, Gold and Black.*
27. Messieur Fox, *The London and Country Brewer.*
28. Dr. Richard J. Wilson, "The Rise of Pale Ales and India Pale Ales in Victoria Britain."

第 3 章

伯顿 IPA：1800～1900 年

说说酒花种植园意味着什么，

或者为什么伯顿建在特伦特？

哦，许多英国同行酿造的酒比 Muse*更有活力，

麦芽比 Milton**做了更多的事，

来证明上帝对人类的方式是正确的。

艾尔，伙计，

艾尔是给那些一想到就让人伤心的人喝的东西。

——A. E. Housman

公元 1000 年，特伦特-伯顿修道院建立于特伦特河畔。在中世纪，修道院往往与啤酒厂相关，早在 1100 年前，在修道院旁建啤酒厂是很自然的一件事。在14 世纪伯顿的文件中就有关于酿造的记载[1]。

伯顿，坐落在英国中部，是一个重要的交易中心。伯顿啤酒在英国的知名度远远高于其他地区的啤酒。早在 1630 年初，在伦敦和英国其他地区就已有伯顿啤酒[2]。

在酿酒师真正理解原因之前，伯顿的酿造水被认为是特殊的，水中较高含量的钙离子和硫酸盐，增强了发酵过程和酵母絮凝，这意味着伯顿啤酒中有很少的可发酵糖，促进了成品啤酒微生物的稳定性。因此，伯顿生产的啤酒比来自其他镇和地区的啤酒更加清澈，腐败和发酸的可能性更低[3]。

1698 年以后，伯顿的出口业务得到蓬勃发展。当《特伦特运河法案》通过时，开始允许从特伦特河到赫尔河进行水上贸易，该法案允许伯顿啤酒经特伦特河运至英国东部沿海港口城市赫尔，从那里啤酒很容易运到伦敦、波罗的海和俄罗斯。1777

---

* 编者注：Muse，希腊神话中掌管文艺、美术、音乐等的女神。
** 编者注：Milton（1608—1674），英国诗人，主要作品有《失乐园》、《复乐园》等。

年，从伯顿到利物浦的莫西运河开始开放，从而打开了另一个出口通道，差不多 45 年后，它变为了运输伯顿艾尔的主要通道。伯顿镇在 18 世纪末期只有约 5000 人，在 19 世纪中期也只有约 10 000 人，没有足够的人口支撑这么多啤酒厂的运营。由于出口业务的蓬勃发展，支持了城镇啤酒厂兴旺发达，甚至能传承几代人。

在彼得大帝统治期间（17 世纪末期至 18 世纪早期），英国啤酒在俄罗斯十分流行。在《特伦特运河法案》通过之后，伯顿酿酒商成为俄罗斯和波罗的海国家的主要供货商（表 3.1），他们最著名的啤酒是"伯顿艾尔"，这是一款烈性、微甜、深琥珀色啤酒，最终演变为大麦烈酒。18 世纪末期，伯顿的许多酿酒商参与俄罗斯的贸易，那时出口啤酒的伯顿酿酒商有巴斯（Bass）、克莱（Clay）、伊万斯（Evans）、里森（Leeson）、马斯格雷夫（Musgrave）、威尔逊（奥尔索普）[Wilson（Allsopp）] 和沃辛顿（Worthington）。

表 3.1　运输到波罗的海的啤酒

年份	船运的桶数
1740	无
1750	740
1775	11 025
1880	8 100

资料来源：Mathias，*The Brewing Industry in England*，1700—1830。（1959 年，英国 Meantime 啤酒公司引用过）

如同许多英国酿造史的情况一样，在与俄罗斯和波罗的海出口贸易的成功和失败过程中，政治扮演了重要的角色。1766 年，叶卡捷琳娜大帝与英国签署了一项正式的商业条约，增加了出口到圣彼得堡的啤酒数量。但 1783 年俄罗斯开始征收 300% 的关税，如此极大地激励了俄罗斯本土的酿造业，这导致英国酿酒商将精力主要集中在普鲁士和波兰，19 世纪英国与俄罗斯的啤酒贸易完全停止。1806 年，拿破仑战争进一步阻止了从英国到波罗的海的商船，当战争结束的时候，英国重新尝试出口到俄罗斯，但是英国和俄罗斯之间的关系变得更紧张了。1812 年俄罗斯对英国货物征收重税，1822 年再次征收。虽然一些货物能继续送到伦敦，但俄罗斯和波罗的海的政治动荡阻碍了伯顿酿酒商啤酒的出口。因此，其 1820 年的出口量明显低于 40 年前的出口量[4]。和大多数英国烈性贮存艾尔一样，"伯顿艾尔"在 19 世纪不再流行，这时印度淡色艾尔和其他类型的啤酒开始走到前台，但还是主要为国内消费者所酿造，事实上，到今天亦是如此。目前的版本包括"杨格冬日温暖"（Young's Winter Warmer）、"富勒 1845"（Fuller's 1845）、"马斯顿欧王罗杰"（Marston's Owd Rodger）和"希克斯顿旧日特权"（Theakston's Old Peculier）。

当伯顿的酿酒商努力维持他们对俄罗斯出口业务的时候，霍德森在伦敦的弓啤酒厂继续占据着对印度出口市场的优势。其他的一些伦敦酿酒商，如惠特布雷德（Whitbread）、布朗帝国啤酒厂（W.A.Brown Imperial Brewery）和巴克莱·帕金斯（Barclay Perkins）在进入市场方面取得了一些成果，但是霍德森是操纵供给以创造人为需求方面的专家。在啤酒短缺的情况下，他的啤酒充满了市场，有效地控制了其他啤酒商的价格。东印度公司的人渐渐厌倦了霍德森的价格操纵（其艾尔啤酒的价格在 20～200 卢比范围波动），通过信用期限的变化来适应自己的需要。

1813 年，东印度公司开始失去对印度贸易的垄断，因为新的航运和进口公司开始提供一些竞争产品。霍德森不道德的商业行为进一步使东印度公司脱离了在印度市场的支配地位，随着加尔各答商人加入到啤酒供应中（表 3.2），霍德森啤酒价格大幅度波动。

表 3.2　加尔各答进口的啤酒和波特啤酒

年份	大桶（butts）	橡木桶（hogsheads）	打（dozens）
1831	418	5 566	2 105
1832	111	5 946	1 167
1833	252	7 916	2 293
1834	322	7 193	2 028
1835	244	6 282	2 632
1836	140	4 519	1 392
1837	404	9 544	3 241
1838	841	11 356	2 102
1839	606	8 937	719
1840	391	10 779	671
1841	824	11 808	2 989
1842	669	11 035	6 457

数据来源：Tizard，*The Theory and Practice of Brewing Illustrated*（1846）。由 Pete Brown 友情提供。
注：这是船运到印度的瓶装啤酒的第一份参考文献。每打有 12 瓶，每瓶为 26 盎司；
每大桶（butts）=108～140 加仑；每桶（hogsheads）=52.5 加仑；船运到印度的啤酒通常是瓶装产品，并非都是桶装啤酒；瓶装啤酒都是放在桶中，并塞满稻草。

1820 年，英国政府通过的自由贸易措施使竞争更加激烈，同一年，马克和霍德森进一步疏远了东印度公司，通过尝试建立自己的进口公司作为直接竞争对手。然而，霍德森的艾尔啤酒在侨居印度的英国贵族中仍有很高的评价，霍德森仍然是东印度公司的主要啤酒供应商，官方仍然享用 12～18 个月的信用期限。但是，当霍德森通过提高价格、提前支付现金，试图在印度建立自己的零售商和招商制度来打破交易规则的时候，东印度公司终于厌倦了，并期待从其他人那里获得啤酒[5]。

3.1　伯顿进军印度市场

伯顿进军印度市场的故事被完好地记录了下来，也许最好的记录是约翰·史蒂文森·布什楠（John Stevenson Bushnan）于 1853 年所著的《伯顿及其苦啤酒》（*Burton and Its Bitter Beer*）一书。1821 年，伯顿最杰出的啤酒厂是塞缪尔·奥尔索普（Samuel Allsopp），由本杰明·威尔逊（Benjamin Wilson）于 18 世纪 40 年代建立。东印度公司负责人坎贝尔·马奇班克斯（Campbell Marjoribanks）访问了奥尔索普啤酒厂，并讨论了印度市场，马奇班克斯送给奥尔索普一款霍德森的浅色啤酒样品，并要求酿酒师为印度酿造一款相似的啤酒，奥尔索普同意了，这很可能是由于其面临着其他出口市场的影响。奥尔索普的酿酒师和制麦师尝试复制霍德森的艾尔啤酒，传说中第一次尝试是在奥尔索普酿酒大师约伯·古德海德的一个茶壶里酿造的。1823 年，奥尔索普运输了他早期的第一批淡色艾尔啤酒到利物浦和印度，在那里他收到很多评价，具体记录包括颜色太深、太甜、太烈、需要更长的陈贮时间和更强的苦味，接着他们更改了配方。奥尔索普的制麦师发明了一种生产超浅色（或白色）麦芽的方法，不久就成为酿造 IPA 类型啤酒的原料。

与此同时，伯顿酿酒商巴斯（成立于 1771 年）和索尔特（Salt，成立于 1771 年，由约瑟夫及其儿子创立），也开始专门为印度市场酿造啤酒。霍德森通过降价和提高自己的出口量来反击第一批伯顿运到印度的啤酒，1822 年，他的啤酒出口量翻了一番，达到 6181 桶；1823 年，霍德森的啤酒出口量下降到了 1148 大桶，在接下来的 10 年，4 个酿酒商争夺印度市场的霸主地位（表 3.3）[6]。考虑到霍德森艾尔啤酒的质量不稳定性、苦味值不一和偶尔浑浊的外观，再加上东印度公司对奥尔索普和巴斯啤酒厂的支持，奥尔索普和巴斯的艾尔啤酒出口量逐步上升，将霍德森的啤酒推下顶点。尽管霍德森的啤酒依然被东印度公司的许多官员喜爱，但是价格和供应的持续动荡促使公司向伯顿啤酒厂走去。霍德森为了垄断整个供应链，通过"酿酒商、托运人/商人、零售商"三种模式将啤酒运出去，这进一步激怒了东印度公司。不久，奥尔索普的啤酒比霍德森的啤酒更受欢迎，尽管东印度公司的查普曼上尉仍然督促奥尔索普提高其配方的苦味值。奥尔索普的啤酒被描述为一种明亮的琥珀色，像水晶一样清澈，风味尤其细腻（图 3.1～图 3.3）。

表 3.3　出口到印度的啤酒数量和成本

年份	大桶	每大桶的成本/卢比
1813～1814	3 400	58
1816～1817	8 800	55
1819～1820	2 300	63
1823～1824	11 400	51
1826～1827	2 600	79
1827～1828	6 000	58

数据来源：Tizard，*The Theory and Practice of Brewing Illustrated*（1846）。由 Pete Brown 友情提供。

注：1823～1824 年出口数量突然增加，是由于伯顿酿酒商开始船运 IPA 到印度。

图 3.1　在印度，人们在品尝巴斯艾尔啤酒

图 3.2　这幅画的有趣之处在于宾馆门口旁边广告上的波特啤酒和艾尔啤酒的指示符号

图 3.3　从英国到印度运输啤酒的船只

1825 年，加尔各答的 J.巴尔顿（J.Balton）给奥尔索普的一封信中，描述了奥尔索普艾尔的后熟过程：

装瓶*一个月后：酒体发暗、浑浊、有老化味。

3 个月后：开始清澈、闪光，像香槟一样的外观。

8 个月后：呈现琥珀色，晶莹剔透，非常细腻的风味。

此后，巴尔顿建议奥尔索普提高苦味值，减少麦芽用量，啤酒的后熟过程、啤酒随陈贮时间延长而得以改善是伯顿 IPA 成功的关键[7]。

1826 年，奥尔索普的 IPA 与霍德森的印度啤酒质量相当、价格相同，一直到 1829 年末期，霍德森啤酒在印度仍然有最好的名声，但是有迹象表明霍德森啤酒厂在商业战争中正走向失败。1830 年，《新月刊》（*New Monthly Magazine*）抨击霍德森运输了"非常不一致的啤酒，有时是很糟糕的啤酒，有时根本不是啤酒"，提及奥尔索普酿造并送来了美妙的啤酒，是"最神圣的化合物"。1832 年，巴斯啤酒厂超过了其他的 IPA 酿酒商（包括奥尔索普），超过所有出口到印度的 IPA 啤酒的 40%；1837 年，巴斯每年运输啤酒到印度超过 5000 桶，其 IPA 占该啤酒厂产量的 60%之多（表 3.4）。

表 3.4　1832 年出口到印度的桶数

全英国	巴斯	霍德森	奥尔索普
12 000	5 250	3 900	1 500

来源：Gourvish and Wilson，*The British Brewing Industry*，1830—1890（1994）。由 Pete Brown 友情提供。

霍德森的商业行为引起的不良情绪驱使印度商人到伯顿啤酒厂寻求更道德的商业行为和更持久的啤酒供应。由于伯顿啤酒厂完善了其配方和酿造工艺，5～10 年内人们非常偏爱伯顿 IPA 的质量和风味。19 世纪 30 年代，霍德森的啤酒质量并不一致，而伯顿啤酒的浅色、干爽性、较好的澄清度、较高的苦味，以及产品的一致性，帮助伯顿啤酒超越了霍德森啤酒。酿造专家威廉·蒂泽德（William Tizard）评价奥尔索普的啤酒时说："他们运输的啤酒具有优越的亮度和光泽"。霍德森回应伯顿的入侵，通过把啤酒运输到别的国家，包括土耳其、叙利亚、希腊、埃及，在那里有时被称为"孟加拉酒"[9]（图 3.4～图 3.6）。弓啤酒厂开始将艾尔啤酒作为一种药用滋补品进行广告宣传，并开始推销其最优秀的东肯特酒花。1836 年，霍德森受到严重打击，显然是有人把劣质啤酒装入了贴有霍德森标签的瓶子，霍德森刊登了一则关于瓶装啤酒的广告来回应："只有贴有霍德森标签、瓶子密封、软木塞也是品牌产品的才是正品"[10]。伯顿酿酒商能比霍德森更好地控制代理商和灌装商，这相当于给伯顿酿酒商多了一个额外的竞争优势。

---

* 这明显意味着桶装啤酒在印度进行了装瓶，这种模式是如何广为流传的还不确定，但确实进行了装瓶。

图 3.4　装载完毕的东印度商船模型，伦敦码头博物馆一瞥（Museum of London Docklands）。
照片由 John Trotter 拍摄

图 3.5　在马斯顿，特伦特河畔-伯顿通往利物浦的莫西运河。伯顿酿酒商通过运河将啤酒船运
到伦敦和利物浦，然后将啤酒陈贮在仓库里，接着装到船上，开往印度和其他国家

图 3.6　将啤酒桶装到运河的驳船上，从啤酒厂运输到港口城市

3.2　为什么变成了"印度淡色艾尔"

直到伯顿酿酒商开始酿造啤酒之后的几年，真正的名字"印度淡色艾尔"（India pale ale，IPA）才开始出现。当研究这种风格的历史和起源时，有一个非常重要的因素需要考虑。霍德森在 18 世纪发明这种啤酒类型的传说深受质疑，因为霍德森只是称之为淡色艾尔，从未给他的啤酒命名，直至 19 世纪 30 年代。这也意味着，原始 IPA 是一种标准的淡色艾尔啤酒，该款啤酒的第一个出版参考资料说 IPA 是独特的或者专门为印度设计的，这需要更多的争论和研究才能确定。

1817 年布朗帝国啤酒厂刊登的一则广告，记载有"为东印度和西印度气候准备的淡色艾尔"；1822 年有一则广告为"特别为印度市场酿造的淡色艾尔"。第一次提及"印度淡色艾尔"啤酒名字的很可能是 1828 年的印度报纸《孟加拉报》（*Bengal Hukaru*），该报纸提到"新型啤酒，印度淡色艾尔"，由于此时距离霍德森开始运输淡色艾尔到印度已经大约 50 年了，争论在于正是这种新版本的伯顿啤酒促使了对该啤酒重新命名。"印度淡色艾尔"一词最早正式出现于 1835 年的英文出版物《利物浦水星报》（*Liverpool Mercury*），为霍德森的印度淡色艾尔，此酒采用了最细腻的东肯特酒花具有啤酒的滋补特性。另一个早期的参考是 1837 年 6 月 15 日啤酒商人乔治·肖夫（George Shove）在伦敦《泰晤士报》（*Times*）投放的广告，以促进霍德森艾尔啤酒的销售；1838 年，艾特温·阿博特（Edwin Abbott）接管了肖夫的业务，他继续为霍德森的东印度淡色艾尔和出口世涛做广告；十年后，阿博特收购了霍德森啤酒厂；1838 年 5 月 15 日，阿博特在《肯特郡公报》（*Kentish Gazette*）刊登了又一则早期广告，声明："White 和 Abbott 是 ISLE OF THANET、DEAL、DOVER、霍德森的 CANTER-BURY 的独家供应商，公司长期提供印度淡色艾尔，在此地区其他的任何销售酒吧都不是真品，White 和 Abbott 是独家代理，他们的销售是令人信赖的。"在 19 世纪 40 年代期间，啤酒被称为"印度淡色艾尔"、"为印度酿造的淡色艾尔"、"印度人的淡色艾尔"和"东印度艾尔"，直到酿酒商和广告商确认了"印度淡色艾尔"这个名字，并在 19 世纪 50 年代开始使用。William Molyneaux 在他 1869 年出版的《特伦特河畔的伯顿：历史、水质及啤酒厂》一书中，声称霍德森实际上发明了这种啤酒类型，只不过霍德森第一次运送淡色艾尔到印度以及后来霍德森家族卖掉啤酒厂之后的 100 年才出现这个名字。

3.3　一个变化的世界

1839 年，伯明翰德比铁路在伯顿完成了德比到伯明翰的铁路段，这对伯顿 IPA

销往该地区其他乡村产生了直接、巨大的影响，所有啤酒厂的 IPA 产量一年内提高了 50%[11]，巴斯啤酒厂的国内贸易立即翻了 4 番。建成这条铁路之后，在伦敦非常容易见到伯顿 IPA。霍德森终于做出了一些积极的营销，霍德森、奥尔索普和巴斯（图 3.7）在报纸上暴发了一场广告战，这些广告最终都使用"印度淡色艾尔"一词，就整体竞争而言，霍德森在与强大的伯顿竞争中取得了一些进展。1838年伦敦《泰晤士报》的一则广告写道："霍德森的东印度淡色艾尔和世涛啤酒，阿博特公司是在伦敦拥有上述久负盛名的啤酒的唯一仓库，瓶装产品只用于家庭消费"；1844 年的广告则描述霍德森和阿博特的淡色艾尔为"这是非常著名的啤酒，在印度将近一个世纪都享有很高的声誉"。

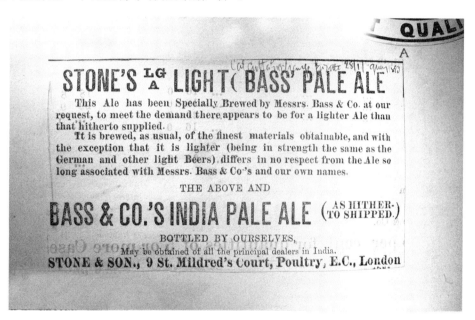

图 3.7 巴斯淡色艾尔与巴斯印度淡色艾尔的广告，照片由 John Trotter 拍摄

但总体而言，霍德森的广告宣传失败了，因为他的广告没有伯顿酿酒商那样显眼，他不能或者不愿意引用其在印度成功的经历，或者其啤酒特点没有伯顿酿酒商的啤酒更有说服力，因而霍德森的名字在即将形成的英国中产阶级中并没有占据有利地位[12]，这是一个巨大的问题，因为随着时间的推移，英国国内 IPA 的消费有力地推动了这种啤酒类型迅猛增长。霍德森的能力也有问题，没能适时扩张，其精力一直放在出口业务上，导致机会正在慢慢溜走。19 世纪 40 年代，霍德森或许失去了兴趣，也或许厌倦了与强大的伯顿酿酒商的竞争，他将啤酒厂卖给了艾特温·阿博特，啤酒厂被重新命名为阿博特弓啤酒厂，继续挣扎，直到 1862年宣布破产，接着被收购并成立弓啤酒有限公司，然后在 1869 年成为史米斯与加

勒特公司（Smiths & Garrett Company）的一部分。1927 年，该公司被泰勒·沃克（Taylor Walker）接管。霍德森啤酒厂于 1933 年被拆除，在那里改建了公寓。

　　19 世纪 50～60 年代，霍德森失败后，IPA 市场主要被三家伯顿酿酒商主导：奥尔索普、索尔特（图 3.8）和巴斯。这三家酿酒商差不多在同一时间开始酿造出口印度的啤酒，即在 19 世纪 20 年代早期。在这三家酿酒商中，奥尔索普或者索尔特是否是第一家运输啤酒到印度的啤酒厂，尚不清楚，但是奥尔索普绝对是那一时期文献里提及最多的。19 世纪 40 年代，伯顿 IPA 的业务从每年 7 万桶增加到每年 30 万桶；1850～1880 年，伯顿全年的啤酒产量从 30 万桶增加到 300 万桶，确立了特伦特-伯顿为全球主要酿造中心的地位。

图 3.8　特伦特河畔-伯顿索尔特啤酒厂的图画，引自 *The Noted Breweries of Great Britain and Ireland*（1891）

　　1855 年，当国家铁路第一阶段完成时，仅巴斯啤酒厂一家的产量每年就超过了 30 万桶[13]，IPA 成为英国铁路时代的啤酒，巴斯啤酒厂拥有所有英国主要城市的铁路服务代理权，奥尔索普和索尔特紧随其后。国内和国际上对于伯顿 IPA 的需求大大增加，因此，伯顿酿酒商开始扩张。1858 年，奥尔索普在伯顿火车站旁边建了一个 4 英亩的啤酒厂，唯一的目的是酿造 IPA，奥尔索普在伯顿还有最大的贮存酒窖，可容纳超过 4 万桶啤酒。

　　巴斯和奥尔索普最终将索尔特甩在了身后，成为印度淡色艾尔啤酒市场的主要竞争对手。19 世纪 60 年代末期，他们拥有伯顿 IPA 产量的 70%，尽管在这个镇新开了 11 家啤酒厂，啤酒厂的总数达到了 26 家（表 3.5）。在英国的其他地方和世界上的多个地区也开始建立 IPA 啤酒厂，人们一旦了解了伯顿井水的化学组成，酿酒者就可以通过添加盐来模拟它，酿造出差不多近似的伯顿 IPA。即便如此，许多酿酒商发现在伯顿地区仅是建造啤酒厂并充分利用那里的水也很有好处，这些酿酒商包括查林顿（Charrington）、杜鲁门（Truman）、汉伯和巴克斯顿（Hanbury & Buxton）（表 3.6）。

表 3.5　伯顿酿酒商的数量

年份	酿酒商数量
1708	1
1784	13
1793	9
1818	5
1834	9
1841	13
1851	17
1869	26

资料来源：特伦特河畔-伯顿国家酿酒中心博物馆。

注：18 世纪末期，伯顿啤酒厂的数量达到顶点，此时也是船运伯顿艾尔到俄罗斯、波罗的海的最高纪录；19 世纪末期，则是船运 IPA 到俄罗斯、波罗的海的历史顶点。开在伯顿的啤酒厂中，有一些主要是因为伯顿独特的水质搬迁而来的。

表 3.6　搬迁到伯顿的酿酒商

酿酒商	来自	年份
库普股份公司	伦敦	1856
查林顿公司	伦敦	1872
杜鲁门，汉伯和巴克斯顿	伦敦	1874
曼恩，克罗斯曼和波林	伦敦	1875
A.B.沃克父子公司	利物浦	1877
托马斯·赛克斯公司	利物浦	1879
杰姆·斯帕克父子公司	利物浦	1879
彼得·沃克	沃灵顿	1880
埃弗拉公司	莱斯特	1892

资料来源：特伦特河畔-伯顿国家酿酒中心博物馆。

注：在 IPA 酿造达到顶峰时，几家酿酒商搬迁至伯顿，以充分利用伯顿的酿造水。

巴斯又建立了两家啤酒厂，一个是建于 1853 年的著名 Middle 啤酒厂（White 啤酒厂），另一个是建于 1863 年的 New 啤酒厂（Blue 啤酒厂）；1876 年巴斯又重建了他最初的啤酒厂，即源于 1777 年的那个啤酒厂。巴斯拥有 37 个麦芽房，制桶车间占地面积 3 英亩。巴斯的名字变成了淡色艾尔的同义词，在这一点上，消费者对酿造同一类型的其他酿酒商有一些混淆。1874 年，巴斯酿造了 90 万桶啤酒；1882 年，在英国任何城市都可以买到瓶装巴斯艾尔；1889 年，巴斯啤酒厂变成了世界上最大的啤酒厂。1889 年巴斯啤酒厂雇用了 2250 人，而 1821 年伯顿所有啤酒厂的用工总数只有 867 人[14]。据文件记载，在 Pancras 街的 Bass，Ratcliff Gretton 艾尔商店，有一个三层高，面积 9 英亩的啤酒贮藏室，估计可以容纳 9 万桶啤酒；在伯顿的米德兰货站（Midland Goods Station）地下，另存放有 8000 大桶啤酒，专门用于出口装瓶，装瓶公司是里德兄弟（Read Brothers），是一家"为出口艾尔啤酒和世涛啤酒的灌装商"[15]。

除伯顿之外，大不列颠的大多数竞争来自于苏格兰的爱丁堡（Edinburgh）和阿洛厄（Alloa），具体酿酒商包括伦敦的巴克莱·帕金斯（Barclay Perkins）、爱丁堡的杨格（Younger，其 IPA 酿造技术详见第 5 章）和利兹的泰特利（Tetleys of Leeds）。19 世纪 50 年代，在仅有一个麦芽房的情况下泰特利开始酿造 IPA，到 1859 年他已每年酿造了超过 36 000 桶的 IPA，竞争非常激烈。

直到 1840 年，大部分的印度淡色艾尔啤酒还是被运到印度，但是到了世纪中期，该啤酒类型在它的家乡也变成了最流行的品种之一。英国发生了一些社会变化，有助于 IPA 在国内的流行和增长。首先，英国是一个工业国家，这意味着当工人下班的时候，他们有时间和金钱去消费，随着生活方式的改变，啤酒消费量开始猛增（表 3.7），人均年啤酒消费量由 1820 年的 29.0 加仑增长到 1870 年的 38.2 加仑以上。未经陈贮、有点甜、酒精含量并不低的淡色艾尔替代了波特啤酒，成为了工人阶级的饮品，19 世纪 70 年代年产量达到了 10 万桶。陈贮时间较长、成本较高的 IPA，则成为中上层阶级的饮品[16]。IPA 通常以高价出售，成为城市的主要饮料，是中产阶级和上层阶级的身份象征。1850 年之后，由于生活水平的提高，也更容易买到 IPA 啤酒，因而也更流行。它呈现浅色，清澈透明，通常盛装在经过冷冻的玻璃器皿中，明显增强了它的吸引力，甚至可以与最好的法国香槟相媲美[17]。

从家庭、农场、庄园、酒吧酿造到商业酿造，酿造业的转型也促进了英国啤酒在特定酿造中心的广泛普及。18 世纪末到 19 世纪初，酿造过渡到了由数百人组成的大型商业啤酒厂。1831 年，英国全部啤酒中只有 54%由商业啤酒厂酿造。但是到了 1900 年，95%的农场和酒吧啤酒厂消失了，在全英国任何地方都可以找到商业啤酒厂酿造的啤酒。瓶装啤酒灌装和运输工具的改善使啤酒更容易运输并广泛传播，啤酒酿造技术的不断进步改善了啤酒的稳定性，也极大地提高了啤酒质量和一致性。

表 3.7　英格兰和威尔士年人均啤酒消费量

年份	年人均消费量/加仑
1800	33.9
1810	30.2
1820	29.0
1830	33.8
1840	30.5
1850	29.5
1860	31.6
1870	38.2
1876	42.1
1880	33.6
1890	33.4
1900	34.3
1910	29.4

来源：Gourvish and Wilson，*The British Brewing Industry*，1830—1890（1994）。英国 Meantime 酿酒公司，"印度淡色艾尔"。

注：1876 年，英国的年人均啤酒消费量达到顶点。

英国的许多医学界人士把 IPA 吹捧为一种滋补性饮料，这只不过是有助于它的流行而已。18 世纪，人们认为啤酒对身体健康有益；19 世纪，人们对 IPA 的喜爱超过了红酒和甜的深色啤酒，干性的 IPA 也被糖尿病患者所喜爱，很多患者认为 IPA 是一种温和的药材。

很多因素助推了 IPA 在英国本土的流行，但是显然不是一艘载有"印度淡色艾尔"的船在利物浦或苏格兰失事的那个传说。据推测，这批 IPA 被当地人回收并饮用，并将这种令人惊奇的新啤酒传播到英国各地。啤酒研究者没有找到船舶失事的书面证据[18]。更有可能的是，从印度回来的殖民者渴望享受这种浅色啤酒，推动了 IPA 在英国国内的流行。

1822 年，伦敦《泰晤士报》刊登了一则拍卖广告，"139 桶印度淡色艾尔，专为印度市场酿造，适合温暖的气候 OR 家庭消费"；1830 年，举行了一个类似的拍卖活动，来自于希望啤酒厂（Hope Brewery）的 150 桶"专门为印度市场酿造的淡色艾尔"被拍卖；1833 年的伦敦《泰晤士报》一则广告，"霍德森有限公司的英格兰瓶装淡色艾尔，专为从印度归来的家庭酿造"。

1852 年，伯顿 IPA 经历了巨大的磨难，当时法国教授 Monsieur Payen 撰文声称，显然有大量马钱子碱（strychnine）从法国进口到英国，被用作添加剂以提高 IPA 的苦味。这则声明被刊登在英国医学期刊《药物时代报》（*Medical Times and Gazette*）上，米歇尔·托马斯·巴斯（Michael Thomas Bass）和亨利·奥尔索普（Henry

Allsopp）对此撰文进行了反驳[19]。

19 世纪，对掺假的指控司空见惯。事实上，书面文件证明许多酿酒商使用非法物质来提高啤酒风味、色泽或延长保质期。1830 年，伯顿酿酒商联合向"传播有用知识协会"提出诽谤诉讼，因为该协会声称酿酒商向啤酒中人为掺假[20]。19世纪中期，分析了 215 种啤酒，发现 142 种啤酒中被人为掺入了烟叶、印度防已（*Cocculus indicus*）、苦木科植物、硝酸钾及摩洛哥豆蔻等物质。查里斯·赫尔曼（Charles Herman）1888 年所著《饮料论述：也谈完全实用灌瓶机》（*A Treatise on Beverages：Or the Complete Practical Bottler*）一书，描述了添加水杨酸、次硫酸和亚硫酸氢钙等防腐剂[21]。1850 年，巴斯和奥尔索普在法庭上驳斥了对自己啤酒厂人为掺假的指控[22]。

1905 年，苏格兰酿酒师威廉姆·亨特（Wm. Hunter）在给约翰·鲍伊（John Bowie）的一封信中，出现了酿酒商使用亚硫酸氢钙的文字，他们抱怨夏天的啤酒容易变浑浊、变酸并带有刺激性味道，添加亚硫酸氢钙可以有效预防，但如果添加过量，就会导致啤酒中有硫化氢的味道："你不需要说任何原因，因为我们并没有提到在啤酒中添加亚硫酸氢钙，当然，所有酿酒商都是这样做的，而且它是合乎卫生要求的健康添加。如果啤酒气味太难闻，可以把桶带回仓库，晃动几天，你会发现臭鸡蛋味消失了"[23]。

尽管声称所有的啤酒酿酒商都使用防腐剂，但整个 19 世纪，巴斯和奥尔索普都在法庭上极力驳斥对其啤酒人工防腐或人为添加的指控。

自 17 世纪以来，税收和禁酒运动影响了英格兰啤酒的酿造，当然也影响了19～20 世纪 IPA 的酿造工艺。18 世纪末期，英国引入了渐进式税制，根据原料成本建立了啤酒税，从而导致了新的啤酒分类，如烈性啤酒、佐餐啤酒及淡啤酒等。烈性啤酒和佐餐啤酒的税率差别很大，把它们混在一起、避免支付更高的税款是很严重的犯罪。

1830 年，基于在啤酒中使用的麦芽和酒花量，税收体系再次改变。在这一新税制中，对制麦也进行了严格的规定。1862 年，麦芽协会的秘书威廉·福特（William Ford）撰文反对这种征税方法："目前对麦芽税无节制的增加和葡萄酒税的减少，使葡萄酒的价格接近于艾尔（不仅是中产阶级引以为傲的饮料，也是上流社会的荣耀）的价格，它严重影响了名为'印度淡色艾尔'啤酒的消费。因此，政府强迫让闪光的艾尔啤酒离开餐桌，而为外国的产品腾出空间"[24]。这项新税也打击了非商业性（农场和酒吧）酿酒商，他们现在被迫与具有更高工艺技术、更先进酿造设备、效率优势更明显的大型商业酿酒商支付同样的税率。

1831 年，当《卡车修正法案》（Truck Amendment Act）通过后，农舍和庄园的啤酒酿造开始锐减，这项法律禁止庄园主人付给佣人除了现金以外的任何东西，除非在某些情况下。更重要的是，对酿酒商而言，啤酒等易醉的物质禁止用作补偿。农场和庄园的酿造随之减少，啤酒必须酿造得足够烈，以度过没有酿造的时期，低浓度的佐餐啤酒几乎绝迹[25]。"啤酒票"成了代替啤酒配给的支付标准，无论是在庄园还是在军队，领款人要凭票购买啤酒或其他消耗品。

受政府渴望减少杜松子酒消费的督促，1830 年通过了《啤酒坊法案》（Beerhouse Act），只要获得一份啤酒和艾尔价格不到两磅的价格许可证，允许任何人酿造、销售啤酒、艾尔或苹果酒，无论是在公共场所还是在自己家里。数百家新开的、名为"汤姆和杰瑞"的酒馆，在英国迅速开张，缩减了大型啤酒厂的影响，这一行为最终导致了真正劣质啤酒的增加，这些劣质啤酒均是酒吧酿造不当造成的。该法案最终得以修正，将酒吧和一个特定的啤酒厂捆绑在一起，使啤酒厂增强对啤酒质量的控制，如此消失了许多酒吧，流通型的啤酒越来越受欢迎，因为酿造后不久即可饮用。

1840 年，玻璃税的减少促进了瓶子的应用，啤酒装瓶公司也很普遍，尤其是在港口城市，于是，瓶装啤酒开始流行，并可以在家里消费，这个消费习惯也受到新晋中产阶级的拥护。

1880 年，英国首相威廉·格莱斯顿（William Gladstone）通过《自由糖化锅法案》（Free Mash Tun Act）修改了啤酒税法，新啤酒税基于标准原麦汁浓度，与原来基于麦芽和酒花的用量相反，并建立了一个"国家标准浓度"，从 1880 年到 1907 年，英国啤酒的国家标准浓度从 14.25°P 下降到 13.25°P，在第一次世界大战期间达到了 12°P。酿造高浓度的啤酒意味着要交更高的税，在接下来的几十年中，税率把啤酒的口感带向了低浓度，禁酒运动也促进了英国啤酒浓度的下降[26]。

尽管在 19 世纪末期，IPA 类型的啤酒变成了最受欢迎的风格之一，但是经过第一次世界大战，伯顿版本的 IPA 流行度开始下降，特别是在伦敦，它已经被低浓度的 IPA 所取代。一些因素促进了 IPA 酿造的减少，但是最重要的原因是低浓度淡爽型拉格（Lager）啤酒（如来自中欧的比尔森啤酒和浅色啤酒）的流行。随着制冷工业的发展，拉格可以全年生产，全年可以推出和运输，拉格啤酒干净的风味吸引了许多啤酒饮用者，特别是在比较热的天气里。因此，拉格啤酒开始在印度、澳大利亚和美国非常流行。由于伯顿酿酒商将太多的精力放在了国内的 IPA 生产上，他们可能错过了这个关键的趋势，忽略了在这些遥远的地方捍卫自己的地盘。19 世纪 80～90 年代，很多批评都是针对伯顿酿酒商让出口生意溜走了，但随着国内啤酒的普及以及铁路运输的便利性，已不可能继续投资于遥远的市场，特别是随着竞争的加剧，出口盈利能力也在下降。19 世纪 80 年代，德国酿酒商，如贝克（Becks），在印度和澳大利亚建立了卫星拉格啤酒厂，成功使用人工制冷技术贮存啤酒，这也宣判了英国 IPA 在这些地区的死亡。

在英格兰，越来越受欢迎的低酒精浅色拉格啤酒引起了英国酿酒商的兴趣，他们想生产类似的产品去竞争。一些酿酒商，如奥尔索普和巴克·帕金斯（Barker

Perkins），开始自己酿造拉格啤酒。奥尔索普——IPA 酿造的中流砥柱，由于匆忙加入捆绑酒吧的活动和支付过高的费用，遭受了巨大的经济损失，最终无法与巴斯啤酒厂进行市场竞争，在 1876 年产量达到顶峰后，酿造数量逐年递减，直至开始酿造拉格啤酒。1907 年与索尔特啤酒厂合并失败后，1911 年奥尔索普濒临破产，挣扎到 1935 年与 Ind Coope 公司合并；而索尔特啤酒厂与奥尔索普并购失败后，于 1907 年破产，1927 年被巴斯啤酒厂接管。

　　一款清澈的淡色艾尔，或者是一款低苦味、低酒精度、低酒花添加量的 IPA 产品被设计为与拉格啤酒竞争的啤酒。早在 1850 年初，它就成为许多 IPA 酿酒商的标准产品，其他酿酒商开发的则是"流通型啤酒"，即今天的真正艾尔啤酒或者木桶啤酒的先驱，这种啤酒比 IPA 有更低的酒精含量和酒花添加量，在酿造不久就可以饮用，几乎不需要陈贮，所以销售利润更高，使用酿造糖有助于使流通型艾尔啤酒的酒体清亮。与贮存啤酒相比，它们口味新鲜、乙酸酯类化合物含量较低，深受英国啤酒饮用者青睐，饮用者发现该流通型艾尔啤酒与中欧的拉格啤酒口味类似。随着啤酒饮用者的喜好迅速偏离了陈贮的贮存艾尔，流通型艾尔和淡色艾尔最终取代了 IPA，中上层的年轻啤酒饮用者更喜欢英国的苦啤酒，晚上饮用一杯苦啤酒成为一种流行[27]。由于低浓度啤酒变得越来越流行，酒花添加量和原麦汁浓度也开始下降，英国啤酒的平均酒花添加量已从 19 世纪末期的每桶 3～5 磅下降到了 1908 年的每桶 1.9 磅。

　　世界各地的禁酒运动也对 IPA 产生了很大的影响，尤其是在印度，茶叶成为首选饮料。在公众场合醉酒已不再被接受，尤其是在 IPA 的主要消费者——富裕人群中。杜松子酒的日益普及及其过度消费的不良影响，激起了公众针对所有类型的酒精反应。禁酒运动得到了工厂业主（他们想让工人每天都来工作而不是宿醉不醒）、政治家、妇女和其他人的拥护。禁酒运动也促进了拉格啤酒、淡色艾尔啤酒和流通型啤酒的增长，这些啤酒比 IPA 和其他贮存艾尔的酒精度要低。

　　英国年人均啤酒消费量的顶峰是在 1870 年[28]，1888～1900 年，英国遭受了经济危机，伯顿啤酒厂的产量下滑了 33%。禁酒运动日益盛行，以及第一次世界大战影响了原料供应和运销啤酒的能力，伯顿作为全球酿造中心的城镇优势也就荡然无存了。

引用

1. Roger Putman, Ray Anderson, Mark Dorber, Tom Dawson, Steve Brooks, Paul Bayley, IPA roundtable discussions in Burton-on-Trent (March 2010).
2. Ibid.
3. Ibid.
4. Meantime Brewing Company, "India Pale Ale."

5. Alan Pryor, "Indian Pale Ale: An Icon of an Empire."

6. Ibid.

7. Meantime Brewery, "India Pale Ale."

8. Martyn Cornell, "The First-Ever Reference to IPA."

9. Pryor, "Indian Pale Ale: An Icon of an Empire."

10. Ibid.

11. Dr. Richard J. Wilson, "The Rise of Pale Ales and India Pale Ales in Victorian Britain."

12. Pryor, "Indian Pale Ale: An Icon of an Empire."

13. Wilson, "The Rise of Pale Ales and India Pale Ales in Victorian Britain."

14. John Bickerdyke, *The Curiosities of Ale and Beer*.

15. Pete Brown, research files for *Hops and Glory* (supplied to author 2009).

16. Wilson, "The Rise of Pale Ales and India Pale Ales in Victorian Britain."

17. Meantime Brewing Company, "India Pale Ale."

18. Bass, *A Visit to the Bass Brewery*.

19. Cornell, *Amber, Gold, and Black*.

20. Ibid.

21. Cornell, "IPA: Much Later Than You Think."

22. Ron Pattinson, personal correspondence with author (January 2012).

23. Scottish Brewing Archive Association, *Newsletter* 25 (Summer 1995).

24. *100 Years of Brewing*.

25. Clive La Pensée and Roger Protz, *Homebrew Classics: India Pale Ale*.

26. *100 Years of Brewing*.

27. Cornell, *Amber, Gold, and Black*.

28. Lesley Richmond and Alison Turton, *The Brewing Industry*.

第4章
酿造伯顿 IPA

这啤酒一定是来自奥尔索普的大桶，
它是如此明亮和醇厚，
没有人能像他那样酿酒，
哦！他是个名人，
像这样的啤酒，无论在哪里寻找，
没有人能发明！先生们
只有这里酿造，只有这里购买，
就在特伦特河畔，就在伯顿，先生们！
啤酒，啊！霍德森、健力士、奥尔索普、巴斯！
每个牙牙学语的婴儿都应说出这些名字。

——英国诗人、散文作家 C.V.Calverley

工业革命发生在 18 世纪和 19 世纪，对所涉及国家的文化、生活方式和经济产生了巨大的影响。它开始于英国，推动了经济增长和技术进步，改变了英国、欧洲其他国家、美国，以及其他工业化国家居民的生活。随着劳动力从农业和手工劳动向工厂转变，最大的文化影响是生活水平提高、工作条件更好，工作时间更少，工资大幅增加，生活条件更舒适，旅行更轻松，闲暇时间也更长。

以机器为基础的经济对酿酒业的影响极大，技术工具如液体比重计、温度计和显微镜的出现与普及将啤酒酿造过程提升到一个新的高度，其结果是提高了酿造和发酵过程的管控能力，使其更具一致性，从而大大提高了啤酒的生产质量。

这一时期，出现了一些主要的工业技术，包括：蒸汽动力和蒸汽加热（图 4.1），使酿酒师摆脱了燃烧木材和燃煤的酿造容器；炼铁技术使酿酒师摆脱了啤酒厂木制容器和石头容器的使用；道路、运河和铁路的建成为酿酒师提供了更简单的运输方法，可以将啤酒运输到城市和港口。

第二次工业革命开始于 1850 年，进一步为啤酒厂提供了先进的技术。尤其是

图 4.1　特伦特河畔-伯顿国家酿酒中心展示的巴斯啤酒厂的蒸汽机。John Trotter 摄影

蒸汽机的完善改进了铁路和轮船，缩减了运输到印度的时间（3 个月左右）；蒸汽常用来消毒和清除来自木质发酵罐与发酵桶的异味。在酿造工业中，其他的发明包括：鼓风干燥机（用来制作烘烤麦芽和结晶麦芽）、啤酒机（分装桶装啤酒）、铸铁酿造容器（可以更迅速、更有效地加热和冷却，清洗更洁净，以及有更大的酿酒车间）、钢制混合器（谷物与水混合的装置，减少了酿酒师用桨搅拌的时间）、气动耕糟机、不锈钢热交换器（取代了敞口的冷却盘）、烤炉（减少了酿造车间发生火灾的可能）、泵（输送水、麦汁和啤酒，可以替代利用重力原理或人力的方式），以及工业制冷机（出现于 19 世纪末期，最终可以使啤酒酿造原料保持新鲜，实现全年酿造）。此外，内燃机和电动机的应用促进了啤酒厂研发更复杂的技术问题。

　　另一个重要的改变是化学工业的发展，对酿酒师来说，这意味着可以通过添加盐类来清洗酿造设备、调整酿造用水。这一时期，水泥在啤酒厂建设中也得到了应用。

　　与此同时，出现了几本科学酿造书籍，其中值得推荐的有《酿造理论与实践图册》（*The Theory and Practice of Brewing Illustrated*）、《苏格兰的艾尔酿酒师和实战型制麦师》（*The Scottish Ale Brewer and Practical Maltster*）、《1700～1830 年的英国酿造业》（*The Brewing Industry in England*，1700—1830）及《酿酒师》（*The Brewer*），这些书为酿造研究者研究英国啤酒酿造的各个方面（酵母除外）提供了很好的参考，但就当今知识水平而言，这些作者撰写的关于发酵科学的章节几乎难以被认可。尽管酿酒师和酿造学家已了解酵母的存在对于保证发酵过程是至关重要的，但直至 19 世纪 60 年代路易斯·巴斯德（Louis Pasteur）的研究工作之前，没有人意识到酵母是一个生物体，或者意识到其代谢过程是酒精发酵的发动机。巴斯德证明了发酵过程是由酵母活动导致的，酵母是一个生物体。

19 世纪 60～70 年代 ，巴斯德发表了其突破性研究之后，访问了中欧和英国的啤酒厂，他帮助酿酒师识别了他们的酵母，解决了发酵问题。巴斯德游历啤酒厂的经历，促使了啤酒厂开始聘用化学家，第一个有据可查的雇佣酿造化学家的啤酒厂是 1866 年伯顿地区的沃辛顿，沃辛顿聘用了科学家贺拉斯·泰博若（Horace Tabberer）（图 4.2），他是酵母培养和菌种分离的早期开拓者之一，酿造化学家不久就变成了啤酒厂中最受尊敬和高薪的职业。他采取了许多技术和科学步骤，包括引进新的麦芽和糖类、在酿造水中添加酿造盐、改善制麦操作、监测酵母菌株培养，以及控制发酵过程等[1]。我们可以思考一下 20 世纪早期巴斯啤酒厂商业出版物《一杯淡色艾尔》（*A Glass of Pale Ale*）中描述的一句话："啤酒厂都是在具有高超技术的、集科学与应用于一身的化学家的指导之下运行的，他们特别熟悉与酿造艺术相关的化学"。

图 4.2　沃辛顿啤酒厂中贺拉斯·泰博若的实验室

　　工业革命开始之后，在这期间出现的 IPA 是第一批啤酒风格之一，该啤酒变成了大胆技术创新的象征，这激发了很多啤酒风格的出现，包括淡色艾尔、比尔森和 20 世纪后半叶的流通型啤酒。

　　据大家所说，与更常见的贮存艾尔、波特和今天的淡色艾尔相比，印度淡色艾尔在某些方面是独特的：它晶莹剔透，色泽非常浅或呈轻微琥珀色，非常干爽，富有明显的酒花香，口感上不是特别苦。这种啤酒的口味被描述为：清新、细腻，像一款优质的红酒或者香槟，它是一款提神的饮料，事实上，这是英国第一款需要冷藏再饮用的啤酒。印第安殖民者采用从美国五大湖船运来的冰和硝酸钾来冷藏这种啤酒[5]。

19 世纪的 IPA

有大量的文献描述 19 世纪 IPA 的风味，特别是在医学杂志上，因为 IPA 特别干爽，被认为是一种非常适合糖尿病患者饮用的恢复性饮料，甚至比甜型的波特和世涛要好。佩雷拉在 1843 年出版的《论食物与饮食》一书中，将伯顿印度淡色艾尔描述为：为印度市场精心打造的淡色艾尔，因而被称为印度淡色艾尔。它没有其他啤酒的一些争议（波特啤酒和贮存艾尔酒精度高、口味甜，这些对糖尿病患者都是不利的），它是精心发酵而成的，消耗了所有的糖，换句话说它是干型的，而且它含有双倍的酒花添加量，因而是患者和恢复期人群最有价值的滋补饮料。对于一般的餐桌饮用，可以喝酒精含量较低的艾尔啤酒，通常所说的佐餐艾尔是首选。

同样的，威廉·普劳特医生在《胃和泌尿系统疾病的性质及治疗》中写道：胃病患者不能吸收较甜的艾尔啤酒，然而，一些比较细腻的伯顿艾尔是无可非议的，特别是专门为印度市场准备的艾尔啤酒更是如此，不仅发酵得特别干、没有残余的糖类物质，而且含有双倍的酒花添加量。

1835 年，《利物浦水星报》广告将霍德森艾尔啤酒描述为啤酒在任何气候条件下都有理想的品质，而不只是在瓶子里。长久以来，它维持了所拥有的最高品质，特别适合于出口；使用最好的东肯特酒花酿造，有特别细腻的滋补特性，因此被许多专业人员推荐，甚至推荐给患者。

1840 年，赫尔包装广告记载：无论是生啤还是瓶装的印度淡色艾尔啤酒，自进入印度以来，一直都经受着气候的挑战，始终尽善尽美，没有变酸，是一款最令人愉快的夏季饮品，完全可以替代其他麦芽烈性啤酒。

1841 年，巴斯在伦敦《泰晤士报》刊登了一则广告，描述如下：这款特别的艾尔啤酒与普通麦芽烈性啤酒有很大的差别，它发酵更彻底，其特点更接近于一款干红葡萄酒；酒体比葡萄酒略淡，并带有最细腻的酒花香气和柔和的苦味。在印度，它是一种常见的饮料，被证明是一种卓越的健康产品。在那里，从气候来说，任何对健康不好的东西都不能作为欧洲人的饮食。这款广告也引用了普劳特医生的陈述[2]。

一天之后，奥尔索普也出现了类似的广告，不久之后，几乎每天都有伯顿印度淡色艾尔啤酒的广告在《泰晤士报》刊出，马蒂亚斯在《1700～1830 年的英国酿酒业》撰文说：在加尔各答，伯顿印度淡色艾尔品质卓越非凡，呈浅色、清亮透明、起泡，比任何其他啤酒都要成功。

1877 年，里德公司（巴斯啤酒在英国中部米德兰和伦敦的灌装商）的一个广告，对巴斯 IPA 做了最好的描述：巴斯香槟艾尔采用精选原料酿造，使用伯顿地区独有的、添加晶体盐的天然水酿制，选择最好的肯特郡酒花和萨里郡酒花，具有最佳美味中的滋补苦味。于寒冷的气候酿造，在伯顿精心挑选之后送往伦敦，保存在里德兄弟公司豪华酒窖，直至成熟良好，然后在里德兄弟公司装瓶。香槟瓶子是最好的，比普通瓶装得多，运输时破碎率较低。梅塞尔·巴斯的红色三角标签保证了酿造过程，在酒瓶的背面有斗牛犬的标签。这种起泡沫的淡色艾尔啤酒最适合炎热的气候条件，因其具有营养价值，被列为全国最好的饮料。

在许多其他的广告中，都会提及该啤酒醇美可口、闪闪发光，其风味的卓越和精美完全可以与上等香槟相比。

这是一款关于桶中陈贮巴斯 IPA 的描述：一个男人把一个螺丝钉插入巨大的木桶边缘，随即出现了一股像纯琥珀的溪流，在油灯昏暗的灯光下闪闪发光，看啊，难道不清澈么？这已经陈贮 18 个月了，我们较好的艾尔在送出之前，必须要陈贮较长的时间，但是较便宜的品种几乎只贮藏一小段时间就卖出，最好的艾尔需要陈贮较长的时间[4]。

同时，它也不是太烈，有人抱怨该啤酒令人昏昏欲睡，于是酿酒商降低了原麦汁浓度，降至当时的中等浓度[6]。另一种重要的风味用"新鲜"来描述，尽管陈贮了 12～18 个月或者更长时间，印度淡色艾尔啤酒仍有着区别于贮存艾尔的新鲜特征，可能是由于贮存艾尔缺少酸味、没有酒花干投带来的强烈的酒花味。IPA 被许多人标榜为夏季饮料，它添加大量酒花，能够保存很长的时间。

即使是负面的评论，也仍然能告诉我们这些啤酒是如何酿造的。T.R.Gourvish 和 R.G.Wilson 所著《1830～1980 年的英国酿造业》一书就有一些评论性的描述：质量差的瓶装 IPA，酒精度太高、沉淀物太多、酒花太多、二氧化碳气太少。老化的啤酒被描述为太粗糙，时间太短的啤酒是很新鲜，但也带有很多缺点。陈贮是至关重要的，酿酒师一定要仔细监控。

酿造这种艾尔啤酒一定要将酿酒原料和酿造技术精心组合，在 IPA 酿造的过程中，每一种原料、每一个酿造过程都会带来不同的困惑，之所以伯顿啤酒能获得成功，尤其体现在酿造这种啤酒方面。

4.1　原　材　料

4.1.1　水

伯顿 IPA 有几种特别的原料将其和霍德森等其他风格的啤酒区别开来，其中最重要的原料之一便是伯顿地区的酿造用水。伯顿啤酒在出口方面比其他英国啤酒有更好的声誉，酿酒商认为，成功的很大一部分原因归功于富含矿物质的水，这有助于啤酒在陈贮过程中的澄清。

井水的矿物质含量有显著不同，因而伯顿的酿酒商收集了许多泉水的知识，他们选择了最佳的井水用于酿造，以突出他们啤酒的特色[7]。后来，由于特伦特河偶尔会被细菌污染，将水源移离河流对于啤酒稳定性变得更为重要。索尔特是伯顿最早酿造 IPA 的酿酒商之一，与奥尔索普和巴斯啤酒厂一起，在开始酿造 IPA 后不久，其将水源地移到离啤酒厂 1/4 英里（1 英里=1.609 千米）远的地方，以获得合适的水源。伯顿桥啤酒厂的布鲁斯·威尔金森（Bruce Wilkinson）认为，经过成千上万年的岩石过滤后的无菌水有助于伯顿啤酒早期出口的成功。与其说酿造质量确保了啤酒的特色，倒不如说井水的无菌更加至关重要，用来清洁和冲洗桶的无菌井水避免了啤酒腐败的危险。

伯顿水中的高钙含量降低了麦汁的 pH，从而提高了糖化醪液中的酶活性，这有助于蛋白质的降解、更好的淀粉转化，以及酿造干爽型的啤酒。大量的钙离子加速了酵母的凝聚沉淀，使热凝固物在回旋沉淀槽中得到更好地分离，也减少了啤酒中蛋白质的浑浊。由于较高的钙含量，在麦汁煮沸期间，麦汁的颜色变化不大，也降低了酒花苦味的粗糙度。高硫酸盐含量的水赋予了啤酒口味的丰满和干爽，与用软水酿造的啤酒相比，产生了一种更干爽、更清新的苦味。

特伦特-伯顿水质化学成分的显著不同（表 4.1、表 4.2），取决于井所在的位置和其深度。最早的啤酒厂就坐落在特伦特河畔（图 4.3），井水深度只有 30 英尺（1 英尺=30.48 厘米），酿酒商最终迁移了水井，以获得更高矿物质含量的水，减少大肠杆菌或其他有害菌污染河流的机会，后来的水井一般都钻到 100～200 英尺深[8]。

图 4.3　巴斯老啤酒厂的水塔静静地伫立在特伦特河畔-伯顿

表 4.1　各种各样的伯顿水矿物质分析　（单位：格林/加仑，gpg）

	沃辛顿深井水	沃辛顿浅井水	奥尔索普的水	巴斯的水
硫酸钙	70.99	25.48	18.96	54.40
碳酸钙	9.05	18.06	15.51	9.93
碳酸镁	5.88	9.10	1.70	
硫酸镁	12.60		9.95	0.83
硫酸钠	13.30	7.63		
硫酸钾				
氯化钠	9.17	10.01	7.65	
氯化钾	0.97	2.27	10.12	
氯化钙				13.28
氯化铁	1.22	0.90	0.60	
二氧化硅	1.12	0.84	0.79	
总的固体残渣	124.29	74.29	65.28	78.44

　　资料来源：The Larcet, no.1（1852），474；Barnard, *The Noted Breweries of Great Britain and Ireland*, Vol. 1（1889），417. 由 Ron Pattinson 友情提供。

　　注：格林/加仑（gpg）×14.25=mg/L（ppm）。

表 4.2　各种各样的伯顿酿造水水质分析（单位：格林/加仑，gpg）

	伯顿泥灰岩上层水	伯顿泥灰岩下层水	都柏林大运河水	英国南部的白垩岩水	伦敦的新河水	伦敦泰晤士河谷的深井水	利亚河谷的酿造井水
煮沸时沉淀的碳酸钙和碳酸镁	11.4	15.4	11.0	14.2	11.2	4.9	12.2
煮沸时未沉淀的钙	17.7	25.5	0.9	1.1	1.1		0.7
煮沸时未沉淀的镁	4.3	10.2	0.9	0.1	0.2		1.7
碱金属的碳酸盐						13.0	
硫酸根离子	33.9	56.8	0.5	0.6	0.9	8.4	2.4
氯离子	3.0	2.5	1.2	0.9	1.4	8.0	1.6
硝酸根离子				0.2	0.4		

　　资料来源：Southby, *A Systematic Handbook of Practical Brewing*（1885），161-165. 由 Ron Pattinson 友情提供。

　　注：格林/加仑（gpg）×14.25=mg/L（ppm）。

　　1830 年，在"传播有用知识协会"诉讼伯顿酿酒商的文件中披露了伯顿水的化学成分，协会声称伯顿酿酒商在啤酒中人为掺假，这已不是第一次对伯顿酿酒商提出这样的控诉，但它确实传播了啤酒酿酒商所推崇的水的知识[9]。19 世纪中期，伦敦一些酿酒商和英国其他地方的一些酿酒商向酿造用水中添加了石膏。1882 年，埃格伯特·胡珀（Egbert Hooper）在其撰写的《啤酒酿造手册》（*The Manual of Brewing*）一书中首次提出"伯顿化"（Burtonization）的概念，他把这一过程的发明归功于 1878 年的化学家查尔斯·文森特（Charles Vincent）[10]。如今很多 IPA 的

酿酒商也采用"伯顿化"的水,尽管在 19 世纪末期,一些酿酒商(如 Ind Coope、Charlington 和 Truman)在伯顿建啤酒厂只是为了在源头获得高矿物质含量的水。

4.1.2 麦芽

伯顿 IPA 中只使用一种麦芽,那就是超浅色麦芽或白色麦芽,只烘烤到色度为 3°EBC(1.5°L),奥尔索普是制备这种麦芽的首创者。啤酒厂制麦时,采用较低的焙焦温度 65℃(150°F),而更标准的焙焦温度是 77~82℃(170~180°F),可以生产出明亮的黄色麦芽,从而使啤酒呈深金色或淡琥珀色[11]。继奥尔索普的制麦师改善了制麦工艺之后,伯顿的酿酒师又与兰开夏郡(Lancashire)的制麦师合作,进一步研发了新型浅色麦芽,以获得颜色尽可能浅的啤酒。事实上,努力降低 IPA 的色度非常普遍,贯穿于伯顿酿酒商的整个酿造过程[12]。

白色麦芽与今天的比尔森麦芽非常相似,有趣的是,它是捷克酿酒商派遣工业间谍进入英国最好的麦芽厂时才开发的,这批麦芽用于酿造第一批"比尔森之源"(Pilsner Urquell)啤酒,它是在英国烘烤的,然后被运送到今天的捷克共和国。

麦芽的质量至关重要,因此酿酒商往往建有自己的麦芽厂,并进行测试,以确保麦芽溶解良好,不会造成成品啤酒出现浑浊。其中一种测试的方法是,酿酒商将麦芽样品放到水中,如果谷粒下沉,说明该麦芽溶解不好、质量较差[13]。后来,随着啤酒厂技术的提高,制麦成为一门更精确的科学。采用标准的分析方法,酿酒商可以使用麦芽样品在实验室规模上酿造麦汁,以得到期望的色度和较高的浸出率。

19 世纪,圣战骑士(Chevalier)和戈德索普(Goldthorpe)是英国人喜欢的大麦品种。20 世纪,育种计划促进了新品种的开发,如斯普拉特射手(Spratt Archer)和羽翼射手(Plumage Archer)[14]。在麦芽质量不佳或麦芽产量低的年份以及 19 世纪末期,酿造过程需要大量的英国麦芽,部分也采用来自加利福尼亚、中美洲、中东、澳大利亚和荷兰的大麦。大部分都是将国外的大麦经船运到英国,在英国啤酒厂进行制麦,以确保发芽适当和合适的麦芽色度[15]。

1812 年,英国首次允许使用酿造糖和糖衍生的着色化合物,后来由于酿酒商的明显滥用,1816 年又被禁止了。西印度糖业公司和其他糖类供应商抱怨不允许在啤酒中添加糖和糖蜜。1847 年再次允许在酿造过程中使用酿造糖,这对英国的酿造工业有着巨大的影响,特别是在伦敦,19 世纪 60 年代,在酿造过程中加糖变得非常普遍,19 世纪 80 年代则更为盛行。到了 20 世纪,超过一半的英国酿酒商都使用酿造糖[16]。第一次世界大战前,大多数伯顿酿酒商在他们所有的啤酒中抵制糖类的使用和其他添加物,保持他们的 IPA 均是采用全麦芽酿造,直到进入 20 世纪。

19 世纪在 IPA 中不使用着色麦芽。事实上,酿酒商竭力避免使用 19 世纪早期开始流行的琥珀麦芽和棕色麦芽。即使 1817 年发明鼓式干燥炉之后，允许酿酒商用浅色麦芽作为基础麦芽，搭配较少量的高温焙焦麦芽，但 IPA 还是尽可能地酿造为浅色，并只使用浅色麦芽[17]。19 世纪末期，开始频繁使用结晶麦芽，但是仍不能用于 IPA 的酿造，直到 20 世纪，当该 IPA 啤酒演变成一种更低原麦汁浓度和更低酒精度含量的流通型（新鲜）啤酒时，才允许在啤酒酿造中添加结晶麦芽。

4.1.3 酒花

这一时期的酒花是以它们生长的地域命名的，20 世纪末期已开始流行酒花的品种鉴定。毫无疑问，19 世纪伯顿 IPA 使用的大部分酒花都来自于东肯特郡，后来被命名为东肯特哥尔丁酒花。据报道，在 18 世纪，肯特郡第一次收获该品种的酒花，成为英格兰、苏格兰所有酿酒商最喜爱的酒花。

伯顿酿酒商很少使用获奖的法纳姆酒花（Farnham hop）、温和的伍斯特郡酒花（Worcestershire hop）、萨里郡酒花（Surrey hop），以及赫里福德郡酒花（Hereford hop），他们也不用诺斯克莱（Northclay）和诺丁汉（Nottingham）等排名靠后的酒花。毫无疑问，与伯顿 IPA 联系密切的酒花是东肯特哥尔丁（East Kent Goldings）酒花[18]（图 4.4）。1861 年，当肯特郡霍斯门登（Horsmonden）的法格尔酒花（Fuggle hop，据说来自于伍斯特郡酒花）被引进的时候，在很多 IPA 配方中都能找到它的身影。19 世纪 70 年代，也能买到来自俄勒冈与东北部的美国酒花[法格尔（Fuggle）和科拉斯特（Cluster）]。当买不到东肯特酒花时，可以采用其他地区的酒花来酿造 IPA，由于英国 IPA 酿酒商不太喜欢其他地域的酒花风味，他们通常在煮沸早期使用，以减弱它们独特的风味。

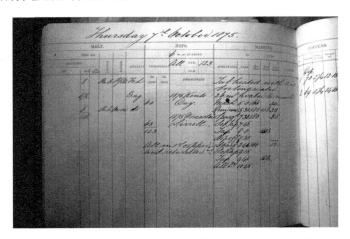

图 4.4　1875 年 10 月巴斯啤酒厂的酿造日志，记载有采用了 1875 年收获的东肯特酒花。
John Trotter 摄影

　　到达啤酒厂的酒花被打包到称为袋子的包或袋中，并不是今天所用的压缩酒花。事实上，有些啤酒厂会对酒花进一步压缩，以延长它们的保质期。在 19 世纪末期，人工制冷技术还没有普及，与今天的酒花质量相比，过去的酒花会较快地损失它们的苦味、香气和风味质量，压缩到原来 2/3 的体积可以预防这种情况的发生[19]。由于酒花对啤酒风味的重要性，IPA 作为大多数啤酒厂的明星产品，只使用新鲜的酒花酿造。

　　啤酒厂都有大型的酒花仓库，通常位于地下，以保持酒花凉爽。它们配备了训练有素的消防队员，以应对高度可燃的酒花的任何威胁[20]。工作人员将会称量出在接下来每一次酿造中需要的酒花。

　　IPA 的酒花添加量通常以每夸脱（quarter）麦芽需要多少磅在酿造文件中列出（表 4.3），每夸脱麦芽是 8 蒲式耳（bushel），或 336 磅。对于伯顿 IPA，每夸脱麦芽的酒花添加量为 8～22 磅，即原麦汁浓度为 17.5°P（比重为 1.070），相当于每桶啤酒添加 5～6 磅酒花。在煮沸开始阶段，大约添加 2/3 的酒花，剩下的 1/3 在后面添加。尽管那时的 α-酸的含量只是现在美式 IPA 使用酒花量的 25%～30%，但它相当于每桶使用了 1.5～3 磅的美国高 α-酸含量的酒花，这是一个惊人的添加量，特别是桶中干投酒花数量（每桶添加 1～2 磅新鲜酒花）还不包括在内！在 20 世纪末期，其他地区的 IPA 以及为国内消费而生产的产品，酒花添加量只有出口产品酒花量的 50%。

表 4.3　伯顿地区杜鲁门啤酒厂 1883 年的酒花添加量

日期	年份	啤酒	类型	初始比重	最终比重	酒精含量/%	发酵度/%	酒花添加量/（磅/夸脱）	酒花添加量/（磅/桶）
1.16	1883	6	淡味啤酒	1.0670	1.0186	6.41	72.31	5.56	1.51
2.16	1883	7	淡味啤酒	1.0623	1.0139	6.41	77.78	5.77	1.50
2.16	1883	8	淡味啤酒	1.0540	1.0150	5.17	72.31	5.77	1.30
1.17	1883	A	艾尔	1.0562	1.0155	5.39	72.41	2.50	0.49
1.22	1883	C5 R	艾尔	1.0756	1.0244	6.78	67.77	5.74	1.78
1.23	1883	C5 S	艾尔	1.0767	1.0277	6.49	63.90	9.15	2.87
1.16	1883	L5 S	艾尔	1.0753	1.0238	6.82	68.38	8.57	2.75
1.23	1883	L4	艾尔	1.0809	1.0238	7.55	70.55	5.00	1.93
1.19	1883	L4 S	艾尔	1.0789	1.0238	6.71	64.21	9.83	3.47
2.8	1883	P1	淡色艾尔	1.0665	1.0183	6.38	72.50	16.95	4.62
1.19	1883	P1 B	淡色艾尔	1.0679	1.0222	6.05	67.35	16.56	4.75
4.9	1883	P1 出口	淡色艾尔	1.0687	1.0222	6.16	67.74	17.44	5.17
1.15	1883	P1 S	淡色艾尔	1.0673	1.0183	6.49	72.84	16.95	4.62
1.22	1883	P2	淡色艾尔	1.0615	1.0177	5.79	71.17	11.89	3.02
1.18	1883	P2 B	淡色艾尔	1.0632	1.0208	5.61	67.11	16.11	4.37
3.6	1883	P2 S	淡色艾尔	1.0626	1.0177	5.94	71.68	18.00	4.65
1.22	1883	PA	淡色艾尔	1.0576	1.0166	5.42	71.15	11.89	2.83
3.6	1883	S4	艾尔	1.0759	1.0266	6.52	64.96	9.60	3.15
2.14	1883	S4 x	艾尔	1.0776	1.0277	6.60	64.29	10.04	3.45

　　资料来源：Truman brewing records；Pattinson，"Late 19th Century Pale Ales" *Shut Up about Barclay Perkins*（2010 年 11 月 8 日博客）。

　　注：出口淡色艾尔有最高的酒花添加量，其原麦汁浓度在表中居中游水平，不高也不低。

4.1.4　酵母

伯顿啤酒厂建有自己的酵母贮存室，有时在啤酒厂之间分享。基于 19 世纪末期和 20 世纪初期所做的研究工作，大多数研究者认为，这些酵母培养物是含有 7～14 种菌株的混合物。但是伯顿开始酿造 IPA 的时候，关于酵母将糖转化为酒精和二氧化碳的知识还不了解，正因如此，伯顿酿酒商很少有酿造 IPA 的酵母使用或酵母管理的记录。19 世纪早期，关于酵母在发酵过程中所起的作用有相当多的科学争论，很多科学家认为酒精发酵是一个化学过程，但是酿酒商认为如果离开了酵母，就不会得到啤酒，因此酵母管理在酿造过程中扮演了关键的角色。

大多数英国酿造酵母菌株都是有活力的上面发酵（top-cropping）品种，因此发酵体系为从顶部回收酵母，这反过来又进一步推动了酵母向发酵容器顶部聚集的趋势。今天的上面发酵酵母通常在发酵罐的底部收集，酵母沉降通常是由发酵罐中啤酒的冷却作用推动的，这一技术并不适用于当时的英国酿酒商。

19 世纪末期，在巴斯的酵母培养液中鉴定出了其他的菌株，20 世纪初期确定为布雷特菌和圆酵母，它们在麦汁中无法生存，但是在低氧的啤酒中生长良好。如今，伯顿酿酒商认为，伯顿联合系统的清洁和回收过程能确保酵母室的所有菌株培养液处于恰当的平衡状态[21]。酵母培养液是如此“健壮”，以至于富勒公司能够从成熟 6 个月的啤酒中回收并接种酵母，而且再次发酵成功[22]。正因如此，伯顿酿酒商在船运啤酒到印度之前会设法使啤酒尽可能保持明亮，否则，酵母可能重新开始发酵，导致木桶或者瓶子发生爆炸。

4.2　啤酒技术参数

很多书面报告记载（表 4.4），酿造的第一批伯顿 IPA 原麦汁浓度为 17.5°P，苦味值为 70 IBU，颜色尽可能浅，酒精含量可能为 6%～7%（V/V），表明最终麦汁浓度为 3°P 左右。第一批 IPA 是由奥尔索普（表 4.5）、巴斯和索尔特酿制的，是复制霍德森弓啤酒厂的艾尔版本，现在大多数啤酒历史学家相信这是一款贮存（陈贮）淡色艾尔。随着时间的推移，在收到该啤酒太容易令人昏昏欲睡的投诉之后，其原麦汁浓度似乎下降了一点，达到 15～16.5°P。后来，19 世纪 40 年代，采用了先进的分析技术计算酒精含量和初始原麦汁浓度，在苏格兰和英格兰部分地区酿造的大部分 IPA 的原麦汁浓度为 15°P、酒精含量为 6.5%。大多数参考文献引用的是伯顿 IPA，原麦汁浓度和酒精含量都略高一点，原麦汁浓度为 16°P、酒精含量为 6.5%～7%。

表 4.4 伯顿艾尔数据分析

伯顿艾尔	原麦汁浓度/°P	初始比重	酿造天数/天
第一种	27.75～30.00	1.111～1.120	40～43
第二种	24.25～27.75	1.097～1.111	34～44
第三种	19.25～23.00	1.077～1.092	28～33

资料来源：Pereira，*A Treatise on Food and Diet*，1843.

注：最初的伯顿艾尔比 IPA 更烈。

表 4.5 1870～1948 年的奥尔索普啤酒

年份	啤酒	风格	酸度	最终比重	终糖/°P	初始比重	原麦汁浓度/°P	酒精度（V/V）	发酵度/%
1870	老式伯顿艾尔	烈性艾尔	0.32	1.04038	10.10	1.12163	30.41	10.64	66.80
1870	老式伯顿艾尔	烈性艾尔	0.25	1.03011	7.53	1.11145	27.86	10.69	72.98
1870	伯顿艾尔	烈性艾尔	0.56	1.00861	2.15	1.08640	21.60	10.30	90.30
1870	淡艾尔	淡味	0.22	1.01478	3.70	1.05733	14.33	5.53	74.22
1879	伯顿艾尔	淡色艾尔	0.23	1.01399	3.50	1.06951	17.34	7.88	78.79
1896	伯顿淡晚餐艾尔	晚餐艾尔	0.20	1.00772	1.93	1.05392	13.48	5.81	85.02
1896	午餐世涛	世涛		1.01151	2.89	1.06347	15.89	6.69	80.94
1901	红手印度淡色艾尔	IPA	0.14	1.00862	2.16	1.06157	15.38	6.80	85.27
1921	印度淡色艾尔	IPA		1.00440	1.10	1.05440	13.60	6.56	91.91
1922	PA	淡色艾尔		1.00950	2.38	1.04570	11.43	4.71	79.21
1922	超级世涛	世涛		1.01470	3.68	1.05370	13.43	5.06	72.63
1926	世涛	世涛				1.04840	12.10		
1928	世涛	世涛				1.04930	12.33		
1932	拉格	拉格		1.00940	2.35	1.04100	10.25	4.10	77.07
1934	棕色艾尔	棕色艾尔				1.03590	8.98		
1935	牛奶世涛	世涛	0.06	1.01380	3.45	1.04930	12.33	4.61	72.01
1937	牛奶世涛	世涛	0.06	1.01510	3.78	1.05060	12.65	4.60	70.16
1937	牛奶世涛	世涛	0.05	1.01450	3.63	1.05030	12.58	4.64	71.17
1937	拉格	拉格	0.05	1.01180	2.95	1.04520	11.30	4.33	73.69
1948	伯顿淡色艾尔 （在布鲁塞尔装瓶）	淡色艾尔	0.08	1.00890	2.23	1.06280	15.70	6.73	83.14
1948	约翰公牛啤酒	淡色艾尔	0.05	1.00820	2.05	1.03820	9.55	3.9	78.53
1948	出口型伯顿淡色艾尔 （在布鲁塞尔装瓶）	淡色艾尔	0.07	1.00710	1.78	1.05260	13.15	5.95	86.50

资料来源：*British Medical Journal*（1870，January 15）；*Whitbread Gravity Book*；*Truman Gravity Book*。由 John Trotter 友情提供。

注：从表中数据能学到很多知识。第一，看一下老式伯顿艾尔，它的酒精含量很高，口味也很甜，这些啤酒中有较多的残糖；第二，IPA 酒精含量中等，且口味干爽，不如同时期的伯顿淡色艾尔烈，IPA 的最终残糖很低，也许低于正常酵母发酵的残糖；第三，注意自 1930 年起，啤酒酸度都较低，这就暗示了在含有布雷特菌和乳酸杆菌的木桶中陈贮时，这些成酸的微生物被去除了。

大部分运往印度的 IPA 实际上是由东印度公司的代理商、其他商人，以及富有的殖民者消费的。驻扎在印度的英格兰和苏格兰士兵更喜欢波特，也饮用白兰地、印度白酒亚力酒，后来也喝杜松子酒和朗姆酒。自 19 世纪 20 年代以来，军队的官方人员一直担心酒精对部队的影响，鼓励消费啤酒作为替代品。1878 年，军方发布了他们购买 IPA 的规格，这说明了啤酒厂如何酿造一款优质IPA：

- IPA 必须用 100%麦芽酿造；
- 原麦汁浓度至少为 15°P（比重为 1.060）；
- 酒花添加量至少为每夸脱麦芽 20 磅（即大约每桶 4～5 磅），在桶内干投时添加 11 磅新鲜酒花；
- 酿造后，啤酒在桶内贮存不得超过 21 天；
- 木桶必须由经过千锤百炼的波罗的海和波斯尼亚的橡木制作，必须是干燥的，坚硬而结实，制作精良。木桶必须在不超过 110℃的温度下熏蒸，橡木必须有 1 英寸厚（1 英寸=2.54cm）；
- 啤酒必须是在 11 月 1 日到 5 月之间酿造；
- 装瓶之前必须保存 9～12 个月，且装瓶之前必须有一个夏天和秋天的发酵过程。

4.3　英国国内的 IPA

　　尽管 IPA 最初似乎是作为一种贮存淡色艾尔啤酒酿造的，并没有为远洋航行考虑特别的配方，但在英国消费的 IPA 最终演变成了原麦汁浓度较低、酒花添加量较少的版本。19 世纪中叶，运往印度的所有啤酒，包括淡色艾尔、世涛和波特（都成功运到了印度），它们比国内的啤酒产品有更高的酒精度，苦味值也高 10%～15%。蒂泽德（Tizard）在 1843 年写道，国内 IPA 版本具有更低的酒精度和苦味，这一点在 1856 年也得到了洛夫（Loftus）的赞同[24]。事实上，最终的几种 IPA 类型是为不同的国家酿造的，包括澳大利亚风格、美国版本和最初的印度版本。乔治·阿姆辛克（George Amsinck）记录了国内IPA 是每桶添加 3.5 磅的酒花，而出口版本的 IPA 则是每桶添加 6 磅的酒花。随着时间的发展，IPA 的原麦汁浓度和酒花添加量都在下降，紧接着是全英酿造业大发展、税收、禁酒运动，人们的啤酒口味逐渐演变为偏爱低酒精度的啤酒（表 4.6）。

表 4.6　1879～1880 年的巴斯啤酒价格　　　　（单位：英镑）

	每吨 4 大桶	每吨 6 大桶	每吨 12 小桶
淡色出口艾尔	20	21	23
1 号出口伯顿艾尔	25	26	28
2 号出口伯顿艾尔	23	24	26
3 号出口伯顿艾尔	21	22	24
4 号出口伯顿艾尔	19	20	22
2 号帝国世涛	23	24	26
3 号上等	20	21	23
4 号双料	19	20	22

资料来源：Bass, *A Glass of Pale Ale*, 1884.

注：从价格表能了解许多知识。1 号出口伯顿艾尔啤酒价格最高，而淡色出口艾尔价格较低且与其他几个产品价格相当，也许它们具有相同的原麦汁浓度。

4.4　伯顿 IPA 酿造工艺

4.4.1　制麦

像早期描述的一样，在浅色麦芽的生产过程中，采用大约 66℃（150°F）的低温焙焦温度，以获得较浅颜色的麦芽，麦芽色度大约为 1.5°L，浸出物含量也较高。麦芽发芽充分，溶解良好（意味着酶被充分激活），如此采用恒温浸出糖化工艺（英国啤酒酿造业标准的糖化方法）即可，不需要太多的休止温度，也不需要采用煮出糖化工艺。

伯顿的大多数酿酒商都有自己的制麦设备，雇佣的制麦师是员工的重要组成部分。在英国也能找到独立的麦芽厂，特别是在兰开夏郡地区，可以作为酿酒商的补充或者将其麦芽作为唯一来源。阿尔弗雷德·巴纳德（Alfred Barnard）所著《大不列颠和爱尔兰著名的啤酒厂》（*The Noted Breweries of Great Britain and Ireland*）一书详细描述了奥尔索普、巴斯和索尔特啤酒厂的制麦设备。

4.4.2　酿造季节

追随"十月艾尔"的传统，IPA 的酿造季节通常在秋天，这意味着酿造 IPA 时能够使用新鲜的酒花和麦芽，冬天和春天延长了啤酒在木桶中的陈贮时间。然后，随着天气变暖，将陈贮啤酒的木桶塞子打开，在接下来的 9～12 个月，继续陈贮、进行二次发酵。结束陈贮时，或者将木桶换成新桶以分离酵母，或者将塞

子只开点口（不要塞紧），装船运送到印度，在船运往印度的过程中会发生另一种
发酵过程，致使到达印度的 IPA 常常用"闪闪发光"来描述[25]。

随着时间推移以及酿造技术的演变和改进，酿造季节延长到 5 月，但是许多
酿酒商禁止夏天酿造 IPA，直到发明工业制冷后才允许全年酿造。整个 19 世纪，
IPA 一直被认为是"十月啤酒"或者"三月啤酒"。市场资料表明，只能采用最好
的、最新鲜的原料，只能在比较暖和的季节才能进行发酵。

4.4.3　糖化工艺

英国酿酒商一直采用多步糖化工艺，直到 19 世纪中期，这时苏格兰的洗糟操
作已开始流行。规范操作可以得到头道麦汁，混合从同一谷物经多步糖化得到的
麦汁，可以得到目标的麦汁浓度。典型的 IPA 酿造，是将来自于糖化的前两批麦
汁混合在一起，达到目标的原麦汁浓度，大约为 17.5°P[26]。早期常采用橡木或柚
木制成糖化锅，到 20 世纪后才开始用钢、铁，或者铜锅来制作。在糖化锅中加入
热水，然后投入粉碎的麦芽，同时酿酒师用浆或者橹搅拌醪液，以完成糖化过程，
该糖化方法一直沿用，直到应用蒸汽来加热、用电机来带动糖化搅拌器。

在较大的啤酒厂中，糖化过程通常进行 90 分钟。值得注意的是，在这一阶段
的酿造日志和文献中，mashing 是指将粉碎的麦芽与水混合的过程，转化休止是
另外一步。20 世纪中叶，引入了"投料器"，它本质上是一个料水混合器，即将
粉碎的麦芽和水进行混合，再进入糖化锅，因此不再需要人工混合。

糖化和休止之后，麦汁通过假底的过滤板流出，在煮沸锅中煮沸，煮沸锅直
接用煤或木材作为燃料加热。煮沸 IPA 麦汁时，要添加新鲜酒花，煮沸过程需要
一定的时间，通常为几小时。伯顿的煮沸是独特的，常采用低强度煮沸。事实上，
故意将煮沸锅设计较小，以防止煮沸强度过大麦汁从煮沸锅中溢出[27]，这种长时
间低强度的煮沸，比我们今天追求的煮沸强度更低一些，如此通过美拉德反应可
以减少色度的形成，目标是使麦汁的颜色尽可能地浅，这意味着要使用低色度的
麦芽并采用较低强度的煮沸。

采用典型的两次添加酒花：第一次是在煮沸开始阶段添加，第二次是在煮沸
中间添加或者在煮沸结束时添加。大约全部酒花的 2/3 添加到第一麦汁中，进行
煮沸，然后将麦汁泵入酒花回收罐（hopback），以移除酒花，从第一麦汁中分离
出来的酒花留在酒花回收罐；剩下的 1/3 酒花添加到第二麦汁中，进行煮沸，煮
沸之后，将麦汁从酒花回收罐上部泵入（内含第一麦汁煮沸用过的酒花）。煮沸结
束之后，回收使用的酒花，挤压出残留的麦汁，以便在后来的低浓度麦汁中重新
使用。从煮沸之后的酒花中挤压出麦汁广为流传，也是巴斯和奥尔索普酿酒商的
标准操作[28]。

相对于今天的标准而言，当时的酒花添加量很大，实际上，19 世纪时酒花的 α-酸含量都较低。从那时的酿造文献来看，蒂泽德提及的 IPA 啤酒中酒花添加量为 22 磅/夸脱（5 磅/桶），干投新酒花的数量为 2 磅/桶（如果是 54 加仑的大桶，则干投的酒花数量要超过 1 磅/桶）。罗伯茨在他 1847 年所著《苏格兰艾尔酿酒商和实战型制麦师》一书中，也提到了 22 磅/夸脱的酒花添加量，并给出了麦汁浓度范围为 11～17.5°P，相当于每桶添加 4～7 磅的酒花。当在春天和夏天酿造啤酒的时候，酒花添加量是很高的。一般来说，19 世纪末期之后酒花的添加量开始下降。

4.4.4　发酵/伯顿联合系统

在酒花回收罐分离掉酒花糟和热凝固物后，将麦汁转移到冷却罐。直到 19 世纪末期，才出现麦汁冷却器，当时最常见的方法是将热麦汁输送到冷却器（也就是今天所说的冷却盘），这是一种平的、敞口的浅容器，可以在空气中自然冷却，这种冷却过程可能会受到细菌和野生酵母的污染，但是如果酿酒师意识到这个问题，就可以采取措施避免问题的发生。他们只在晚上比较冷的时候进行酿造，如此麦汁可以快速冷却，并尽快进行酵母接种，以减少污染的风险。夏末秋初的收获季节是细菌的活跃期，因此这时候酿酒师要避免生产麦汁，直到天气变冷，微生物活性减弱，麦汁便可以快速冷却和接种[29]。20 世纪末期，酿酒师使用铁质冷却盘和其他冷却装置，例如，装有冷却水管[30]的莫尔顿制冷机（Morton refrigerator），将井水泵送至该冷却容器内，以加速麦汁的冷却，或者将麦汁在冷却盘中冷却（这也有助于去除热凝固物），然后通过制冷系统用水冷却，达到酵母接种温度。

在伯顿联合系统发明之前，经常在同一个桶内进行麦汁发酵和啤酒售卖，需要频繁清除木桶上部的酵母，这会导致啤酒大量损失。

著名的伯顿联合发酵系统是 1838 年由利物浦酿酒师彼得·沃克（Peter Walker）研发的，并申请了专利[31]，到了 20 世纪中叶，所有著名的伯顿 IPA 酿酒商都使用这种方法进行发酵。该系统包括在圆桶或者石头/木制的正方形桶中进行主发酵，发酵之前，将麦汁冷却到一个相对较低的温度，通常为 15～16℃（59～60°F），然后在主发酵过程期间，麦汁温度上升 3～4℃，达到 19～20℃（67～68°F），这个过程需要 12～36 小时，或者达到高泡酒状态，然后将啤酒从主发酵罐输送到由许多大桶组成的伯顿联合系统，继续进行发酵过程。每排桶的顶部都装配有一个大的平盘或水槽，每一个桶上都装有鹅颈管，鹅颈管可以从桶的顶部连接到水槽，该设计可以让上面发酵酵母从木桶流到鹅颈管，汇集到水槽内（图 4.5），然后进行收集、压榨、贮存，或者立刻用于接种。

图 4.5　伯顿联合系统的鹅颈管能将酵母导入酵母收集槽

将发酵中的啤酒输送到伯顿联合系统中，要温和进行，以避免形成大量的泡沫，可能需要长达 2～3 小时才能输送到确定的液位，以进行后发酵。有时，桶中大部分酵母被收集之后，可以从该联合系统中的 1～2 个桶中取出麦汁再加满。

伯顿联合系统可以完成几件事。首先，从主发酵罐进入到联合系统，尽管这是一个温和的过程，但也搅拌了发酵的啤酒并进行了通风，使酵母重新恢复了活力，有助于完成发酵过程，对 IPA 形成众所周知的干爽特性大有裨益。其次，联合发酵系统有助于移除酵母（简称为澄清），不仅可以移除啤酒中的酵母，而且有助于去除蛋白质和其他不受欢迎的化合物。然后，再将啤酒从联合系统转至陈贮桶，啤酒就会变得澄清而透明。发酵结束时，啤酒中酵母细胞数只有 100 万～150 万个/毫升，这与现在桶中真正艾尔的酵母数处于同一个水平。在较为温暖的夏季，较低的酵母数进行二次发酵更容易控制。

伯顿联合系统也可以控制发酵温度，木桶内配有冷却盘管，水可以维持适当的发酵温度。另外，联合系统提供了一种有效的、简便的方式回收上面发酵酵母。在发现伯顿酵母是由几种菌株组成之后，酿酒师认为伯顿系统能够自然筛选、收集最满意的菌株，这有助于伯顿啤酒的成功和高品质名声的获得，从其他罐回收的酵母与从该系统中回收的酵母相比，不会提供相同的发酵结果和风味。

20 世纪中期，伯顿联合系统的运营和维护成本过高，因而被限制使用，于是酿酒商（如巴斯）开始使用锥形发酵罐尝试研发相似发酵特性和风味的啤酒，到了 20 世纪 70 年代，大部分伯顿联合系统退出了大型的伯顿啤酒厂，今天仍然使用伯顿联合系统的伯顿啤酒厂只有马斯顿（图 4.6），不过在加利福尼亚帕索·罗布尔斯（Paso Robles）的火石行者（Firestone Walker）啤酒公司使用了一种改良的版本来发酵啤酒。

图 4.6　马斯顿啤酒厂伯顿联合系统是伯顿地区目前唯一留存的。John Trotter 摄影

4.4.5　过滤

伯顿的水和伯顿联合发酵系统产生了一种自然澄清的 IPA，特别是在桶内长时间陈贮之后，然而现存的文献建议酿酒商过滤他们的啤酒。用法兰绒或其他多孔布料过滤就是方法之一[32]，还有一些文献则建议通过砂和木炭交替过滤[33]，但这些方法是否被广泛应用是值得怀疑的，因为这种技术在过滤过程中容易造成啤酒氧化。

4.4.6　橡木桶

IPA 酿造的最重要因素之一是陈贮过程。事实上，啤酒历史学家指出，长时间的陈贮是酿造 IPA 非常重要的步骤。结束伯顿联合发酵过程之后，将啤酒从联合桶输送到大桶（橡木桶）中进行陈贮。酿造记录表明，酿酒师要定期品尝桶中的啤酒，以确保合适的风味和微生物稳定性。有时，将煮沸时间较短的酒花放在桶中，以提高啤酒的稳定性，促进啤酒澄清，并赋予啤酒一定的风味。是否需要定期加入澄清剂（如蛋清或者明胶），或者何时加入澄清剂，还未可知。但是，经常有争论说，伯顿酿造水的矿物质含量和伯顿联合发酵过程有助于洁净和澄清啤酒，并能在陈贮之前将啤酒酵母数降至 100 万～150 万个/毫升。因此，可能在伯顿，没有必要使用澄清剂，或者根本就不使用。

桶中干投酒花不局限于 IPA 和出口型啤酒，而是酿造过程的一个普通步骤。大量的文献表明，波特、世涛和许多其他的啤酒都进行干投，典型的添加量为每桶 0.25～1 磅，IPA 添加量要更多[34]。

在陈贮过程中的某一时刻，很多伯顿桶装啤酒被运送到利物浦、赫尔和伦敦的商店（仓库）中（图 4.7），在准备运送到印度或者供国内消费之前，进一步进行陈贮。19 世纪，很少有啤酒厂将啤酒装瓶。直到 1950 年，巴斯才拥有了自己的瓶装线。酿酒商雇佣独立或者半独立的瓶装公司从保存于商店的桶中灌装啤酒，装瓶公司与酿酒商同样要求严格，认真对待啤酒业务，并积极竞争。19 世纪的啤酒标签显示，在伦敦和利物浦有几家不同的瓶装公司，可以用来灌装同样的啤酒。若啤酒瓶上有"斗牛犬"的标志，则被认为该啤酒拥有最好的品质。

图 4.7　需要两个人来运输装满啤酒的桶，本图片由特伦特河畔-伯顿国家酿酒中心友情提供

由狭窄的小船从啤酒厂运出来的桶，通过运河，从伯顿运到赫尔、利物浦，总会有驳船的经营者（如众所周知的 Gainesbore 船长）从桶里偷走一些美味的啤酒并加水，这种偷窃行为通常被称为"吮吸猴子"，往往通过将这些桶装到另一个大桶中来预防[35]。在远洋航行中，如果没有给橡木桶装备防盗措施，可以通过在其表面浇运河水来冷却。

伦敦最大的橡木桶店之一位于现在的 Pancras 街火车站，有较低的砖拱门，那里有索尔特和巴斯 IPA 的木桶存储。另一个较大的商店是杨格（Younger's）商店，位于伦敦大桥旁。

4.4.7　箍桶匠和木桶

在伯顿中心的一个购物商场，叫做"箍桶匠广场购物中心"，有一个真人大小的伯顿箍桶匠雕像，其匾上写着：

伯顿箍桶匠
由詹姆斯·巴特拉建于 1977 年，
这尊铜像描绘了一个箍桶匠，
一个传统的本地工匠，
锤打木桶上的桁架，
以使铁箍适合桶，
它记载了历史悠久的木桶制作和维修技艺，
这与特伦特河畔-伯顿紧密相关，
因为啤酒酿造业最早在此起源。

自 1994 年雕像揭幕以来，箍桶匠形象已成为伯顿的象征。

尽管今天只有很少的啤酒厂还雇佣箍桶匠（图 4.8），但是箍桶匠对 19 世纪酿酒商的重要性是不容忽视的。几乎所有酿造的啤酒都需要在木桶中陈贮一段时间，而木桶也需要维护。箍桶匠负责挑选和购买制作木桶、伯顿联合发酵系统、大桶等使用的木材，同时还要负责木桶的陈贮、处理、制作与维护。当桶板从印度运回来后，箍桶匠们则要重新修补木桶，以再次装酒陈贮运往印度。伯顿啤酒厂箍桶匠的院子是很大的，与啤酒厂本身的占地面积相当。图 4.9～图 4.11 展现了一堆木桶、船员们，以及未切割的木材，据说伯顿的箍桶匠完全可以组成一支"军队"[36]。

图 4.8　今天，只有少数的啤酒厂（如上图的马斯顿）还雇有箍桶匠。John Trotter 摄影

图 4.9　箍桶匠车间，照片由特伦特河畔-伯顿国家酿酒中心友情提供

图 4.10　巴斯啤酒厂堆积如山的木桶

图 4.11　巴斯啤酒厂的木桶院

做桶的木材是来自北欧缓慢生长的橡树，之所以如此选择是因为其纹路非常致密，这意味着在陈贮过程中，木桶的单宁涩味和风味很难浸入到啤酒中。尽管酿酒商也测试了美国橡木和法国橡木，但是波罗的海和波兰生长缓慢的橡木还是具有压倒性优势。

当木材到达啤酒厂后，开始切割，煮沸除去所有的橡木汁液，做桶之前还要陈贮一年左右。在使用之前，桶内要充满煮沸的热水，维持 2～3 小时，目的在于消毒、移除残余的油类或其他风味化合物。如果有酸味，则要对木桶进行蒸汽处理，以除去任何的风味。每一次用完之后，都要用煮沸的热水和蒸汽来处理桶，桶可以重复使用 8～10 年。

4.4.8　陈贮和运输

在船运至印度或供国内消费之前，IPA 至少在木桶中陈贮 9 个月。在陈贮过程中，啤酒会发生二次发酵，促进了风味成熟，啤酒也变得晶莹剔透，当船运至印度时，啤酒口味就非常稳定了。啤酒稳定是一个主要要求，因为早期运输到印度时受到了木桶和瓶子爆炸的困扰。在夏季，随着二次发酵的进行，需要经常从桶顶部移除塞子来释放压力，以避免木桶发生爆炸。蒂泽德在其 1846 年所著《酿造理论与实践图册》一书中提到："应当移除所有形成酵母、酒糟的杂质，因为在航行过程中的震动会产生极度的磨损、泄漏和过早的酸化"，这意味着适当的酸是可以接受的，但是陈贮过程也会使酒花风味更细腻，令苦味更柔和，使 IPA 成为更适合饮用的啤酒。据说，陈贮之前的 IPA 非常苦，令人难以下咽。

如前所述，木桶通常在远离伦敦、赫尔和利物浦等航运城镇啤酒厂的大型仓库进行陈贮。有趣的是，巴斯的大部分啤酒都是在啤酒厂原地进行陈贮的，啤酒厂训练有素的工作人员会检查陈贮啤酒的质量。

IPA 被装瓶或保存在原来陈贮的木桶里运往印度。通常在 11 月至翌年 3 月间进行运输，以便在季风季节之前能将啤酒运至印度，这意味着在运输之前桶中的 IPA 在英国至少陈贮了一年。后来，由于蒸汽轮船的应用，缩短了运输时间，航运季节可以延迟到 11 月至翌年 6 月，但仍然需要避免夏季航运。

当 IPA 到达印度时，它会呈现出一种被称为"闪闪发光"的特性。尽管夏天已经在英国进行了二次发酵，但是在航行期间啤酒又明显经历了一些额外的发酵。大多数资料表明，在运输之前，啤酒并没有加糖或者加浸出物进行二次发酵，这是合情合理的，因为这些桶与啤酒厂的距离都不够近，不太可能再加糖或者加浸出物。有些啤酒要在印度进一步陈贮，或从桶中取出并装瓶。原来，为期 6 个月的远洋运输是影响成品 IPA 风味的主要因素。但到了 19 世纪 30 年代（即伯顿 IPA 的鼎盛时期），船运商开始使用蒸汽轮船，将航程缩短到了 3 个月，IPA 出口到印度的顶峰时期，1868 年苏伊士运河开通，将航程缩短为仅 3 周。

　　作者皮特·布朗（Pete Brown）为撰写《酒花与荣耀》（*Hops and Glory*）一书，重新体验了从英格兰到加尔各答为期 6 个月的航程，强烈地感受到早期航行中的陈贮 IPA 与马德拉雪莉酒的贮存条件类似。事实上，最早的船只是将马德拉雪莉酒和 IPA 一起运送的，陈贮过程可能产生了相似的烘烤味。特别是从皮特·布朗的旅行经验来看，贮存酒桶的船舱是船上最热、空气最不流通的地方。无论室外温度高低，船舱里空气无法对流，空气始终不新鲜，而且闷热。

　　啤酒到达印度销售之后，橡木桶经常被拆成桶板，当作返程船上的配重物。一旦回到英国，这些桶板就会回到伯顿的箍桶匠手中，重新组装成木桶，再次装酒到印度。

　　从同时期的广告中可以看出，19 世纪时，瓶子被越来越多地运到印度，特别是 1840 年以后，玻璃瓶税减少，生产瓶装啤酒也更便宜，同时，技术也得到改进，生产瓶子变得更容易，质量也更好。在酿造档案中找到瓶子标签的时间可以追溯到 1836 年，当时标签上标记着"印度艾尔啤酒"，或"印度淡色苦型艾尔啤酒"。运往印度的瓶子通常装在桶中，并填充足够多的缓冲物（稻草、木屑、海盐），以避免剧烈的震动。

4.4.9　关于布雷特菌（*Brettanomyces*）

　　在英国陈贮的夏季时光和船运到印度的漫漫旅程中，桶内陈贮 IPA 的二次发酵依然是很有趣和值得深思的主题。在印度，从对 IPA 的风味描述中，我们看到的和文献记载的啤酒都是闪闪发光、颜色透亮的，二次发酵无疑是该啤酒呈现如此独特品质的源泉。

　　有一个理论似乎是说得通的，那就是 IPA 在桶内的二次发酵是布雷特菌（也称酒香酵母）活动的结果。该理论有很多证据，其中包括 1904 年丹麦嘉士伯啤酒厂的耶尔特·克劳森（N.Hjelte Claussen）首先在伯顿二次发酵酵母培养物中首次分离并鉴定出酒香酵母的事实。酵母被命名为 *Brettanomyces clausseneii*，克劳森对酒香酵母描述如下：

　　在以普通酿酒酵母发酵的麦汁或啤酒中，酒香酵母发酵得很慢，由其主导产生的碳酸依然强劲，形成了丰富而持久的泡沫。在发酵过程中也形成了相当数量的酸……其口味和风味不可能不引起一些鉴赏家的注意，其特点与英国贮存啤酒的风味极其相似。

　　与任何其他地方的啤酒厂一样，英国啤酒厂的主发酵也是由酵母菌进行的，然而典型的英国啤酒由酒香酵母引起的二次发酵本质上不同于欧洲大陆的二次发酵。换言之，对于将英国贮存啤酒装入恰当的酒桶或进行瓶内后贮，酒香酵母的作用绝对是必要的，并且赋予它们独特而细腻的风味，这也决定了其价值……因此，显然，对于生产真正的英国啤酒类型而言，由酒香酵母所引发的二次发酵是不可或缺的[37]。

酒香酵母有很强的适应性，当没有其他食物资源可用时，它可以消耗木桶中的碳水化合物，在木桶中茁壮生长，这也就解释了酒香酵母为什么能很好地适应 IPA 的陈贮环境。它具有嵌入木桶桶板的能力（深达 0.3 英寸），在从印度返回英国的旅程中，仍然可以靠木板中的碳水化合物存活，在木桶被重新装配之前、啤酒厂蒸汽消毒之后依然可以存活。

本章和第 5 章详述的 IPA 风味物质和分析特征也印证了 19 世纪 IPA 中的酒香酵母作用机理，如 IPA 被反复描述为非常干爽。我们可以回看一下分析结果，啤酒的最终残余糖度在 1～2.5°P 范围内，该数值低于人们所期望的正常酵母发酵的数值。此外，酿酒商酿造过程非常小心、发酵的啤酒口味非常干爽，将啤酒转移到桶中之前也去除了酵母，以避免桶在船运过程中发生爆炸。同时，在陈贮过程中，桶在运输中也松动塞子，以确保让啤酒平和，不再产气（当然也是为了避免桶发生爆炸）。然而，当啤酒到达印度后，呈现出"闪闪发光"的状态，这意味着，在远洋航行过程中一定发生了二次发酵！一定是酒香酵母、其他酵母或者细菌消耗了啤酒运输之前残留的一些复杂的碳水化合物。但是，可以排除野生酵母和细菌，因为 IPA 风味中没有酸味和双乙酰味！

引用

1. Roger Putman, Ray Anderson, Mark Dorber, Tom Dawson, Steve Brooks, Paul Bayley, IPA roundtable discussions in Burton-on-Trent (March 2010).
2. Martyn Cornell, "IPA: Much Later Than You Think."
3. Alan Pryor, "Indian Pale Ale: An Icon of an Empire."
4. Pete Brown, research files for *Hops and Glory* (supplied to author 2009).
5. Cornell, *Amber, Gold, and Black.*
6. H. S. Corran, *A History of Brewing.*
7. Putman et al., IPA roundtable discussions in Burton-on-Trent.
8. Bass, *A Glass of Pale Ale.*
9. Cornell, *Amber, Gold, and Black.*
10. Ibid.
11. Dr. John Harrison and Members of the Durden Park Beer Circle, *Old British Beers and How to Make Them.*
12. Putman et al., IPA roundtable discussions in Burton-on-Trent.
13. Marcus Lafayette Bryn, *The Complete Practical Brewer.*
14. Harrison et al., *Old British Beers and How to Make Them.*
15. James Steel, *Selection of the Practical Points of Malting and Brewing.*
16. H. A. Monkton, *The History of English Ale and Beer.*

17. James McCrorie, interview with author (March 2010).

18. Putman et al., IPA roundtable discussions in Burton-on-Trent.

19. Alfred Barnard, *The Noted Breweries of Great Britain and Ireland*.

20. Ibid.

21. Putman et al., IPA roundtable discussions in Burton-on-Trent.

22. John Keeling, interview with author (March 2010).

23. Dr. John Harrison, "London as the Birthplace of India Pale Ale."

24. W. R. Loftus, *The Brewer*.

25. Meantime Brewing Company, "India Pale Ale."

26. Clive La Pensée and Roger Protz, *Homebrew Classics: India Pale Ale*.

27. Putman et al., IPA roundtable discussions in Burton-on-Trent.

28. McCrorie, interview with author (March 2010).

29. Bryn, *The Complete Practical Brewer*.

30. Ron Pattinson, personal communication with author (January 2012).

31. Cornell, *Amber, Gold, and Black*.

32. Brown, research files for *Hops and Glory* (2009).

33. Bryn, *The Complete Practical Brewer*.

34. Pattinson, "Black IPA."

35. John Bickerdyke, *The Curiosities of Ale and Beer*.

36. Roger Protz, interview with author (March 2010).

37. N. H. Claussen, *On a Method for the Application of Hansen's Pure Yeast System*, 308–331.

第5章
1800～1900 年间世界各地的 IPA 酿造

为琼斯啤酒厂欢呼吧，希望它永远不会失败
为我们酿造啤酒、酿造波特啤酒，以及漂亮的贮存艾尔啤酒，
这是我的东西，我的孩子，它能赶走所有痛苦，
无论什么时候我都要喝一杯，每次都一样。

——Frank Jones 啤酒厂厂歌

尽管特伦特河畔-伯顿毫无疑问是 19 世纪 IPA 酿造的中心，但是也有主要酿造 IPA 风格的其他地区。随着 IPA 流行，以及科学研究对酿造水的化学分析和酵母的认识，IPA 酿酒商在全世界范围内兴起。19 世纪一些比较著名的 IPA 酿酒商主要集中于苏格兰、伦敦、澳大利亚和美国，这些地区的大部分酿酒商主要模仿特伦特河畔-伯顿巴斯和奥尔索普版本的 IPA，但是在酿造技术和酿造原料上有一些不同，是值得探索的。

5.1　英格兰：伦敦和其他地区

19 世纪，霍德森的弓啤酒厂、巴克莱·帕金斯啤酒厂、惠特布雷德啤酒厂和其他的啤酒厂继续酿造出口型啤酒。由于霍德森的成功，大部分酿酒商继酿造"弓艾尔"（Bow ale）啤酒之后，开始模仿他们的 IPA。后来，当伯顿酿酒商获得了绝大部分市场后，其他地区的酿酒商开始模仿伯顿的 IPA，特别是研究伯顿的酿造水质。IPA 以及其他的几种啤酒类型在 19 世纪中叶从英国的小众类型逐渐成长为大众的啤酒类型。

在 19 世纪中期，尽管在伦敦 IPA 的产量扩大了，酿酒商却仍持续酿造他们的

传统风格。IPA 是重要的啤酒类型，但并不是最大产量的啤酒。

传统啤酒之一是贮存艾尔（又名老式艾尔），是在橡木桶和大桶中陈贮的一种高酒精度啤酒，因而也暴露于各种各样的酵母和细菌中，当时的酿酒师还不清楚陈贮过程的生物化学变化和细菌作用机理，但是贮存艾尔的陈贮过程和最终变酸对于这些啤酒的风味是非常重要的，因此，贮存艾尔在销售或者打包之前，通常与新鲜的啤酒进行混合。举个例子，一款"获奖老式艾尔"（Prize Old Ale）被描述为陈贮 18 个月的啤酒与陈贮 2 个月啤酒的混合版，而"酿酒师留存"（Brewers Reserve）啤酒则被描述为一款陈贮 18 个月的啤酒与陈贮 6 周的啤酒的混合版[1]。直到 19 世纪末期，许多酿酒商仍然酿造贮存艾尔。

对于许多酿酒商而言，波特啤酒仍然是主要产品。事实上，霍德森的弓啤酒厂直到 19 世纪早期仍自称是波特啤酒酿酒商，波特啤酒和世涛啤酒在 19 世纪仍被大量出口到印度[2]。但是随着时间的推移，许多啤酒厂放弃了浓度更高、更甜、陈贮风格的啤酒，将主要精力放在了酿造浅色、晶莹、稍苦和低酒精度的啤酒上。直到 20 世纪中期，波特啤酒一直是伦敦酿酒商的主打产品，但在其他地区，第一次世界大战之后波特啤酒基本从酿酒商的产品名单中消失了[3]。

淡艾尔是除了 IPA 之外的另一种啤酒类型，在 19 世纪变得相当流行，由于它没有经过陈贮，这种新鲜的、稍甜的啤酒比其他啤酒类型使用更少的酒花，其浓度和干爽度是可以变化的，有些淡艾尔也有相当高的酒精度。淡艾尔的关键因素是口味非常新鲜，因为它没有经过长时间的陈贮，比橡木桶陈贮的啤酒要便宜一些，能被各阶层消费者购买。工业革命之后，它成为工薪阶层喜爱的饮品，随着时间的推移，淡艾尔啤酒的定义有了显著的变化，大部分人认为今天的呈深色、酒精含量较低的淡艾尔是在第一次世界大战之后首次酿造的。19 世纪，淡艾尔非常新鲜，但是可以改变酒花添加量和浓度。

那时，人们也酿造淡色艾尔（苦啤酒）、世涛啤酒、棕色艾尔、伯顿艾尔及其他类型的啤酒。19 世纪末期，人们对低酒精度和新鲜啤酒的需求上升了，一些传统的啤酒酿酒商（如巴克莱·帕金斯，图 5.1）开始酿造浅色拉格，而其他酿酒商则选择了酿造流通型艾尔——一款用新的结晶麦芽酿造的新鲜啤酒，在出售之前只陈贮很短的一段时间。在 20 世纪末，拉格啤酒和流通型艾尔的研发对 IPA 的流行度有很大影响。

但 IPA 是 19 世纪初期最令人兴奋的啤酒，到 19 世纪中期，它不仅仅是一种出口的啤酒。在英格兰，对 IPA 的需求是有重大意义的，国内的消费也持续增长，直到 19 世纪 80 年代达到顶峰。英格兰 IPA 流行度的上升与啤酒整体消费的上升息息相关，并开始从庄园酿造转变为商业酿造。同时，浅色麦芽变得更容易得到，浅色的苦味啤酒流行度持续上升。由于医生对 IPA 啤酒有利于健康这一特点赞赏有加，IPA 成为上层中产阶级的饮品，成为其身份的象征。

图 5.1　1840 年巴克莱·帕金斯船锚啤酒厂。图片由 Ron Pattinson 友情提供

　　IPA 的价格一般比波特或淡艾尔要高，因此，考虑到伦敦当地居民的经济状况、丰富的航运港口以及多如牛毛陈贮伯顿 IPA/苏格兰 IPA 的商店，其成为英国国内 IPA 的消费中心也就不足为奇了。但很有可能，开始给国内供应 IPA 的酿酒商，只是将 IPA 的标签贴到国内的浅色啤酒上，比最初的 IPA 酒精度要低、酒花添加量也较少，只是利用了人们的需求而已。

　　19 世纪早期，霍德森的印度艾尔持续繁荣，伯顿酿酒商致力于完善他们自己的 IPA 配方，来自英格兰其他地区的酿酒商也提高了同类啤酒的产量。其中最早的啤酒厂之一是布里斯托的乔治啤酒厂，它是一家波特酿酒商，在 1815 年开始酿造西印度淡色艾尔。关于霍德森艾尔啤酒，乔治啤酒厂在与一位加尔各答代理商的交流中提供了一段著名的评价："我们既不喜欢它的高浓度和混浊的外观，也不喜欢它的苦味"[5]，即使该评论只有部分是真实的，但证明当采用伦敦的软水酿造时，要想使浅色啤酒获得良好的啤酒澄清度是很困难的。1828 年，乔治啤酒厂生产了一种伯顿类型的 IPA，有更高的酒花添加量和更大的苦味，并出口到加尔各答，但是最终失败了。

　　19 世纪中期到末期，霍德森啤酒厂逐渐走下坡路，伦敦酿酒商巴克莱·帕金斯、查林顿、惠特布雷德以及富勒啤酒厂的 IPA 产量也开始日渐衰落。牛津郡里奇街啤酒厂（Ridge Street Brewery）、利兹的泰特莱啤酒厂（Tetley's Brewery）也是大量出产 IPA 的酿酒商，酿造的这些 IPA 专门用于国内消费，甚至从不出口[6]！

　　这些其他的英格兰 IPA 酿酒商使用与伯顿相似的原料。就像伯顿的酿酒商，他们非常重视使用浅色麦芽，并期望有较高的啤酒发酵度。他们使用的麦芽不限于英国麦芽，也采用德国和美国麦芽，一般是将这些国家的大麦运输到英格兰，并在英格兰的麦芽厂加工成麦芽[7]。

　　因为接近肯特郡，伦敦酿酒商也能够优先采摘肯特的酒花，也能和伯顿酿酒商一样，采用他们偏爱的法纳姆酒花和哥尔丁酒花来酿造 IPA。伦敦酿酒商不仅在 IPA 啤酒中使用了大量的酒花，而且在波特啤酒和烈性艾尔中也大量使用。例如，巴克莱·帕金斯 19 世纪初的最小酒花添加量为每桶啤酒 2.5 磅[8]。当然，不是所有的酒花都来自于肯特郡，19 世纪末期，酿造 IPA 时也经常采用欧洲酒花和美国酒花，特别是在英国酒花收成差的年份。直到 19 世纪末期，才开始使用纽约酒花，这时的酿酒记录中也经常看到使用加利福尼亚酒花和俄勒冈酒花。

　　伦敦酿造的 IPA 与伯顿酿造的 IPA 有本质的不同。根据史料记载（表 5.1），伦敦水质比伯顿水质要软一些，与伯顿 IPA 相比，伦敦 IPA 酒花特点较柔和，酒体也较浑浊；其他的主要差异是麦汁煮沸，伯顿酿酒商更喜欢长时间的、较低强度的煮沸，以降低麦汁的色度，而伦敦酿酒商则趋向于短时间的、高强度的煮沸。此外，据记载，伦敦 IPA 发酵速度较快，酵母接种温度为 14～18℃，主发酵 48 小时后，接着倒入桶中[9]，酿造的啤酒会呈现水果味，口味也更复杂，成品啤酒的酒花风味也较为柔和。而后来的酿酒记录表明，大多数的酵母接种温度都较低，范围在 12.5～15℃。

　　典型的发酵过程通常在大罐中进行，在装桶之前有可能转到二次发酵罐，但伦敦啤酒厂一般不采用伯顿的联合发酵系统。陈贮过程在罐中或桶中进行，然后将啤酒运输到仓库，完成后熟过程。与伯顿 IPA 相比，伦敦 IPA 经常会添加澄清剂，国内产品添加澄清剂比出口产品更常见一些。

表 5.1　伦敦 IPA 的原麦汁浓度和酒花数据

年份	啤酒厂	地址	原麦汁浓度（麦汁比重）	酒花添加量/（盎司/加仑）（磅/桶）
1832	杜鲁门（IPA）	伦敦	20.00°P（1.080）	2.2（5.1）
1832	杜鲁门（XXK 三月啤酒）	伦敦	22.25°P（1.089）	2.2（5.1）
1834	巴克莱·帕金斯	伦敦	16.00°P（1.064）	2.7（6.1）
1838	里德	伦敦	14.50°P（1.058）	2.6（5.8）
1864	惠特布雷德	伦敦	17.50°P（1.070）	3.1（7.0）
1868	阿母辛克	伦敦	16.25°P（1.065）	3.2（7.2）
1876	弗莱姆林	肯特	18.75°P（1.065）	2.1（4.7）
1878	西蒙兹	雷丁	18.25°P（1.073）	2.2（5.1）

　　数据来源：Harrison, "*London as the Birthplace of India Pale Ale*", 1994。
　　注：数据来源于 19 世纪伦敦的 IPA 酿酒商，尽管这些酿酒商的数据区别较大，但是他们都是模仿霍德森的 IPA 版本，因此可以推测霍德森 IPA 的啤酒数据在这些范围之内，也有记录表明霍德森 IPA 的啤酒数据在杜鲁门 IPA 和杜鲁门 XXK 三月啤酒之间。

　　据记载，伦敦的 IPA 比伯顿 IPA 的颜色要深一些，可能是采用了着色麦芽、高强度的麦汁煮沸，以及软水对啤酒澄清度的影响所致[10]。19 世纪后半叶，英格兰 IPA 变得非常流行，但国内的原麦汁浓度通常较低（如 15.50°P），而出口常见的原麦汁浓度为 17°P。1847 年，在酿造过程中加糖是合法的，伦敦应用的比伯顿要更早一些，到了 19 世纪末期，糖是伦敦酿造的 IPA 中的一种常见原料，但是伯顿的酿酒商拒绝使用辅料，直到第二次世界大战才开始使用。另一种常见的辅料是玉米片，19 世纪末期富勒的 IPA 啤酒就添加玉米片，20 世纪早期，其他酿酒商也经常使用玉米片。

随着对采用硬水酿造好处的科学认识越来越被广为人知，英国酿酒商（例如，来自埃塞克斯郡的 Ind Coope 公司、伦敦的波特酿酒商 Charrington 和 Truman，以及 Hanbury & Buxton）分别于 1872 年、1873 年搬到伯顿，或在伯顿建立分厂，成为 IPA 变革中一个重要阶段，Ind Coope 公司也成为最成功的异地啤酒厂，它在 20 世纪末啤酒工业兼并潮被吞并之前，一直生存良好。

英国的酿造技术与其他酿造地区发展速度类似，随着工业革命的发展，酿酒商的糖化和发酵车间不再采用木制容器，开始使用蒸汽加热（图 5.2）。19 世纪末期，开始采用人工制冷技术。

图 5.2　19 世纪末期，蒸汽被输送到煮沸锅内部的盘管内，以加热麦汁。图片由 J.W.Lees 提供

几十年来，酿酒师一直在水中添加石膏，从而"将酿造水伯顿化"，这种复制伯顿井水的工艺一直有据可查，并成为常见的酿造方案[11]。

19 世纪末期，IPA 的需求和产量开始下滑。与此同时，结晶麦芽的研发及与日俱增的科学知识（良好的酵母管理与酿造技术），促使了一种新型啤酒"流通型艾尔"（running ale）的诞生。这种低酒精含量、更新鲜的传统桶装啤酒类型，含有鲜活酵母，酿造几周之后就可以出售饮用。流通型艾尔啤酒是对 19 世纪末淡爽型拉格日益流行的一种回应，尽管拉格在全世界范围内流行，但在英国，它被描述为一种"女士"饮品。尽管如此，拉格啤酒对低酒精度、新鲜的流通型艾尔的流行也是一种促进。

禁酒运动和纳税方式的改变促进了流通型艾尔啤酒的流行，饮酒者更喜欢酒精度低、口感清新的啤酒。1880 年，首相威廉·格莱斯顿修改了法律，依据啤酒的原麦汁浓度而不是根据酿造中使用麦芽和酒花的数量来收税，此后英格兰艾尔的原麦汁浓度稳步下降，这种未经陈贮、原麦汁浓度低到中等程度的艾尔啤酒在英国的大部分地区一直占据主导地位。

5.2　苏　格　兰

苏格兰的酿酒传统可以追溯到 12 世纪，苏格兰首府爱丁堡是一个酿造中心，其深色、微甜、烈性的苏格兰艾尔是苏格兰酿造的标志，该类啤酒大部分出口到法国和波罗的海地区，也出口到美国[12]。以美国为例，运输艾尔啤酒的商船返回苏格兰时，装载着美国的烟草[13]。这种烈性苏格兰艾尔，原麦汁浓度超过 25°P，也被称为"苏格兰勃艮第"（Scotch Burgundy）。苏格兰酿酒商擅长酿造烈性艾尔，他们擅长将烈性啤酒陈贮较长的一段时间，以改善风味和澄清度。事实上，在庄园酿造的一种啤酒类型称为"成熟艾尔"（maturity ale），为庄园嗣子出生不久后开始酿造，其原麦汁浓度为 28.5°P，一直陈贮到该嗣子年满 21 岁（成年）为止[14]，该典故有点类似中国的黄酒"女儿红"。

尽管苏格兰酿酒商早在 1800 年就出口啤酒到印度，但是直到 19 世纪 20 年代，淡色艾尔啤酒才通过酿酒师罗伯特·迪舍尔（Robert Disher）引入爱丁堡，他于 1821 年购买了爱丁堡利斯啤酒厂。那时爱丁堡有 25 家酿酒商，而且爱丁堡的酿造水质与特伦特-伯顿的水很相近，均富含钙离子和硫酸盐，非常适合采用浅色麦芽酿造啤酒，特别有利于啤酒陈贮之后的澄清[15]。

20 年之后，包括杨格啤酒厂和坎贝尔啤酒厂在内的许多苏格兰酿酒商开始酿造 IPA，它最初被称为"浅色印度艾尔"，后来称为"东印度艾尔"，最后像英国的酿酒商一样定名为"印度淡色艾尔"（IPA），这些 IPA 不仅运输到印度，而且运输到澳大利亚和远东地区。苏格兰 IPA 被证实在印度非常流行，可能是由于许多来自苏格兰的军队驻扎在那里[16]。19 世纪末期，这些士兵回到家乡，他们想喝同样的啤酒，这刺激了国内 IPA 的需求，国内 IPA 的原麦汁浓度和酒花添加量都较低，非常容易被接受，它的流行和增长也得益于苏格兰铁路的修建。

19 世纪，爱丁堡的酿酒商酿造出口 IPA 的产量仅次于特伦特-伯顿地区，到了 1890 年，英国出口啤酒的 1/3 都是由苏格兰出口的，其中最大的出口商是杨格啤酒厂和麦克伊恩（Mc Ewan's）啤酒厂[17]。19 世纪末期，在向全世界的英国武装部队船运的啤酒中，苏格兰酿酒商提供了绝大部分[18]。

爱丁堡以其昵称"烟雾弥漫之老城"而闻名，因为这座城市中弥漫着糖化车间的香气。19 世纪末期，包括蒸汽、制冷、电力等科学技术及酿造科学的发展，对苏格兰的酿酒商和啤酒质量都产生了积极的影响。在 1900 年前，苏格兰每年出口 12.3 万桶啤酒，酿酒商也开始搬迁到爱丁堡，以利用那里的硬水[19]。

苏格兰最大的酿酒商是杨格啤酒厂（图 5.3），幸运的是，他们的酿造日记和档案保存完好（图 5.4，图 5.5）。另外，19 世纪最好的酿造技术专著之一是罗伯茨撰写

的《苏格兰的艾尔酿酒师和实战型制麦师》，它包含了 19 世纪 40 年代中期几十种 IPA
的化学分析。根据这些资料，我们能够深入了解苏格兰 IPA 是如何酿造的。

图 5.3　爱丁堡的杨格啤酒厂是除特伦特-伯顿之外最大的 IPA 酿酒商之一，
图片由 Ron Pattinson 友情提供

图 5.4　该 1886 年的价格单很有趣，因为它描述的是"三月酿造"而不是"十月酿造"（图中
没有展示），上面的插图展现了伦敦杨格啤酒厂的大型仓库，运河船上装载有啤酒木桶。价格
单由 James McCrorie 友情提供

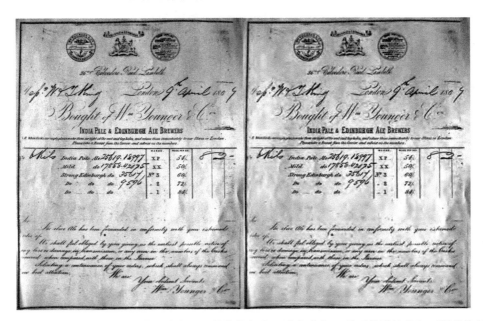

图 5.5　杨格啤酒厂的价格单，并将 IPA 的价格与出口淡色艾尔、爱丁堡烈性艾尔（即苏格兰艾尔）进行了比较。价格单由 Ron Pattinson 和 James McCrorie 友情提供

苏格兰酿酒商对于软水还是硬水更适合酿造的观点持有不同的意见，软水提高了麦芽浸出率、改善了发酵过程，而硬水对酿造贮存艾尔更合适。随着时间的推移，越来越多的酿酒商搬迁到了爱丁堡地区，据记载那里的水质与特伦特-伯顿的水质非常类似。到了 19 世纪 70 年代，该地区的软水更为常见。

对于酿造 IPA 而言，基础麦芽颜色必须要非常浅，麦芽质量要最好。苏格兰酿酒师期待麦芽至少要有 65%～75% 的浸出率，坚持认为要在尽可能低的温度进行焙焦，以保持麦芽较高浸出物含量和较好的颜色及风味，所用的苏格兰麦芽品种包括风味独特的 Bere 大麦芽、Bigg 四棱大麦芽、苏格兰普通麦芽和圣战骑士麦芽。杨格啤酒厂的 IPA 和出口艾尔被描述为清澈透明、呈金黄色。19 世纪 70 年代，杨格啤酒厂从全世界采购麦芽，包括欧洲和美国。爱丁堡酿造遗产协会的历史学家查尔斯·麦克马斯特（Charles McMaster），注意到在一些苏格兰 IPA 中，也使用琥珀色麦芽，他认为苏格兰的 IPA 比伯顿同行的颜色更深一些。1850 年之后，发现糖类原料也进入了苏格兰艾尔的配方中。

苏格兰的气候不太适合酒花的生长，因此所使用的酒花大部分来自其他地区。19 世纪中叶，苏格兰艾尔中所用的酒花 90% 来自肯特郡，酿酒商和英国同行对这些品种的感受一样：法纳姆和哥尔丁酒花被认为是最好的，其他的品种（如诺丁汉）被认为是粗糙的，最适合用来酿造烈性贮存艾尔，酿酒师认为，贮存一年之后，酒花品质会损失 25%～35%，因此，在 IPA 酿造中通常使用新鲜酒花。

苏格兰的酿酒酵母适于较低温度发酵，酿酒商通常在中等温度（12.5～18.5℃）发酵苏格兰 IPA 和其他的艾尔啤酒，随后的发酵过程要比特伦特-伯顿常见的 5 天稍微长几天，酿酒商会交替使用酵母，在每年的不同时间使用不同的酵母，他们也与其他酿酒商进行酵母交易。交替使用酵母有助于保持啤酒的新鲜，类似于在田地中交替种植农作物。苏格兰的优势之一是气候寒冷，可以全年保持最佳发酵温度，因此不局限于季节性酿造。

一般而言，苏格兰酿造商比英格兰酿酒商投料温度要高，因此，其成品啤酒略甜且有较高的残糖。在 20 世纪中叶之前，糖化过程通常是将所有的酿造用水添加到糖化锅中，然后添加粉碎的麦芽。投料过程（麦芽与水混合）通常在 1 小时之内，然后盖上糖化锅，醪液停留 2～3 小时，用于物质的转化。1853 年发明了钢制搅拌器，19 世纪 60 年代许多苏格兰啤酒厂都在使用，因此不再需要人工进行搅拌。糖化结束后，开始过滤。18 世纪末期，苏格兰人发明了洗糟技术，19 世纪在苏格兰得到了广泛使用。

麦汁煮沸 60～90 分钟，比伯顿 IPA 的煮沸时间大为缩短。如果煮沸时间较长，酿酒师认为酒花风味将会变得粗糙，他们密切关注"麦汁的涌动"状态，此时是热凝固物形成的最佳时间。酒花添加的大体数量是 4～8 磅/夸脱麦芽（1.25～3 磅/桶），像英格兰人一样，当天气开始变暖的时候，苏格兰酿酒商在春季酿造啤酒时会添加更多的酒花。苏格兰 IPA 的酒花添加量（表 5.2、表 5.3）被认为是伯顿 IPA 酒花添加量的 2/3，尤其是在 1870 年之后。后来，苏格兰酿酒商引进了酒花回收罐，当煮沸结束打出麦汁时，大多数酿酒商会用毛织品滤除麦汁中的酒花，成品麦汁略有浑浊，但是酿酒商并不担心，他们认为残留的酒花能使麦汁在冷却过程中更加卫生。

表 5.2　苏格兰 IPA 的酒花添加量

酒花添加量/（磅/夸脱）	煮沸开始时添加	煮沸 60 分钟时添加	原麦汁浓度/°P	原麦汁比重
10	4	6	23.75~25	1.095~1.100
8	4	4	21.25~22.5	1.085~1.090
7	2	5	17.5~20	1.070~1.080

资料来源：Roberts，*The Scottish Ale Brewer and Practical Maltster*（1847）。

表 5.3　杨格啤酒厂和其他酿酒商 IPA 的原麦汁浓度及酒花添加量

年份	酿酒商	啤酒类型	原麦汁浓度/°P	原麦汁比重	酒花添加量/（磅/桶）	酒花添加量/（盎司/加仑）
1835	杨格	印度艾尔	20	1.080	3.5	1.7
1848	杨格	出口艾尔	15	1.060	5.2	2.3
1850	亚历山大·伯威克	出口艾尔	16	1.064	4.5	2.0
1866	杨格	出口艾尔	16	1.064	4.7	2.1
1885	厄舍	IPA	15	1.060	3.4	1.5
1896	杨格	3 号浅色	19	1.073	3.4	1.5

资料来源：McMaster，*Edinburgh as a Centre of IPA*（1994）。

在冷却盘内进行麦汁冷却。20 世纪末，第一台制冷器投入使用，只是在冷却容器里装了冷水循环管。

典型的发酵过程在 10℃ 左右开始，可以上升到 14~19℃（58~67°F）。尽管杨格啤酒厂使用的是伯顿联合发酵系统，但是许多啤酒厂的发酵都是在上开口的橡木桶内完成的，在发酵的高泡期，人们将泡沫打回发酵的啤酒中，没有撇掉酵母或者采用其他方式移除酵母。

发酵完成后，啤酒进入一个方形罐或者大木桶中，贮存 1~2 天，然后转入另一个木桶。如此操作不仅有助于确保啤酒转到木桶时已基本完成发酵，而且有助于改善桶中啤酒的澄清度。由于当时苏格兰的酿酒商不使用澄清剂，该静置过程对于啤酒的澄清度贡献很大，酒花也是此时添加到木桶中，有助于啤酒的澄清。

杨格啤酒陈贮至少需要一年，啤酒在运输过程中是平和的。直到蒸汽船和制冷技术出现之后，杨格啤酒可以在 11 月到翌年 6 月之间船运，这表明在运输之前啤酒已经进行了良好的陈贮，也可能是偶然发现平稳运输的啤酒能有效防止木桶在航行过程中爆炸[20]。

国内的苏格兰 IPA 的原麦汁浓度平均为 15.5°P，而出口的 IPA 平均原麦汁浓度为 17°P。在罗伯茨所著《苏格兰的艾尔酿酒师和实战型制麦师》一书的附录 A "19 世纪各种 IPA 的分析"中，数据表明，船运至印度的一些 IPA 原麦汁浓度低至 11.16°P，这进一步加强了低浓度啤酒在远洋航行中可以幸存的观点。据记载，苏格兰艾尔比英格兰 IPA 稍甜一些，1858 年一位加尔各答代理商给杨格啤酒厂写信道："你的啤酒以其酒体闻名，但由于它需要太长的时间才能成熟，阻碍了它成为最受欢迎的品牌，你的最后几桶啤酒在完全成熟能饮用之前，必须后熟 18 个月"。这种啤酒被描述为呈金黄色，经过最细腻酒花的浸渍，清新爽口，具有良好的健胃功效[21]。

为了收集数据，罗伯茨使用当时最先进的分析技术，包括采用带温度校正的糖度计，重点研究了啤酒的最终浓度和发酵度，以确定酒精含量，其著作是全英国第一本真正研究艾尔啤酒酒精含量的书，最早于 1837 年发行，又分别于 1846 年、1847 年两次再版发行。

5.3　美　　国

19 世纪前期，美国的啤酒酿造主要集中在东北部，其酿造方法类似于英国，费城、纽约和新英格兰的部分地区有大型啤酒厂。19 世纪初期，费城和纽约是主要的酿造中心，该地区都是波特啤酒厂。费城是一个主要的出口中心，来自美国啤酒厂的啤酒出口到很多地方，包括印度和中国。来自英国的啤酒也大量进口到美国，直到 19 世纪末期，美国是英国啤酒最大的出口国。

鉴于英国对前殖民地的长久影响，美国东北部的啤酒厂首先酿造了英式风格的啤酒。20 世纪末期，随着来自中欧的移民开始在美国中东和中西部定居，拉格啤酒获得了立足之地，后来变成了这部分地区的主要酿造类型。艾尔酿酒商在东北部保持着控制力。然而，由于英国的伯顿酿酒商更喜欢 IPA 类型，中大西洋地区和新英格兰地区的几家啤酒厂还采用这些酿造技术。

IPA 进入美国之前，美国艾尔酿酒商酿造贮存艾尔和帝国淡色艾尔，它们需要陈贮很长一段时间，会呈现酸味，"帝国"标签象征着品质和奢华。当英格兰 IPA 流行之时，美国酿酒商也开始酿造他们自己的 IPA，其特点与贮存艾尔十分相似，原麦汁浓度为 16～17.5°P，发酵至 1～3°P[22]，口味干爽，干投酒花之前，每桶添加 2～3 磅酒花，苦味值高达 70 IBU 左右，通常添加糖以提高原麦汁浓度、酒精度及可饮用性（表 5.4）。这些酿酒商也酿造波特啤酒、伯顿艾尔及其他的英式啤酒。

表 5.4　美国啤酒的酒精含量

啤酒/啤酒厂	酒精含量（*m/m*）	酒精含量（*V/V*）
底特律半岛啤酒厂	4.81	6.01
巴斯艾尔	5.61	7.01
巴斯世涛	7.24	9.05
施利茨·密尔沃基拉格	4.00	5.00
尼亚加拉啤酒	8.87	11.09
托莱多酿造制麦公司	4.81	6.01
法雷尔东印度艾尔	4.81	6.01
法雷尔东印度波特	5.61	7.01
最好的密尔沃基出口啤酒	4.81	6.01
卡林的波特	7.42	9.28
坦楠茨淡色艾尔	5.61	7.01
坦楠茨世涛	6.43	8.04

资料来源：密歇根大学化学实验室文稿，1882 年。

注：有趣的是，法雷尔不但生产 IPA，还酿造东印度波特。

19 世纪早期，美国切萨皮克（Chesapeake）地区和新英格兰地区种植麦芽，经常会遭受恶劣天气的侵袭，导致生长状况较差，因此美国酿酒商不得不在啤酒中添加辅料，常见的辅料有蜂蜜、糖浆、玉米，以及后来的糖和大米[23]。小麦芽和黑麦通常作为大麦芽的替代品。纽约州、宾夕法尼亚州西部和俄亥俄州大量种植酒花。19 世纪后期，美国中西部、加利福尼亚州也种植麦芽，加利福尼亚州和俄勒冈州建有酒花农场。这些美国酒花和麦芽不仅流行于美国酿酒商之间，而且也在英国酿酒商之间流通，特别是当天气状况不好影响英国酒花的产量时，英国酿酒商通常进口这种酒花用于他们的啤酒中。

19 世纪，E.H.埃文斯（E.H.Evans）、弗兰克·琼斯（Frank Jones）、克林斯蒂安·费根斯潘（Christian Feigenspan）、百龄坛（Ballantine）、马修·瓦萨（Matthew Vassar）是主要的 IPA 酿酒商，他们遵循伯顿工艺，采用浅色麦芽、较高的酒花添加量及较长的橡木桶陈贮时间。许多美式 IPA 酿酒商使用木桶代替大桶用于陈贮，除此之外，均遵循英国工艺（包括制麦、将桶运输到装瓶厂）。他们通常采用美国或者加拿大种植的麦芽以及美国酒花，添加的酒花一部分来自俄亥俄州和宾夕法尼亚州，而大部分的酒花则来源于纽约地区。当时，大多数美国酒花是科拉斯特（Cluster）品种，是北美发现的土生土长的酒花。19 世纪末期，哥尔丁酒花和法格尔酒花进入美国并开始种植。

埃文斯啤酒厂（图 5.6）是由本杰明·福克因斯（Benjamin Faulkins）于 1786 年在纽约哈德逊（Hudson）建立的，1856 年罗伯特·埃文斯（Robert Evans）和詹姆斯·菲普斯（James Phipps）购买了该啤酒厂，在科尼利厄斯·埃文斯（Cornelius Evans）成为合作伙伴 8 年后，1873 年该啤酒厂更名为埃文斯酿造公司。该公司为 100%家族企业，它以采用 100%的美国原料酿造正宗的英式啤酒而闻名。哈德逊山谷的水质比较硬，与伯顿水质类似，这就是选择这个地方建厂的原因，该啤酒厂就地自己制作麦芽（图 5.7），有自己的酵母菌株，主要酿造英式风格的啤酒，包括 IPA、10%酒精度的伯顿艾尔及世涛啤酒等。

图 5.6　19 世纪的埃文斯啤酒厂

图 5.7　像 19 世纪大多数大型商业啤酒厂一样，埃文斯啤酒厂自己制备麦芽

　　埃文斯啤酒厂的旗舰啤酒是 IPA，系采用美国麦芽和酒花酿造而成，酒精含量 7%。IPA 在大桶中陈贮至少一年，陈贮后使啤酒变得晶莹剔透，当在纽约灌装厂装瓶的时候已没有任何沉淀物。事实上，19 世纪末期的广告表明，没有沉淀是这种啤酒的主要卖点，另一个卖点是 IPA 和世涛的所谓药用价值。一则广告说，"将它倒置，没有残渣，泡沫丰富，没有沉淀物，无假发酵，在装瓶之前在木桶中成熟两年"（图 5.8）。

图 5.8　埃文斯 IPA 陈贮时间如此之长，以至于瓶装啤酒晶莹剔透

　　1910 年，埃文斯啤酒厂的年产量达到顶峰，当时酿造了超过 70 000 桶，一举成为美国最大的艾尔酿酒商之一。在产量顶峰期，啤酒厂有 12 座楼，包括一个麦芽厂和一个小型的装瓶车间，其啤酒最远船运到亚利桑那州和加利福尼亚州。

　　尼尔·埃文斯（Neil Evans）在纽约的奥尔巴尼市创建了埃文斯啤酒公司的新版本——啤酒吧，讲述了该啤酒厂关门的经历。啤酒厂一直由兄弟俩管理，当禁酒令开始后，尼尔的祖父单方面决定关闭它，最终导致家族关系破裂，一直没有得到修复。1924 年，该啤酒厂建筑被卖给了纽约金士顿的彼得·巴曼酿造公司（Peter Barmann Brewing Company），于 1928 年被拆除；1930 年，一场神秘大火将其夷为平地，没留下任何酿造记录或者日记，尼尔关于埃文斯啤酒厂的记述来源于其祖父和家庭成员的讨论。

　　由于禁酒令和埃文斯啤酒厂关门经历的乱象，几乎没有发现酿造记录和配方。尼尔·埃文斯认为，经典的"杰纳西 12 白马艾尔"（Genesee 12 Horse Ale）可能与古老的埃文斯 IPA 有着相似的风味。

　　另一个比较流行的美国啤酒厂是弗兰克·琼斯啤酒厂（图 5.9，图 5.10），该厂于 1858 年在新罕布什尔州的朴次茅斯市（Portsmouth）开业，由商人弗兰克·琼斯、一个新罕布什尔州当地人，以及英国人约翰·斯温德尔（John Swindell）共同创办。几个月后，琼斯获得了该啤酒厂 100% 的股权。到了 19 世纪 80 年代，每年酿造 150 000 桶，一跃成为美国当时最大的艾尔酿酒商。随着琼斯啤酒厂的发展，19 世纪 90 年代，他继续建楼，增加麦芽厂、贮桶室和灌瓶车间，同时购买了波士顿的亨利南部啤酒厂公司，并以马萨诸塞州啤酒厂的名义来运营，直至 1905 年。弗兰克·琼斯在朴次茅斯市雇用了超 500 名工人，啤酒厂是该市的支柱[24]。

图 5.9　弗兰克·琼斯啤酒厂图片，由 Scott Houghton 友情提供

图 5.10　弗兰克·琼斯拥有并运营马萨诸塞州啤酒厂，图片由 Scott Houghton 友情提供

　　根据《朴次茅斯编年史》（*Portsmouth Chronicle*）的一篇文章，琼斯啤酒厂采用加拿大麦芽，酿造贮存艾尔、琥珀艾尔、奶油艾尔，以及 IPA。主发酵结束之后，将啤酒在桶内陈贮。值得注意的是该啤酒厂苦木科（Quassia）植物的存在，苦木是一种热带水果，一些英国酿酒商用它作为酒花的替代品，成本也较低。

　　弗兰克·琼斯不仅是一个商人，他也参与政治，19 世纪 70 年代成为朴次茅斯的市长、两届国会议员，随后重返啤酒厂全职酿酒。19 世纪 80 年代末，像很多美国酿酒商一样，琼斯将啤酒厂卖给了英国投资商，但是他仍然控制着啤酒酿造业务，担任董事会成员。禁酒运动后，该啤酒厂再也没有运营，最终卖给了其竞争对手朴次茅斯的埃尔德里奇酿造有限公司（Eldridge Brewing Company），一直销售"弗兰克·琼斯艾尔"（Frank Jones Ale）和拉格啤酒，直至1950年关门。

20世纪80年代末，琼斯先生的后代唐·琼斯（Don Jones）开了一家精酿啤酒厂，之后关门，将设备卖给了朴次茅斯精酿酿酒商——斯马特瑙兹酿造公司（Smuttynose Brewing Company）。弗兰克·琼斯啤酒厂的遗迹在今天的朴次茅斯随处可见，包括朱厄尔法院和伊斯灵顿大街的啤酒厂原始建筑、弗利特和国会大街交叉路口的一栋古怪建筑，以及邻近温特沃斯的海边酒店和罗金厄姆酒店。彼得·琼斯是唐·琼斯的弟弟，在新罕布什尔州巴林顿开了一个弗兰克·琼斯餐馆，尝试重新酿造最初的弗兰克·琼斯艾尔啤酒。

克林斯蒂安·费根斯潘（Christian Feigenspan，图5.11）啤酒厂（图5.12）于1866年（或1870年）创建于新泽西州纽瓦克市，其纽瓦克之傲啤酒厂（Pride of Newark）酿造深色啤酒、棕色世涛、波特、帝国淡色艾尔、琥珀艾尔和IPA。费根斯潘啤酒厂有30个双层发酵罐、9800只发酵木桶，以及一个"修道院酒窖"（图5.13），该酒窖可以容纳100个橡木桶，用于陈贮IPA，其IPA要在木桶中陈贮两年，比其他任何啤酒陈贮时间都要长，并注明"只适于小口饮用"，被认为最好的啤酒。

图5.11　克林斯蒂安·费根斯潘，图片由Bil Corcoran友情提供

图5.12　费根斯潘啤酒厂，图片由Bil Corcoran友情提供

图 5.13　"修道院酒窖"有陈贮的橡木桶，据报道 IPA 在此要陈贮 2 年。
图片由 Bil Corcoran 友情提供

　　禁酒令颁布之前，费根斯潘啤酒厂是一家著名的啤酒厂，当禁酒令袭来之时，刚刚收购了奥尔巴尼多布勒啤酒厂（Dober Brewery of Albany）[25]。可能是由于第一次世界大战时期对啤酒的酒精含量进行了限制，费根斯潘啤酒厂进入禁酒期的时候，贮藏室还有 4000 桶陈贮艾尔，曾尝试将其卖给麦芽醋等食品企业，但是没有成功，最后将这些陈贮艾尔倒掉了。在禁酒令初期，曾允许 4 个公司酿造"疗效啤酒"，费根斯潘就是其中之一。当 1922 年通过《反啤酒法》后，这种啤酒也被倒掉了。在禁酒令废除之后，费根斯潘也没有完全复兴，在第二次世界大战期间，被百龄坛（Ballantine）公司收购。在禁酒令废除和第二次世界大战期间这一阶段的小册子里，一个有趣的声明是"印度淡色艾尔的发现是一个偶然事件，它是英格兰艾尔在途中经过很长时间的陈贮而形成的一种新而浓重的风味"。

　　1830 年，彼得·百龄坛从苏格兰移民到美国，1833 年在纽约奥尔巴尼建立了他自己的啤酒厂，1840 年他将酿酒设备搬到新泽西州纽瓦克（Newark），直到 1971 年[26]。百龄坛啤酒厂以其艾尔啤酒而闻名，包括 IPA 和伯顿艾尔，有报道说其伯顿艾尔在橡木桶中陈贮达到 20 年，然后装瓶，作为礼物送给喜爱的顾客。禁酒令之后，百龄坛啤酒厂是较少幸存的艾尔啤酒厂之一，百龄坛的酿造工艺和配方保存完好，将展示于本书第 6 章。

　　瓦萨啤酒厂（Vassar Brewery）在纽约波基普希（Poughkeepsie）附近，是 1797 年由英国人詹姆斯·瓦萨（James Vassar）建立的。在这个地区有大量的野生酒花，瓦萨也种植了大麦，并在农场建立了一个小型商业啤酒厂，他将桶装啤酒和奶制品带入商场进行销售。1801 年，瓦萨家族与奥利弗·霍尔登（Oilver Holden）合作，在波基普希创办了一家啤酒厂，将桶装啤酒和瓶装啤酒远运至纽约市销售。

1810 年，詹姆斯·瓦萨的儿子马修和约翰，从他们父亲手中接管了啤酒厂，1811 年，约翰被谋杀，随后啤酒厂被付之一炬。马修重建了啤酒厂，啤酒厂业绩持续增长。1832 年，约翰的儿子小马修和小约翰进入公司，后来马修·瓦萨离开了公司，创办了瓦萨学院，19 世纪 60 年代，小马修也加入了瓦萨学院。

直到 19 世纪 90 年代末，啤酒厂一直很兴旺，瓦萨家族两个厂的产量峰值达到了大约 20 000 桶/年。麦芽是自己啤酒厂生产的或者来源于当地几个麦芽厂，使用的酒花也是本地生长的，酒花和麦芽都会受到季节变化的影响，而且 19 世纪早期酒花种植者的烘烤技术也较差，瓦萨啤酒厂的麦芽平均用量为 3.5 蒲式耳/桶，酒花的平均用量为 2.5 磅/桶，其酿造的产品为波特、棕色艾尔、淡色艾尔和 IPA。1866 年，瓦萨的外甥奥利弗·布斯买下了这家啤酒厂，专门向加勒比地区出口啤酒，他拒绝酿造拉格，也不开发其他商业，直至啤酒厂最后在 1899 年关闭。瓦萨学院可以找到瓦萨啤酒厂的一些遗迹，在那里你可能会听到如下歌曲：

    所以你明白瓦萨学院，

    我们的爱永远不会失败，

    我们知道，

    我们所欠的一切，

    马修·瓦萨艾尔！

19 世纪 90 年代，美国进入了经济萧条期，啤酒厂开始合并。英国商人投资了许多啤酒厂的公用区域，并加以整合，以垄断地区市场，这些整合中的一些受害者就是 IPA 酿酒商，再加上 20 世纪初的禁令，加速了美国大多数 IPA 酿酒商的死亡。不幸的是，这些 IPA 酿酒商的记录乏善可陈。

位于纽约锡拉库扎（Syracuse）的托马斯·瑞恩消费者酿造公司（Thomas Ryan's Consumers Brewing Company）成立于 1880 年，是一家著名的艾尔、波特和 IPA 啤酒酿造商。

罗伯特·史密斯印度淡色艾尔啤酒厂（Robert Smith India Pale Ale Brewery）最初是 1784 年由约瑟夫·波茨（Joseph Potts）在费城创建的。美国独立战争之后，1786 年，波茨将啤酒厂卖给了亨利·佩珀（Henry Pepper），啤酒厂由佩珀的儿子乔治管理。罗伯特·史密斯曾经在英国巴斯啤酒厂当过学徒，于 1837 年来到美国，1845 年他购买了佩珀的啤酒厂，曾以"美国最古老的啤酒厂"做广告，公司于 1887 年进行了合并并搬迁。1893 年，史密斯死后，啤酒厂由施密特经营，年产量约为 60 000 桶，直至美国颁布禁酒令[27]。

约翰·贝茨啤酒厂（John Betz Brewery）的前身是美国独立战争之前由罗伯特·哈雷（Robert Hare）在费城创办的，该厂声称是最早将波特啤酒引入美国的两个啤酒厂之一。乔治·华盛顿是哈雷波特啤酒的爱好者，该啤酒在 19 世纪早期经船运至加尔各答。几经倒手后，1804 年该厂更名为高卢啤酒厂（Gaul Brewery），1880 年被约翰·贝茨购买，他曾作为酿酒师在纽约接受过专业培训，1867 年前来到费城，在高卢啤酒厂工作。贝茨啤酒厂引进了拉格酿造技术，但也酿造 6.5% 酒精含量的 IPA 和 7.5% 酒精含量的东印度淡色艾尔。贝茨的"一半一半"啤酒是由陈贮两年的艾尔和世涛混合而成的；贝茨的"最好"啤酒是一款拉格，可媲美巴伐利亚的进口啤酒。贝茨啤酒厂在禁酒令之后重新开业，其业务一直维持到1939 年。

5.4 加 拿 大

来自英格兰和苏格兰的移民建立了加拿大最大的啤酒厂，这些人带来了传统的英国酿酒技术。摩森啤酒厂（Molson Brewery）由英国殖民者约翰·摩森（John Molson）于 1786 年在蒙特利尔创建，是北美洲最古老的啤酒厂。摩森来回穿梭于英国采购酿酒设备和能长出麦芽的大麦种子用来酿酒。在电制冷技术出现以前，摩森每年只有 20 周的酿酒时间，因为啤酒厂不得不依赖圣劳伦斯河（St.Lawrence river）的冰块，尽管如此，由于该啤酒厂稳定地增加了厂房和设备，19 世纪其啤酒产量增长很快。随着人口的增长、灌装技术的逐步精细，在早期也给摩森啤酒厂带来了不少利润。摩森啤酒厂酿造了一款 IPA，同艾尔啤酒一样，称之为"摩森出口产品"（Molson Export），迄今为止仍然是加拿大最大产量的艾尔啤酒。

1847 年，约翰·金德·兰伯特（John Kinder Labatt）和酿酒师塞缪尔·艾克尔斯（Samuel Eccles）在安大略省伦敦创立了兰伯特酿酒公司（Labatt Brewing Company）。1853 年，兰伯特为该公司唯一的拥有者，每年酿造 4000 桶啤酒，在大西部铁路扩大到伦敦后，可以将啤酒运送到蒙特利尔和多伦多，兰伯特的酿酒业务开始迅猛发展。兰伯特的儿子约翰·兰伯特 II 世曾在西弗吉尼亚州的威灵啤酒厂当学徒，在那里他学会了如何酿造 IPA，26 岁时，约翰·兰伯特 II 世成为兰伯特酿酒公司的酿酒大师，1878 年，"兰伯特 IPA"已经获得了全世界各地的奖项。直到加拿大实施其本土的禁酒令之前，兰伯特酿酒公司一直在不断发展，加拿大本土不得饮酒，但不妨碍生产和出口。在加拿大禁酒令结束之前，该国 65 家啤酒厂只有 15 家幸存了下来。

亚历山大·基斯啤酒厂 IPA（Alexander Keith Brewery's IPA）一直保留至今，该啤酒厂是由苏格兰酿酒师亚历山大·基斯于 1820 年在新斯科舍省（Nova Scotia）哈利法克斯市（Halifx）创建，由于酿造了一款全国著名的 IPA，该啤酒厂在 19 世纪中期一举成名，现在隶属于兰伯特公司，目前酿造的 IPA 酒精含量为 5%。

5.5　澳　大　利　亚

澳大利亚那时候还是英国的殖民地，第一家啤酒厂于 1795 年创立。19 世纪末期，这里有几百家啤酒厂，主要生产艾尔啤酒和波特啤酒，通常将澳大利亚艾尔称之为殖民地艾尔，其酒精含量较高，并添加一定量的大米、玉米、糖（有时候加，有时候不加）和其他风味剂。19 世纪末期，澳大利亚啤酒产量达到顶峰时，每年能酿造成千上万加仑的艾尔啤酒，在澳大利亚消费的啤酒中有 10%是从英国进口的，大多是 IPA、淡色艾尔和一款叫 3P 的啤酒（一种帝国波特），这些啤酒主要用大桶装运，到达澳大利亚后再分装入瓶。

澳大利亚酿酒商深受英国啤酒的影响，这与当地啤酒厂的自卑有关，许多啤酒质量堪忧，并且很可能有一定卫生风险，没有人想要喝这种啤酒，除非买不到正宗的英国啤酒。

澳大利亚啤酒有时采用著名英国酿造地区或者啤酒厂命名，其方式为在标签上印上一款英国著名啤酒的名字，然后在标签上加上一行小字——"依照（a la）"字样。19 世纪 80 年代前，由于科技的发展，啤酒质量大大提高，酿酒商开始在股票市场上市。19 世纪 90 年代，当澳大利亚经济崩溃时，许多啤酒厂都破产了[28]。

1888 年，来自纽约的福斯特兄弟移民到澳大利亚，创办了一家啤酒厂，利用制冷技术酿造瓶装拉格啤酒。在澳大利亚经济崩溃之后，其拉格啤酒开始脱销，并成为主打啤酒类型（图 5.14）。20 世纪早期，企业合并扮演着重要角色，卡尔顿联合酿酒商（Carlton United Brewers）成为主要的酿酒公司。随着合并的进行，啤酒越来越缺乏多样性，最后 IPA 从澳大利亚啤酒市场中消失了。

图 5.14　福斯特啤酒厂的 IPA 和美式拉格啤酒

5.6　印　　度

有趣的是，世界上酿造 IPA 的地区之一就有印度！19 世纪印度建立了几家啤酒厂，这些工厂大多数都建在喜马拉雅山脚下和旁遮普邦（Punjab）地区，而不是在孟买。当时印度最大的啤酒公司穆里啤酒公司（Murree Brewery Company），在旁遮普地区有 4 个啤酒厂，其中最大的是格拉古力啤酒厂（Gora Gully Brewery），采用当地生长的大麦，以及从英国、加利福尼亚和巴伐利亚进口的酒花来酿酒；莫汉·米金啤酒厂（Mohan Meakin Brewery，号称印度的巴斯啤酒厂）采用英国伯顿系统来发酵啤酒[29]。

麦金农（MacKinnon）是另一位主要的酿酒商，1834 年创建于马苏里（Mussoorie），该厂有一个在伯顿啤酒厂培训过的酿酒师，他采用德国风格的啤酒过滤机，将陈贮于大桶的啤酒过滤至橡木桶，生产出一款 IPA，该工厂坐落于海拔 6000 米的高山上，山上晶莹剔透的泉水不仅是啤酒酿造原料，还是一种动力来源，该啤酒厂没有蒸汽机。皇冠啤酒酿造公司（Crown Brewing Company）和 A.B.克莱顿（A.B.Crichton）啤酒公司在马苏里都建有啤酒厂。

虽然也有其他的啤酒厂，但酿造的啤酒主要被殖民者和士兵所饮用，印度人并没有品尝到这些啤酒。这些当地产的啤酒与进口的 IPA 相互竞争，印度酿酒商的啤酒产量与从英国进口的啤酒数量旗鼓相当。19 世纪 70 年代，印度酿酒商为大多数军队的北部要塞和驻地提供啤酒。

1901 年，印度有 27 家啤酒厂酿造 IPA、波特啤酒和艾尔啤酒，其中 14 家啤酒厂位于高海拔地区，拥有洁净的水源。这些高海拔地区啤酒厂所生产的啤酒的一半，被英国军队所购买[30]。

5.7　IPA 的没落

19 世纪晚期，几个活动和事件导致了 IPA 酿造的迅速减少，戒酒运动在美国、英国和澳大利亚形成潮流，在公众场合喝醉被越来越难以接受，结果导致饮酒者开始饮用酒精含量低的啤酒，如英国的流通型啤酒，以及德国、美国、澳大利亚的拉格啤酒。全世界的啤酒浓度都下降了，英国尤为明显。随着第一次世界大战，定量配给和增加征税也促使了啤酒浓度的下降，所酿啤酒的酒精含量也在降低。在印度，建立了许多德国拉格啤酒厂，这种浅色拉格型啤酒迅速超过 IPA，成为殖民者最喜欢的啤酒。在美国，禁令导致大多数艾尔啤酒厂关闭，对于一些小型艾尔啤酒厂而言，花费了 50 年才得以东山再起。

虽然 IPA 的风味、酿造过程和酒精含量都发生了显著的改变，但整个 20 世纪英国仍在酿造这款啤酒，其在英国流行度达到顶点的 100 年后，也成为美国最受欢迎的精酿啤酒类型。

引用

1. John Keeling, interview with author (March 2010).
2. Dr. John Harrison, "London as the Birthplace of India Pale Ale."
3. Roger Protz, interview with author (March 2010).
4. Martyn Cornell, interview with author (February 2010).
5. Dr. Richard J. Wilson, "The Rise of Pale Ales and India Pale Ales in Victorian Britain"; T. R. Gourvish and R. G. Wilson, *The British Brewing Industry, 1830˜C1980.*
6. Keeling, interview with author (March 2010).
7. Ibid.
8. Ron Pattinson, "Brewing IPA in the 1850s."
9. Clive La Pens"|e and Roger Protz, *Homebrew Classics: India Pale Ale.*
10. Ibid.
11. Wilson, "The Rise of Pale Ales and India Pale Ales in Victorian Britain."
12. Charles McMaster, "Edinburgh as a Centre of IPA."
13. Scottish Brewing Archive Association, *Newsletter* 2 (2000).
14. James McCrorie, interview with author (August 2009).
15. McMaster, "Edinburgh as a Centre of IPA."
16. McCrorie, interview with author (August 2009).
17. McMaster, "Edinburgh as a Centre of IPA."
18. Pattinson, personal communication with author (January 2012).
19. McMaster, "Edinburgh as a Centre of IPA."
20. McCrorie, interview with author (August 2009).
21. Pete Brown, research files for *Hops and Glory* (supplied to author 2009).
22. Randy Mosher, *Radical Brewing,* 133.
23. *100 Years of Brewing.*
24. Mark Benbow, "Frank Jones."
25. Bil Corcoran, "Local Brewing History."
26. Michael Jackson, "Jackson on Beer: Giving Good Beer the IPA Name."
27. *100 Years of Brewing.*
28. Philip Withers, Thunder Road Brewing Co., personal correspondence with author (2011).
29. Roger Putman, Ray Anderson, Mark Dorber, Tom Dawson, Steve Brooks, Paul Bayley, IPA roundtable discussions in Burton-on-Trent (March 2010).
30. *100 Years of Brewing.*

第 6 章
第一次世界大战之后的 IPA

提高啤酒价格的政府会失去人心。

——捷克谚语

6.1 英　　国

1990 年，英国酿造啤酒的平均原麦汁浓度是 13.75°P，自 1880 年为了税务目的而对原麦汁浓度进行第一次记录以来，仅比 14.25°P 略有下降。19 世纪 80 年代，IPA 流行进入鼎盛时期后，啤酒的原麦汁浓度开始稳步降低。原麦汁浓度的降低部分原因是越来越多的流通型艾尔啤酒的出现，这些艾尔啤酒使用新型结晶麦芽酿造，具有与淡爽型拉格相似的新鲜风味，而拉格啤酒在欧洲、美国和澳大利亚正日益流行（表 6.1）。现在的"真正艾尔"（real ale）起源于流通型艾尔，而流通型艾尔源于古老的淡色艾尔和 IPA。流通型艾尔指的是低酒精度、短时间陈贮的啤酒，通常是科学和酿造技术改进的产物。例如，在一个酒吧木桶中，添加盐类仿制伯顿的酿造水，以达到快速澄清的目的[1]。

表 6.1　英国啤酒类型分析（1905 年）

啤酒	原麦汁浓度/°P	原麦汁比重	酒花添加量/（磅/桶）	酒花添加量/（盎司/加仑）
淡艾尔	12.5～14.5	1.050～1.058	0.75～1.5	0.38～0.77
淡色艾尔	12.00～13.75	1.048～1.055	2.0～3.0	1.03～1.55
印度淡色艾尔	13.75～16	1.055～1.064	3.0～4.0	1.55～2.06
烈性艾尔	16.25～20.75	1.065～1.083	3.0～4.0	1.55～2.06
波特	12.5～14	1.050～1.056	0.75～1.5	0.38～0.77
单一世涛	15.75～17.5	1.063～1.070	2.0～3.0	1.03～1.55
双倍世涛	18.75～20.75	1.075～1.083	2.5～3.5	1.29～1.81
帝国世涛	21.25～24.5	1.085～1.098	3.0～4.0	1.55～2.06
出口世涛	15～24.5	1.060～1.098	3.0～5.0	1.55～2.58

资料来源：Baker, *The Brewing Industry*（1905）；来源于 Pattinson, "*What Is Authentic IPA?*" *Shut Up about Barclay Perkins*（2010 年 10 月 15 日博客）。

注：本表中，1905 年 IPA 的原麦汁浓度范围很宽，酒花添加量很大，为 3～4 磅/桶。

起源于 19 世纪末期的禁酒运动在 20 世纪仍在继续。尽管没有达到美国禁酒运动的强度，但是禁酒运动和对公众场合饮酒的厌恶给英国饮酒文化带来了巨大的改变。20 世纪早期，英国的经济和政治形势进一步促进了低酒精度啤酒的流行。

20 世纪早期的惠特布雷德 IPA（Whitbread's IPA）的原麦汁浓度是 12.5°P，最终浓度是 3.25°P，酒精度低于 5%，外观发酵度为 74%[2]。同一时期，富勒 IPA 的原麦汁浓度从 1890 年酿造配方中的 15°P 降至 13.25°P，这款啤酒采用了英国、加利福尼亚和智利的多种麦芽，以及英国和美国俄勒冈州的酒花[3]，表 6.2 为奥尔索普 IPA 情况。

表 6.2　奥尔索普 IPA：1901～1922 年

年份	酿酒商	啤酒	包装	原麦汁浓度/°P	原麦汁比重	最终浓度/°P	最终比重	外观发酵度/%	真正浓度	酒精度/（V/V，%）	酒精度/（m/m，%）	真正发酵度/%
1901	奥尔索普	IPA	瓶装	15.14	1.062	2.23	1.009	85.27	4.70	6.80	5.44	68.96
1921	奥尔索普	IPA	瓶装	13.46	1.054	1.14	1.004	91.91	3.37	6.56	5.25	74.96

资料来源：Wahl and Henius, *American Handy-book of the Brewing, Malting and Auxiliary Trades*（1902），823-830；*Whitbread Gravity Book*；来源于 Pattinson，"*Allsopp Beers 1870—1948.*" *Shut Up about Barclay Perkins*（2010 年 10 月 15 日博客）。

注：20 世纪的奥尔索普 IPA 有如此高的发酵度，令人难以置信。

第二次世界大战期间，原料供应受到限制，从其他城市运输变得非常严峻，啤酒的原麦汁浓度进一步降低，1919 年低至 7.75°P，1947 年为 9.25°P[4]（表 6.3）。前首相大卫·劳赫·乔治（David Lloyd George）谈论到第一次世界大战期间啤酒的税收额度增长了 7 倍时，指责英国缺乏"魅力饮料"等军需品。随后，IPA 的平均原麦汁浓度较为合适，在第一次世界大战之前和期间，原麦汁浓度从 17.5°P 降至 12.5°P。对于 IPA 酿酒商而言，如此的困境在整个 20 世纪一直持续，这不仅导致了许多酿酒商降低了 IPA 的产量，而且导致了大量企业的并购，包括巴斯集团收购萨尔特啤酒厂和沃辛顿啤酒厂、印德·库普公司收购奥尔索普啤酒厂。主要的收购发生在 20 世纪和 21 世纪，一些传统英国酿酒商被国际酿造集团兼并，致使许多啤酒品牌完全消失。

出于完全相同的原因，伴随着原麦汁浓度的降低，酒花添加量也降低了。1908 年英国的酒花添加量降到了 1.9 磅/桶，1935 年酒花添加量则降到了 1.29 磅/桶[5]。

20 世纪早期，淡艾尔是英国最受欢迎的啤酒风格。波特是 18～19 世纪中晚期工人阶级的啤酒，和 IPA 一样，它受欢迎的程度逐年降低，最终在伦敦之外消失了。在这个时期，淡艾尔并不是低浓度啤酒，也不是 20 世纪末期所称的淡味风格啤酒，其原麦汁浓度为 13.75°P，但是淡艾尔啤酒是新鲜供应的，不经陈贮，所以其成本比长时间陈贮的 IPA 和波特都要低，这使其成为工人阶级和那些买不起价格昂贵啤酒的人的最爱。1908 年 4 月，利森·比尔（Licensing Bill）完美地描述了当时的情形：

　　最好的啤酒，通常称为印度淡色艾尔或者双料世涛，是相对昂贵的，它们的价格确保这些啤酒能经过长距离运输，进而被有能力购买的人群消费。但是，众多的工人阶级饮用众所周知的淡艾尔、波特或者低苦度艾尔，花 4 便士就可以购买 1 夸脱啤酒，或者花费 1 便士可以购买一杯啤酒，这些啤酒是当地酿酒商的主打产品[6]。

表 6.3　英国啤酒的标准浓度

年份	平均原麦汁浓度/°P	平均原麦汁比重
1880	14.25	1.057
1900	13.75	1.055
1905	13.25	1.053
1915	13.00	1.052
1917	12.25	1.049
1918	10.00	1.040
1919	7.75	1.031
1920	9.75	1.039
1921	10.75	1.043
1932	10.25	1.041
1941	9.75	1.039
1942	9.00	1.036
1943	8.50	1.034
1944	8.75	1.035
1947	8.25	1.033
1950	8.50	1.034
1951	9.25	1.037

资料来源：Bass，*A Glass of Pale Ale*（1950s）。
注：战争对英国出产的啤酒原麦汁浓度的影响。

　　《英国领域防卫法案》（The Defense of the Realm Act，DORA）是第一次世界大战期间由英国政府制定的，对饮酒年龄做了限制，还限制了酒吧运营时间等，这对当时英国的饮酒习惯产生了巨大的影响，也进一步降低了 IPA 和其他高酒精度啤酒的流行[7]。

　　随着英国 IPA 消费量的稳步降低，1990 年的出口贸易也近乎于完全停滞。印度是一些德式风格拉格啤酒厂的家园。澳大利亚虽然仍然从苏格兰杨格啤酒厂进口大量的 IPA，但随着福斯特和其他大型澳大利亚拉格啤酒厂的逐步流行，也迅速转向了拉格啤酒文化。这时美国酿酒商仍然没有摆脱禁酒运动的影响。

　　虽然麦芽和酒花生长环境不同，但船运变得更容易，而且价格低廉，在 20 世纪时，英国酿酒商采用源自几个不同国家的麦芽和酒花是很普遍的。"羽毛射手座"（Plumage Archer）和"斯普拉特射手座"（Spratt Archer）是 20 世纪早期英国主要的两个麦芽品种，20 世纪 40 年代和 50 年代，最著名的麦芽品种是"普罗克特"（Proctor），60 年代流行的麦芽品种则是"玛丽斯·奥特"（Maris Otter）。

　　大多数大麦可以划归于三类：欧洲二棱大麦、满洲里起源的六棱大麦，以及生长在加州、智利和加拿大西北部的地中海六棱大麦。满洲里六棱麦芽很受美国酿酒商的青睐，它生长在美国的中西部。英国酿酒商通常采用二棱麦芽和地中海的六棱麦芽。源于其他国家的麦芽则通常以未发芽大麦的形式运输，在啤酒厂车间中发芽或者在与啤酒厂签有合同的麦芽厂中发芽。六棱麦芽是英国酿酒商和美国酿酒商普遍采用的，因为它成本较低、氮含量（酶活力）较高、麦粒中皮壳与胚乳比例大，如此可以增加辅料使用量，如玉米[8]。尚不明确玉米的流行是否是由于六棱麦芽使用比例的增加（玉米能够稀释较高的氮含量，促进啤酒澄清）；或者说六棱麦芽使用比例的增加是由于辅料的使用，如玉米，玉米不含酶类，有利于六棱麦芽的酶分解。

　　东肯特哥尔丁酒花是英格兰 IPA 中最普遍使用的品种，但是很多酿酒商也使用 1875 年引进的法格尔酒花品种，英国酿酒商也从德国、加利福尼亚州、俄勒冈州和纽约进口酒花。在 20 世纪开始的酿酒记录中，并没有记载专门的酒花品种，但是纵观那时酒花的生长记录，加利福尼亚、俄勒冈、纽约的主要酒花品种是美国科拉斯特酒花，而英国法格尔酒花也是那个时期俄勒冈和加利福尼亚的主要酒花。19 世纪中期，酒花来源也包括新西兰和华盛顿州的雅基玛山谷，这些产区的酒花是非常受欢迎的，因为干燥的生长环境有助于酒花形成卓越的品质，并且不受霉病、疾病和虫害的影响。随着原麦汁浓度的降低和 α-酸含量的增加，酒花添加量在降低。事实上，有消息称，酒花的干投比例约为 1 磅/桶，比 19 世纪中期有了显著降低[9]。但是，酒花仍是重要的风味组分，并且有助于啤酒澄清。

　　辅料的使用变得司空见惯，甚至是在 IPA 中。玉米片和酿造糖浆在 IPA 中的使用比例达到了所有糖原料的 10%～15%，但在大多数情形下，这是为了保持啤酒的干爽和浅色。伦敦酿酒商更愿意使用糖，而大多数伯顿酿酒商使用全麦芽，直至第二次世界大战时期。

　　20 世纪，在英式 IPA 配方中有时也使用结晶麦芽。尽管最初的 IPA 必须是浅色的，但是 20 世纪的英式 IPA 由于其深琥珀色而比美国精酿版本的 IPA 更具声望，并且比 19 世纪原始的 IPA 更接近良好的苦味。

　　酿造水中添加盐类也很普遍，因为钙对酵母的健康生长和啤酒的澄清已被广为了解。

　　1940 年，多数 IPA 的原麦汁浓度降到了 10°P 左右，第二次世界大战造成了大多数英国啤酒厂不再生产这种啤酒类型。巴斯酒厂虽继续酿造 IPA，但更名为欧洲艾尔，其原麦汁浓度为 15.75°P，成品干爽，残糖为 4.25°P，酒花干投量为 1.75 磅/桶[10]，这种啤酒在 20 世纪 50 年代末及 60 年代初很流行，之后很快消失了。印德·库普公司的"双料钻石啤酒"（Ind Coope's Double Diamond）持续到 20 世纪 90 年代，直至公司被嘉士伯公司收购，其他持续生产至现在的知名 IPA 包括 9°P 的"格林王 IPA"（Greene King IPA）、沃德沃斯酒精度为 3.6% 的"亨利 IPA"（Henry's IPA）（源于淡色艾尔）及沃辛顿的"白盾 IPA"（White Shield IPA）（20 世纪一直生产酒精度为 5%～6% IPA 的几家英国啤酒厂之一）。

尽管原麦汁比重和酒花添加量均下降（表 6.4），但巴克莱·帕金斯（图 6.1，图 6.2）、惠特布雷德和沃辛顿等酿酒商仍在酿造 IPA（图 6.3），直到 19 世纪的 50 年代，由于啤酒的同质化及较低的原麦汁浓度，该啤酒类型走向了消亡。从那时直到 20 世纪 80～90 年代的精酿啤酒革命，只有几种 IPA 还在英国生产，而且这些啤酒完全不同于 19 世纪初的产品。若想更详细地了解此时英国的 IPA，可以查阅附录 B "20 世纪英式 IPA 的分析"。

苏格兰酿酒商在维持 IPA 出口贸易方面小有成绩，但是 20 世纪 40～50 年代随着英国殖民主义的消亡，他们所依赖的出口业务也风光不再。1945 年，爱丁堡的麦克莱啤酒厂再次推出了"华莱士 IPA"（Wallace IPA），但是这款啤酒存在的时间并不长，尽管有广告声称"在缺席 50 年后，IPA 在麦克莱·西斯尔啤酒厂再次王者归来。IPA 是出口到大英帝国远东前线的原酿之作，华莱士 IPA 在色泽、浓度和极好的酒花香味方面都堪称经典"[11]。

20 世纪 90 年代早期，苏格兰啤酒历史学家查尔斯·麦克马斯特（Charles McMaster）推理认为，麦克伊恩出口艾尔或许与原始爱丁堡 IPA 最为相似（表 6.5），而酒精度为 3.8% 的 Deuchars IPA 是爱丁堡古苏格兰啤酒厂酿造的，其浓度较低、色度较浅，但比 19 世纪的原始爱丁堡 IPA 的酒花香味更浓郁。

表 6.4　英国啤酒类型的原麦汁比重

年份	世涛	波特	淡艾尔	IPA	平均值
1805～1899	1077.8	1057.5	1068.6	1058.6	1065.6
1901～1917	1074.5	1053.8	1050.3	1058.9	1059.4
1919～1929	1055.5	1037.8	1041.9	1046.7	1045.5
1930～1939	1048.9	1035.8	1036.2	1046.7	1041.4
1940～1949	1042.0		1030.2	1037.0	1036.4
1950～1959	1043.3		1032.4	1038.8	1038.2
1960～1968	1046.8		1032.5	1040.7	1040.0
2002～2005	1047.8	1046.7	1037.8	1041.7	1043.5

资料来源：Protz，*Good Beer Guide 2002*（2001）and *Good Beer Guide 2005*（2004）；*Whitbread Gravity Book*；*Truman Gravity Book*；Whitbread，Barclay Perkins，and Truman brewing logs。来源于 Pattinson，"*British Beer Gravities 1805–2005.*" *Shut Up about Barclay Perkins*（2008 年 8 月 10 日博客）。

注：20 世纪前，淡艾尔的原麦汁比重要比 IPA 高；20 世纪 30 年代后期，波特啤酒并没有在英国酿造；IPA 的比重又开始攀升！

图 6.1　巴克莱 IPA 的商标，由 Ron Pattinson 友情提供

图 6.2　巴克莱啤酒的价格单，由 Ron Pattinson 友情提供

图 6.3　国家酿酒中心博物馆有一个 1920 年伯顿镇的"N 轨"模型，模型中的每座楼都与啤酒厂有关（教堂除外），图片由 John Trotter 友情提供

6.5　杨格啤酒厂的 IPA 与麦克伊恩啤酒厂的苏格兰 IPA 数据分析

年份	酿酒商	啤酒	包装	原麦汁浓度	原麦汁比重	最终比重	酒精度（V/V, %)	发酵度/%
1949	麦克伊恩	出口 IPA	半品脱瓶	11.7	1046.8	1.009	4.79	81.84
1950	麦克伊恩	出口 IPA	半品脱瓶	12.2	1048.8	1.013	4.52	74.18
1954	麦克伊恩	IPA	瓶装	12.1	1048.6	1.008	5.05	63.13
1955	杨格	IPA	半品脱瓶	7.5	1030.2	1.007	2.91	77.15
1957	麦克伊恩	出口 IPA	16 盎司易拉罐	11.6	1046.4	1.011	4.46	76.94
1972	杨格	IPA	生啤	10.9	1043.5	1.008	4.60	81.15

资料来源：*Whitbread Gravity Book*；Daily Mirror（July 10, 1972），15. 来源于 Pattinson，"*Scottish IPA 1947–2004.*" *Shut Up about Barclay Perkins*（2011 年 12 月 25 日博客）。

注：同一时期的苏格兰 IPA 要比英格兰 IPA 烈（1955 年的杨格 IPA 除外），20 世纪中期，苏格兰 IPA 还在出口。

6.2　美　　国

19 世纪的 IPA 在美国禁酒运动之后仍得以持续生产的只有一种，那就是百龄坛 IPA，尽管该 IPA 在 20 世纪 70 年代消失了，但是这款啤酒给第一批精酿 IPA 带来了灵感。众所周知，百龄坛 IPA 以其三环标志而闻名，代表"纯净、酒体、风味"，于 1879 年第一次使用，据说这个标志是受到了桌子上的冷凝环的启发[12]。

彼得·百龄坛从苏格兰移民至美国，19 世纪 20 年代开始在纽约州北部酿啤酒。19 世纪 40 年代，他去了位于新泽西的纽瓦克，并在那里创建了一个啤酒厂。1870 年，其啤酒厂是美国第五大啤酒厂。正如第 5 章所描述的，百龄坛（图 6.4～图 6.8）仿制了特伦特-伯顿地区的最好啤酒，这些啤酒包括百龄坛 XXX 艾尔、20 年陈贮伯顿艾尔、在木桶中陈贮至少一年的 IPA[13]。

在禁酒令期间，啤酒厂通过制造麦芽糖浆、多样化进入保险领域、房地产业，才得以幸存。1933 年禁酒令废除后，百龄坛啤酒厂被卡尔和奥特·巴登豪森（Carl and Otto Badenhausen）收购，他们聘请了苏格兰酿酒大师阿奇博尔德·迈克肯尼（Archibald Mackechnie），1943 年他们通过收购竞争对手费根斯潘（Feigenspan）啤酒厂，扩展了东海岸的业务，并成为纽约洋基棒球队和费城 76 人篮球队的主赞助商。20 世纪 50 年代，百龄坛成为美国第三大啤酒厂，仅次于施利茨（Schlitz）和安海希-布什（Anheuser-Busch，百威），他们所有的啤酒主要在美国东半部销售[14]。

英国的税收、战争和原料配给，使啤酒的原麦汁浓度下降到与 19 世纪的 IPA 成为明显不同的啤酒类型。与英国不同，百龄坛 IPA 始终保持着自己的生产传统，其原麦汁浓度、酒精含量和酒花添加量与 19 世纪的伯顿 IPA 类似。20 世纪中期，美国拉格啤酒在啤酒工业中占主导地位，而百龄坛 IPA 则是其中的另类（表 6.6）。

禁酒令将许多东北部地区小型的艾尔啤酒厂淘汰，从而助推了中西部拉格啤酒巨头主导了美国啤酒工业。禁酒令实施的 14 年间，由于缺乏合法途径去品尝啤酒，造成了美国人失去了对啤酒（特别是浓度高、苦味重的啤酒）的感知，也造成了美国淡味拉格啤酒在 20 世纪 30～40 年代奠定了自己的地位。但不知为什么百龄坛 IPA 能幸存下来，甚至仍繁荣发展，直到 20 世纪 60 年代。

图 6.4　百龄坛啤酒厂，图片由《酿你所酿》杂志提供，已授权

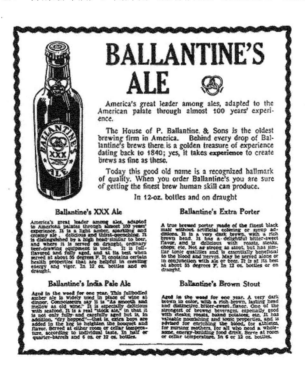

图 6.5　不同百龄坛啤酒的描述，图片由 Bil Corcoran 友情提供

禁酒令之后，百龄坛 IPA 的原麦汁浓度为 18°P，酒精含量为 7.4%，酿造时苦味值达到了 60 IBU，发酵结束之后在大桶中陈贮一年，风味更成熟，口味也更丰满。

　　百龄坛的酒花干投技术非常独特，采用"纯金"（Bullion）酒花，如今这个品种已很难找到，将酒花粉碎成粉末、加水、抽真空蒸煮，再将酒花油从酒花中蒸出，收集蒸出的酒花油，添加至啤酒中，这会赋予啤酒浓烈的、明显的酒花风味，这在当时的美国绝对独树一帜[15]。据传，百龄坛的酵母菌株与1979年内华达山脉啤酒厂自己精选的酵母菌株是一样的，也是现在非常流行的艾尔酵母菌株，即怀特（White）实验室销售的 WLP001、Wyeast 公司销售的 WY1056，该菌株的一个特点是能赋予艾尔啤酒中性、干净的风味，这使其成为酿造重酒花风味啤酒（如 IPA）的优良酵母。如果这确实是源于百龄坛的酵母菌株，那就解释了为什么这款啤酒能以其独特的酒花风味而众所周知了，这款啤酒的热衷者对其描述为：酒体呈深琥珀色、麦芽风味浓郁、酒花香味突出、苦味重、具有橡木桶风味。

　　20 世纪 60 年代中期，在与市场巨头施利茨、帕布斯特（蓝带）、安海希-布什（百威）和米勒的竞争中，百龄坛啤酒厂开始失去位置，成为美国第九大啤酒公司。1969 年，百龄坛啤酒厂卖给了投资者福斯塔夫酿造公司（Falstaff Brewing Company），20 世纪 70 年代早期，将所有品牌进行移交，后来福斯塔夫在罗得岛州克兰斯顿的纳拉甘赛特啤酒厂（Narragansett Brewery）生产百龄坛艾尔啤酒，该啤酒厂革新了配方，包括去除了酒花蒸馏过程，以干投酒花代替，同时降低了原麦汁浓度、酒精含量和苦味值，苦味值降低至 45 IBU，陈贮时间从 12 个月降至 9 个月，最终降至 5 个月，并用"酿金"酒花和"雅基玛哥尔丁"（Yakima Golding）酒花替代了"纯金"酒花。1979 年，又转移至印第安纳州维恩堡啤酒厂进行生产。1985 年，福斯塔夫与帕布斯特（Pabst）合并，1990 年，帕布斯特啤酒厂转而生产百龄坛啤酒，并在密尔沃基（Milwaukee）的罐中陈贮啤酒。1996 年，帕布斯特啤酒厂倒闭，百龄坛 IPA 也走到了尽头[16]。

　　然而，百龄坛 IPA 影响了很多精酿生产者，包括旧金山船锚啤酒厂的弗里茨·梅塔格（Fritz Maytag）和内华达山脉酿酒公司的肯·格罗斯曼（Ken Grossman），这两个人都受到百龄坛 IPA 的启发推出了季节 IPA。

　　20 世纪 90 年代，波特兰酿酒公司的阿兰·科恩豪泽尔（Alan Kornhauser）尝试着再次酿造百龄坛啤酒，他研发了酒花蒸馏方法，并将啤酒命名为木桶陈贮 IPA。在网上能找到几个百龄坛啤酒的克隆配方，帕布斯特啤酒厂仍拥有百龄坛这个品牌，或许有一天，他们能够再次酿出原始风味的百龄坛 IPA。

图 6.6　百龄坛 IPA 的商标，有 IPA 啤酒的系列故事。图片由 Bil Corcoran 友情提供

IMPORTANT NOTICE — The process used to brew Ballantine's India Pale Ale a century ago is still employed. After bottling it continues to *age* and *mellow*. With age a slight cloudiness and precipitation develop, *which in no way affect the quality of the ale.* Connoisseurs know this to be a condition characteristic of India Pale Ale brewed according to old-time methods.

图 6.7　显然，陈贮时百龄坛 IPA 除去了冷浑浊。图片由 Bil Corcoran 友情提供

图 6.8　百龄坛啤酒厂的运货卡车，图片由《酿你所酿》杂志提供，已授权

表 6.6　百龄坛啤酒的分析：1939 年

年份	啤酒名称	种类	包装	酸度	最终麦汁比重	原麦汁比重	色度（SRM）	酒精度（V/V）	发酵度/%
1939	IPA	IPA	瓶	0.07	1018.6	1075.2	16	7.39	75.27
1939	XXX 艾尔	艾尔	瓶	0.07	1014.9	1056.0	9	5.34	73.39
1939	XXX 艾尔	艾尔	易拉罐	0.07	1014.5	1056.2	11	5.42	74.20
1939	XXX 波特	波特	瓶	0.08	1018.8	1059.6		5.29	68.46
1939	棕色世涛	世涛	瓶	0.10	1021.9	1074.6		6.86	70.64

　　资料来源：*Whitbread Gravity Book*：来源于 Pattinson，"*Ale and Porter Brewing in Philadelphia in 1859*" *Shut Up about Barclay Perkins*（2010 年 8 月 23 日博客）。

引用

1. Meantime Brewing Company, "India Pale Ale."
2. Ron Pattinson, personal files, supplied to author.
3. John Keeling, interview with author (March 2010).
4. H. A. Monkton, *The History of English Ale and Beer*.
5. Ibid.
6. Pete Brown, research files for *Hops and Glory* (supplied to author 2009).
7. Monkton, *The History of English Ale and Beer*.
8. Paul Sunderland, "Brew No. 396: Parti-gyled Brew of India Pale Ale."
9. Ibid.
10. Roger Putman, Ray Anderson, Mark Dorber, Tom Dawson, Steve Brooks, Paul Bayley, IPA roundtable discussions in Burton-on-Trent (March 2010).
11. Scottish Brewing Archive Association, *Newsletter* 25 (Summer 1995).
12. Falstaff, "Ballantine XXX Ale."
13. Gregg Glaser, "The Late, Great Ballantine."
14. Falstaff, "Ballantine XXX Ale."
15. Glaser, "The Late, Great Ballantine."
16. Ibid.

第7章
精酿啤酒 IPA 革命

其他的所有国家都在喝 Ray Charles 啤酒，我们在喝 Barry Manilow。

——Dave Barry

如果你想喝优质英国啤酒，去美国啤酒节吧！

——未知

20 世纪 70 年代末期，美国和英国的啤酒品种锐减。在美国，大型的拉格啤酒酿酒商通过排挤或兼并小型啤酒厂来继续他们大规模的、以市场为导向的扩张。至 20 世纪 50 年代末期，出现了美国前 10 位啤酒公司控制着 69%的啤酒市场的局面。20 世纪 60～70 年代，大型啤酒酿酒商的规模继续增加，到了 80 年代，前 10 位的酿酒商生产的啤酒占据了美国 93%的啤酒市场（表 7.1）。

这些酿酒商包括帕布斯特（蓝带）、施利茨、安海希-布什（百威）、米勒、施特罗、康胜等，他们都生产相同的啤酒——美式拉格，添加大量的辅料酿造，酒花苦味值仅为 15～20 IBU，这种新鲜的淡爽型拉格成为美国啤酒酿造业的标志，其他类型的啤酒只占据很小的份额。美国酿造的艾尔啤酒很少，地区性酿酒商和拉格啤酒酿酒商酿造的许多"艾尔"啤酒只是提高了拉格啤酒的原麦汁浓度，并在艾尔酵母发酵温度下进行发酵，结果导致啤酒有酯香但有硫臭味。

一个坚持奋斗的品牌是百龄坛 IPA，该款啤酒仍然保持较高的原麦汁浓度和酒花添加量。20 世纪 60 年代，当从新泽西移至罗德岛生产后，该品牌被收购了，并开始逐步调整配方，减少了陈贮时间，降低了酒精度和酒花添加量，改变了干投酒花工艺，最终去除了酒花干投和橡木桶陈贮，以至于 20 世纪 70 年代末期的百龄坛与 20 世纪 50～60 年代的大量酿造、酒花味浓郁、苦味浓重的百龄坛几乎没有相似之处。

在英国，木桶艾尔的产量也在明显下降，或许是因为 20 世纪中期酒吧酒窖店员的管理不善造成的，更重要的是不锈钢桶装艾尔生啤和瓶装艾尔在英国的啤酒包装中占据了主导地位。巴斯啤酒厂停止了欧洲 IPA 的生产，因为巴斯啤酒厂已

表 7.1 美国排名前 10 的酿酒商（1950～1980 年）

	1950 年		1960 年		1970 年		1980 年	
	啤酒厂	桶数	啤酒厂	桶数	啤酒厂	桶数	啤酒厂	桶数
1	约瑟夫施利茨公司	5 096 840	百威股份公司	8 477 099	百威股份公司	22 201 811	百威股份公司	50 200 000
2	百威股份公司	4 928 000	约瑟夫施利茨公司	5 694 000	约瑟夫施利茨公司	15 129 000	米勒酿造公司	37 300 000
3	百龄坛酿造公司	4 375 000	福斯塔夫酿造公司	4 915 000	帕布斯特酿造公司	10 517 000	帕布斯特公司	15 091 000
4	帕布斯特酿造公司	3 418 677	卡灵酿造公司	4 822 075	阿道夫康胜公司	7 277 076	约瑟夫施利茨公司	14 900 000
5	F&M 舍费尔公司	2 772 000	帕布斯特酿造公司	4 738 000	F&M 舍费尔公司	5 749 000	阿道夫康胜公司	13 800 000
6	利布曼兄弟公司	2 695 522	百龄坛父子公司	4 408 895	福斯塔夫酿造公司	5 386 133	海勒曼酿造公司	13 270 000
7	福斯塔夫酿造公司	2 286 707	西奥多海姆公司	3 907 040	米勒酿造公司	5 150 000	施特罗酿造公司	6 161 255
8	米勒酿造公司	2 105 706	F&M 舍费尔公司	3 202 500	卡灵酿造公司	4 819 000	奥林匹亚公司	6 091 000
9	布拉茨酿造公司	1 756 000	利布曼兄弟公司	2 950 268	西奥多海姆公司	4 470 000	福斯塔夫酿造公司	3 901 000
10	菲福酿造公司	1 618 077	米勒酿造公司	2 376 543	关联酿造公司	3 750 000	施密特父子公司	3 625 000
	美国啤酒总桶数	82 830 137	美国啤酒总桶数	87 912 847	美国啤酒总桶数	121 861 000	美国啤酒总桶数	176 311 699
	前 10 位啤酒厂占比	38%	前 10 位啤酒厂占比	52%	前 10 位啤酒厂占比	69%	前 10 位啤酒厂占比	93%

资料来源：BeerHistory.com，*Shakeout in the Brewing Industry*，2011。

注：表中数据完美诠释了精酿革命前美国啤酒工业的合并与同质化。

主要酿造不锈钢桶装艾尔啤酒，尽管沃辛顿白盾啤酒厂还在生产，但是产量也在下降。IPA 的酿造仍在进行，20 世纪仍然在酿造"格林王 IPA"和其他的低酒精度 IPA，但是当时传统 IPA 的最好代表（英国沃辛顿白盾 IPA、英国菲林福双料钻石 IPA 及美国百龄坛 IPA）已在偏离原有的啤酒风格。

20 世纪 60 年代早期，淡艾尔啤酒是英国最受欢迎的啤酒。十年之后，巴氏杀菌的、瓶装的、桶装的苦啤开始日趋流行。70 年代，易拉罐啤酒变得越来越普遍，随着这些包装的流行，啤酒的酒精度和苦味值也随之降低，非常类似于美国和加拿大的情况。60 年代末期，拉格啤酒在英国啤酒市场占据了市场制高点，如嘉士伯啤酒（Carlsberg）、卡灵啤酒（Carling）和竖琴啤酒（Harp）开始大行其道，到了 70 年代中期占据了 20%的市场份额。

随着英国和美国啤酒工业的同质化，所发生的几个重大事件标志着啤酒革命的开始，最终又回归到了啤酒的多样性和不同风味。

1971 年，英国出现了"真正艾尔运动"（Campaign for Real Ale，CAMRA），这是对不锈钢苦啤和拉格啤酒异常成功的响应，这会威胁到传统木桶啤酒品牌，而这些木桶啤酒品牌对于英国酿酒历史和文化具有重要的意义。"真正艾尔运动"声势浩大，对拉格啤酒造成了冲击。尽管木桶艾尔啤酒还在继续致力于反对英国酿酒商与持续强劲的拉格啤酒厂（如卡灵、福斯特）的合并，但是现在桶装苦啤已经从英国啤酒舞台中消失了。

在 1965 年的美国，弗里茨·梅塔格，一名斯坦福大学的毕业生，用家族资金购买了旧金山倒闭的船锚啤酒厂。这是硕果仅存的一家酿酒商，曾经酿造的蒸汽啤酒随处可见，该蒸汽啤酒是一款琥珀色的拉格啤酒，具有浓重的酒花苦味，在室温下发酵。禁酒令之前，蒸汽啤酒在加州非常流行，因为 18 世纪中期、淘金热潮前后，很多德国训练有素的酿酒师就定居在旧金山海湾地区，尽管这些酿酒师不容易得到冰，但是他们发现可以利用凉爽的海岸夜晚和雾天来保持发酵温度，以酿造出风味可口的拉格啤酒。

当梅塔格收购船锚啤酒厂时，酒厂处于濒临破产的边缘。船锚蒸汽啤酒在旧金山销量有限，而且受微生物和风味一致性的困扰。接下来的几年，梅塔格试图整顿啤酒厂来重振船锚啤酒品牌。1973 年，他停止了增加啤酒色度来酿造深色版本的蒸汽啤酒，并且计划生产一款传统波特啤酒来替代它。

梅塔格去了美国新英格兰地区的预科学校，在那里他开始喜爱上传统的艾尔啤酒（如百龄坛），他痴迷于啤酒的酿造历史和传统的酿造过程，在欧洲进行了大量研究，特别研究了当时不再流行的啤酒风格。例如，当他构想船锚波特啤酒时，很可能在英国都已经没人在酿造波特啤酒了；当他决定酿造"老雾角大麦烈性艾尔"（Old Foghorn Barleywine Style Ale）时，那时的大麦烈性艾尔是一款英国老年妇女饮品，常包装在被称为"啜饮"的小瓶中，是啤酒爱好者嘲笑的对象。

1973 年，梅塔格和杰克·麦克德莫特去英国旅行，探索真正的艾尔啤酒，他们想要在船锚啤酒厂酿造一款艾尔啤酒。那时，在西海岸没人酿造艾尔啤酒（西雅图雷尼尔艾尔啤酒除外），他们去英国的目的是希望可以找到正宗的艾尔啤酒进行研究，但他们对当时英国酿造的乏味的啤酒感到很失望，不过他们学到了糖浆的使用方法及酒花干投技术。

　　船锚自由艾尔的第一个版本（图 7.1 左）诞生于 1975 年早期，是为了纪念美国爱国者保罗·里维尔（Paul Revere）骑行 200 周年而酿。前 50 桶采用浸出糖化法，并且添加糖浆，就像两年前他们在旅途中品尝的那些英式艾尔啤酒一样，采用哈拉道（Hallertau）酒花酿造，酒花味浓重，并以艾尔酵母发酵而成（其他啤酒采用拉格酵母），但酿出的啤酒太苦，受到很多人的批评。船锚团队成员没有气馁，又重新构思推出了 1975 年圣诞艾尔，这是啤酒厂第一款季节啤酒。酿酒师去除了配方中的糖，采用全麦芽酿造，第一次采用相对新型的卡斯卡特酒花给啤酒增苦、赋味，并将其用作干投酒花，其苦味高达 40 IBU。新的"自由艾尔"（Liberty Ale）每年假期都会生产，一直持续到 1984 年，然后成为了船锚啤酒厂全年生产的啤酒。

　　船锚自由艾尔（图 7.1 右）是第一款以卡斯卡特酒花作为主要香气，并将卡斯卡特作为干投酒花的啤酒，具有明显的柑橘味和西柚味。尽管船锚啤酒厂官方没有将其称为 IPA，但这是自百龄坛 IPA 以来的第一款美式 IPA，而百龄坛 IPA 一直是船锚 IPA 的效仿对象。事实上，船锚酿酒公司的长期酿酒大师马克·卡彭特（Mark Carpenter）说，"自由艾尔"肯定是受到了弗里茨·梅塔格热爱原始百龄坛 IPA 的影响。

图 7.1　原来的船锚自由艾尔（左）和现在的船锚自由艾尔（右），
图片由 Mark Carpenter 友情提供

另一款受老式百龄坛 IPA 启发所酿造的美式 IPA 是庆典艾尔，最初是由内华达山脉酿酒公司于 1981 年酿造的。肯·格罗斯曼（Ken Grossman）——内华达山脉酿酒公司的拥有者，从 20 世纪 60 年代末期开始酿造啤酒，当时他在加州南部拥有一个家酿啤酒商店，他对酒花的热爱也是起源于他在商店销售整酒花的时候。格罗斯曼每年都会去雅基玛山谷朝圣，并且购买所有可以得到的酒花（包括剩余的），他将其中一磅重的长方形"酿酒师切块"定期送给专业的酿酒商，让他们评估和选择。由于格罗斯曼购买了所有可获得的酒花，所以他使用了很多（但不是全部）可以利用的美国酒花进行酿造，包括科拉斯特、纯金、酿金和新品牌卡斯卡特酒花。

　　像梅塔格一样，格罗斯曼也发现了这款新型的、具有柑橘味和西柚味、超级喜欢的卡斯卡特酒花，当格罗斯曼和保罗开创内华达山脉啤酒厂时，他们使用卡斯卡特和其他美国香型酒花酿造啤酒。"内华达山脉淡色艾尔"（Sierra Nevada Pale Ale）啤酒的酿造采用传统的英国酒花回收罐工艺，将酒花球果放在筛板上，将煮沸锅中的麦汁输送到装有酒花的酒花回收罐，然后流入回旋沉淀槽，使啤酒具有卡斯卡特酒花的风味。

　　1981 年秋天，当内华达山脉在构思第一款圣诞啤酒时，格罗斯曼在其每年一度前往雅基玛旅游的途中，碰巧走进了一片新培育的卡斯卡特酒花田，他决定酿造新啤酒时使用它们。他记得在 20 世纪 60 年代末饮用百龄坛 IPA 的感觉，受此启发想酿造一款 IPA 来纪念一下。并非偶然，许多人认为内华达山脉的酵母菌株来源于百龄坛酵母菌株，该酵母产酯低，能彰显酒花和麦芽的特征，这完全是内华达山脉啤酒的特征，这也是内华达山脉酿酒公司第一次采用酒花干投技术。酿酒师在干投酒花时采用了新培育的卡斯卡特酒花，在转移啤酒之前将装满酒花的网格袋放置在清酒罐之中，于是就酿成了"内华达山脉庆典艾尔"（Sierra Nevada Celebration Ale），它是一款呈深琥珀色、酒花味浓郁的苦啤酒。自 1981 年首次酿造之后，每年都会推出一款最受欢迎的庆典艾尔。

　　如梅塔格一样，格罗斯曼回想起他去英国旅行研究艾尔啤酒、酿造历史和传统的过程，对当时英国酿造的同质化啤酒感到非常失望。20 世纪 80 年代，他与啤酒作家迈克尔·杰克逊一同去了英国，然后返回美国，更加坚信美国酒花品种具有鲜明而浓重的风味潜力。

　　尽管"船锚自由艾尔"和"内华达山脉庆典艾尔"是最早的两款美国精酿 IPA，但是美国精酿啤酒师第一次使用"IPA"名称的却是伯特·格兰特（Bert Grant），其"格兰特 IPA"是 1983 年首次在华盛顿雅基玛酿造的。

　　伯特·格兰特出生在苏格兰，当他还是学步儿童时全家搬到了加拿大。在多伦多附近读高中时，他是一位化学神童，16 岁时就被加拿大啤酒厂聘用为化学家，其余生都在啤酒厂工作，先是在加拿大啤酒厂担任职位，之后被兰伯特酿酒公司聘为酿酒研究和创新主管。20 世纪 60 年代，失意于啤酒的"同质化"，格兰特进入酒花供应商斯丹纳（Steiner）公司工作，并搬到雅基玛，其工作是研发酒花颗粒生产工序、研究新型酒花品种。

在雅基玛，格兰特在地下室创建了一个中试啤酒间，酿造自己喜爱的基于传统艾尔风格、酒花味十足的苦味啤酒。他使用自己培养的酵母，酿造人们喜爱的啤酒，1982 年有人说服他在雅基玛创建了自己的啤酒厂，他的第一款啤酒是苏格兰艾尔，比公认的啤酒风格更富有酒花味，在他看来"所有的啤酒都应该呈现出丰富的酒花味"。1983 年，他开始酿造"格兰特 IPA"（Grant's IPA）（图 7.2），这是继百龄坛 IPA 之外的另一款值得肯定的瓶装 IPA。

图 7.2　这是两个版本的 6 瓶装格兰特 IPA，图片由 *BeerLabels.com* 网站提供

"格兰特 IPA" 采用 100%淡色艾尔麦芽和格丽娜（Galena）、卡斯卡特酒花酿造，原麦汁浓度为 12°P，残余麦汁浓度低至 2.8°P，啤酒口味干爽，酒精度为 5%，大量添加酒花，苦味值达到了 50～60 IBU，这是当时最富有酒花风味的啤酒之一，格兰特的酵母菌株也呈现辛香风味。啤酒作家迈克尔·杰克逊为格兰特撰写传记时，回忆起他第一次品尝到"格兰特 IPA"的感觉："我被这款啤酒的苦味值震惊到了，我认为我喜欢这款啤酒的苦味，天啊，他真的在酿造这款啤酒！伯特真的希望人们购买这款啤酒吗（苦味值太高了）？"

伯特·格兰特是美国第一批精酿啤酒师之一，并为许多酿酒师展示了一种成功的效仿模式：酿造你喜欢喝的啤酒，消费者就会随之而来。格兰特并不害怕引起争议，他带着一小瓶酒花油四处旅行，并将一定剂量的酒花油添加到他认为酒花味不突出的啤酒中（20 世纪 80 年代的啤酒几乎都如此），这使他结交了一些朋友和批评者。他是美国精酿啤酒行业真正的先锋，2003 年去世，享年 74 岁，但是他传奇的酿酒生涯与广受欢迎的 IPA 同在，而 IPA 已无可争辩地成为美国精酿啤酒最常见的酿造类型。

卡斯卡特酒花的故事

20 世纪 30 年代，乔治·西格尔（George Segal），一位来自于纽约的奶酪商人，在禁酒令期间发现了糖果商店中销售的酒花花朵，于是对酒花农场种植产生了浓厚的兴趣。20 世纪 40 年代，随着禁酒令的解除，他在纽约北部的富兰克林湖地区购买了土地，并开始种植酒花，成功种植了几个品种，并进行出售，如科拉斯特、北酿和纯金酒花。他将农业种植区域扩大至加州的索诺玛郡，在那里他创建了索诺玛郡科拉斯特种植合作社（Sonoma County Cluster Growers Cooperative）。

20 世纪 50 年代，西格尔在华盛顿的格兰德维尤（Grandview）（靠近雅基玛）购买了 60 公顷（1 公顷=10 000 平方米）的农场地，并在那里开始种植酒花，这次搬迁到格兰德维尤完全是偶然的，因为 20 世纪 50 年代纽约州的酒花种植业几乎被霜霉病彻底毁灭了。更糟糕的是，人们使用一种七氯杀菌剂来清除酒花霜霉病，但是杀菌剂对土壤进行了破坏，致使土地不再适于种植酒花。

乔治的儿子约翰·西格尔（John Segal）于 1960 年抛弃了纽约农场，全家搬到了格兰德维尤，并经营酒花农场，他也参与了俄勒冈州和华盛顿农业部组织的酒花研究项目。

1968 年，第一株实验酒花品种（编号为 56013）在靠近俄勒冈州塞伦的 Mission Bottom 农场收获，该农场主卡尔（Carl）、唐·韦瑟斯（Don Weathers）与美国农业部酒花研究者阿尔·豪诺尔德（Al Haunold）一起工作。美国酿酒师协会酒花研究委员会提供了一笔充足的资金，以在两英亩的中试基地上小规模种植该新型酒花品种，研究的目的在于分析酿酒师的兴趣，并进一步研究这个新型酒花品种的生长条件和品种特性，俄勒冈州农业部酒花培育者斯坦·布鲁克斯（Stan Brooks）曾于 20 世纪 50 年代末期培育过该酒花。尽管进行了积极的评估（例如用双手揉搓酒花，破坏蛇麻腺来定性评估香味），但最初培育的该酒花品种只是抗白粉病的潜在替代品种，产量较低却非常受欢迎，不过大型酿酒商对德国哈拉道中早熟酒花并不感兴趣。

1970 年，在华盛顿普罗瑟的农业部酒花研究集团工作的查克·齐默尔曼（Chuck Zimmerman）将 56013 号酒花给了约翰·西格尔（John Segal），并鼓励他进行小面积的种植。西格尔开始了 3 英亩陆地种植试验，并将酒花展示给康胜公司的威拉德·海斯（Willard Hayes）和其他酿酒师，试图引起他们的兴趣，因为他认为这是一个非常特别的新型酒花品种。

西格尔继续钟情于 56013 号酒花，他每年都种植，乐观地认为一些酿酒师最终会意识到其价值，并开始使用它。但是，大型酿酒商还是不愿意使用这种酒花，直到 20 世纪 60 年代末期和 70 年代早期黄萎病严重侵染了德国贵族酒花——哈拉道泰特昂（Hallertau，Tettnang）酒花，这造成了酒花价格的上涨。

　　1972 年，56013 号酒花被更名为卡斯卡特（意为层峦叠嶂）酒花，以致敬大西洋西北山脉，才得以面向公众。康胜公司愿意以每磅一美元的价格购买一些酒花，这是其他美国种植的酒花（如科拉斯特和法格尔酒花）价格的两倍。西格尔也与船锚酿酒公司的弗里茨·梅塔格（Fritz Maytag）建立了联系，最终梅塔格将卡斯卡特酒花用于"自由艾尔"啤酒的酿造过程中。作为华盛顿州酒花种植协会的领导，西格尔愿意出售卡斯卡特酒花的根茎给其他种植者，20 世纪70 年代这种独特的酒花迅速流行起来。20 世纪 80 年代，这种既有柑橘风味又有西柚风味的卡斯卡特酒花便成为精酿啤酒酒花特性的标志，不使用卡斯卡特酒花酿造的淡色艾尔成为游离于该规则的例外，20 世纪 90 年代，当它们变得更加流行的时候，便成为精酿 IPA 的偏爱酒花。时至今日，卡斯卡特酒花依旧是最受欢迎的精酿酒花品种之一。

　　想象一下，如果没有卡斯卡特酒花，现在的啤酒酿造界将会是一个完全不同的景象。卡斯卡特酒花的成功使得其他含有柑橘香气的美国酒花品种也变得流行起来（如世纪酒花和奇努克酒花），种植者和农场主开始乐于尝试培育其他新型的、香气浓重的品种。

　　每年都会有很多有潜力的新酒花品种面向市场，但是很少会进行商业生产，或是因为不良的生长特性，或是因为没有人相信这种酒花具有对啤酒厂产生积极影响的潜力。卡斯卡特早期也遭受过这种相似的经历，我们应该感谢斯坦·布鲁克斯、阿尔·豪诺尔德、查克·齐默尔曼有前瞻性的努力，以及西格尔家族对卡斯卡特酒花的坚定信念。

　　农业部登记号：56013

　　选材：俄勒冈州科瓦利斯在 1956 年精选的幼苗 55187

　　属：葎草属

　　种：酒花

　　品种：卡斯卡特

　　谱系：1955 年农业部收集的种子 19124，由法格尔酒花与俄罗斯 Serebrianka 法格尔酒花杂交而来

　　首发点：美国农业部世界酒花品种收集中心，俄勒冈州立大学东部农场

　　起源：1955 年开放授粉种子，1956 年斯坦·布鲁克斯收集种子

　　收到日期：1956 年

　　收到方式：种子

　　效益：商业品种，没有限制

参考文献（略）

成熟度：中度至中后熟

叶片颜色：中度绿色至深绿色

性别：雌性，偶然产生一些不育雄性

疾病：霜霉病，花冠具有抗性，嫩枝和圆锥球果中度敏感

黄萎病：中度敏感

病毒：最初感染所有酒花病毒，通过培养茎尖和热处理可以清除这些病毒。

美国农业部新登记的编号为 21092

活力：很好

产量：很好，1800～2200 磅/英亩

侧臂长度：24～30 英寸

α-酸：6.2%（10 年内的范围 5.1%～8.5%）

β-酸：5.0%（10 年内的范围 4.0%～6.6%）

异葎草酮：33%～36%

贮存稳定性：不好

酒花油：1.27ml/100g（10 年内的范围 0.62～1.8）

主要性状：对霜霉病有花冠抗性，α-酸与 β-酸比值与欧洲酒花相近

其他信息：在啤酒厂作为香型酒花混合使用。1986 年，2256 英亩的产量为 443 万磅，占据美国酒花产量的 9%；适于在俄勒冈州、华盛顿和爱达荷州生长；1997 年，在华盛顿 1037 英亩的产量为 20 亿磅。

　　20 世纪 80 年代中期，内华达山脉酿酒公司、船锚酿酒公司、格兰特雅基玛酿造与制麦公司开始看到了成功，美国精酿工业开始了其真正意义的增长，整个国家的任何地区都有小型啤酒厂和酿造酒吧开业，众多啤酒厂集中创建于旧金山加州海湾地区、科罗拉州的博尔德，以及大西洋西北部的俄勒冈州波特兰、华盛顿的西雅图。这些微型啤酒厂和酿造酒吧提供具有特定风味的特种啤酒，这在 20 世纪 80 年代中期是很不寻常的，当时啤酒市场几乎被大型美国啤酒厂所垄断。这些首批微型啤酒厂取得了不同程度的成功，但被品质和一致性问题所困扰，有一些没有幸存下来。然而，改变的种子已经种下，20 世纪 80 年代中期，酿造酒吧和微型啤酒厂的开业浪潮席卷了整个美国，精酿啤酒厂迎来了黄金发展期。

　　20 世纪 80 年代，许多精酿啤酒厂开始使用传统的英国酿造生产流程，采用小型的酿造系统生产，该系统包括糖化锅与过滤槽的组合、煮沸锅与回旋沉淀槽的组合，或者带有英式酒花回收罐。采用浸出糖化法，许多酿酒师使用全麦芽酿

造啤酒，啤酒类型通常为英式风格，有淡色艾尔、琥珀艾尔，以及黑色的波特或者世涛。在这些酿酒师中，有很多人都是从家酿酒师做起的（家酿合法化是 20 世纪 70 年代由吉米·卡特总统通过的）。此前的家酿书籍几乎都是英国作家的著作，直到美国作家查理·帕帕济安（Charlie Papazian）《完整快乐的家酿》（*The Complete Joy of Homebrewing*）一书出版，这或许可以解释为什么在精酿工业刚开始的时候，英式酿造工艺会占据主要地位。

随着家酿的流行，以及家酿商店在美国各地的出现，有天赋的酿酒师开始寻找机会使他们的爱好变得更加专业。许多酿酒师从"内华达山脉庆典艾尔"和"船锚自由艾尔"的酿造中受到启发，他们在家中和酿造酒吧中致力于酿造 IPA 风格的啤酒，如此啤酒消费者在家、在酒吧都能享受到由酒花带来的味觉刺激。

美式 IPA 的起源：来自于一位精酿先驱的角度（Teri Fahrendorf 撰文）

我尝过的第一款 IPA，我不知道它是 IPA。20 世纪 80 年代中期，我是旧金山海湾地区的家酿酒师，一名商业程序员。在威斯康星上大学的时候酿过葡萄酒，当搬迁至加州之后，我转向了家酿啤酒，因为那里的好葡萄酒很便宜，我也要酿造好喝而便宜的啤酒。

圣安德烈亚斯麦芽（San Andreas Malts）是当地的家酿俱乐部，我们中的很多人不仅很快成为朋友，而且在 20 世纪 80 年代末期，我们中的 10 个人成为职业家酿师。我仍然记得与未来的职业家酿伙伴格兰特·约翰斯顿（Grant Johnston）、艾德·特林加利（Ed Tringali）、亚力克·莫斯（Alec Moss）、菲尔·莫勒（Phil Moeller），以及其他人一起喝"船锚自由艾尔"啤酒时的场景，当时我们不知道"船锚自由艾尔"是一款 IPA，标签上也没有表明，它是一款非常美味的啤酒，所以当我无知并真诚地告诉你，我喝的第一款商业 IPA 是我自己酿造的，还请原谅我。

没有其他的啤酒会和美式 IPA 一样，尽管"船锚自由艾尔"是美式 IPA 的原始复兴版本，那时最神圣的美式 IPA 是"百龄坛 IPA"，但是"百龄坛 IPA"早在 20 年前就已经停止酿造了，所以我们竭尽所能读懂 IPA。无论在哪里看到 IPA，我们都会如饥似渴地学习其酿造技术与历史信息：迈克尔·杰克逊 1977 年出版的《世界啤酒指南》（*World Guide to Beer*）是我们的 IPA "圣经"，查理·帕帕济安和拜伦·伯奇（Byron Burch）的家酿书籍是我们的工艺技术手册，只不过遗漏了一件事，那就是没有复制一份历史 IPA 的啤酒配方。

为什么我们要复制这款历史风格的啤酒呢？不仅仅是因为这里没有美国版本的啤酒可以品尝，还因为也没有英式版本的 IPA 了，因为英国惩罚性消费税法限制酒精含量，其 IPA 也被用水稀释浓度和苦味了，如同美国工业拉格啤酒。

网络上也没有查询到相关信息或者合同，但是我的朋友格兰特·约翰斯顿（Grant Johnston）得到了德顿公园啤酒俱乐部（Durden Park Beer Club）啤酒配方的复制品。德顿公园啤酒俱乐部是一个英国家酿历史学家的组织，他们致力于研究英国酿造商的古代酿造日志，如巴斯、惠特布雷德和马斯顿啤酒厂，这些人仔细品尝、复制配方并推出了家酿系统。我们开始用英国原料酿造英式IPA，但是我们至今还没有品尝一款这种风格的商业啤酒。

1988年，当我在芝加哥西贝尔研究所（Sibel Institute）读书时，我参加了美国啤酒节（Great American Beer Festival，GABF）。事实上，我是在那届啤酒节上决心成为一个专业酿酒师的。在啤酒节期间，我遇到了弗雷德·艾克哈特（Fred Eckhardt），他在销售即将出版的书籍《啤酒类型概要》（*The Essentials of Beer Style*）的复印版，他的书成为了我设计配方的"圣经"，书中不仅包含每种可以买得到的商业啤酒类型名单，并且还罗列着他们所使用的传统麦芽和酒花，在他最初的版本中，我记得慕尼黑麦芽、东肯特酒花、斯蒂润哥尔丁酒花是酿造IPA常用的原料。

从西贝尔研究所毕业并寻找了工作之后，我在一家啤酒厂短暂工作，随后去了加州伯克利三石酿造公司（Triple Rock Brewing Company）担任主酿酒师一职。那时，我经历了公司倒闭、老板拖欠工资（这是我的第一份酿造工作），我也很清楚，我采用的原料决定着酿造酒吧的生存能力，所以我所做的第一个专业性决定是坚持我的哲学：我是一个美国酿酒师，使用美国原料，酿造美式啤酒。这听起来很傲慢，但是这可以为我的整个酿造生涯赢得薪水。

在三石酿造公司我开始考虑酿造一款IPA，因此很自然地我想要酿造一款能够体现出进口英国麦芽、德国麦芽及进口酒花的风味。我也喜欢让人们震惊一下，因为当时采用美国原料酿造IPA被认为是不正宗的；采用苦型酒花增加啤酒香气也是让人非常震惊的，所以我选择了奇努克酒花作为香型酒花之一，并将其作为唯一进行干投的酒花。

三石酿造公司已经有一款IPA了，称为"甘地·格罗格IPA"（Gandhi's Grog IPA），其苦味值是35 IBU。我重新设计了配方，以避免结晶麦芽和焦香麦芽的风味，因为我感觉那不是传统的味道，并且还将苦味值增加到了40 IBU。是的，我想让我的酿酒朋友吃惊，但我更希望消费者购买我的啤酒，40 IBU在1989年是非常常见的。

之后，我搬至了俄勒冈州的尤金，成为虹鳟鱼酿酒公司（Steelhead Brewing Company）的酿酒大师（brewmaster）。1991年1月22日，虹鳟鱼酿酒公司将一款生啤版本的IPA作为季节性啤酒，从此就再没有离开过吧台的酒头。我认

> 为"孟买轰炸机"（Bombay Bomber）是美国任何酿造酒吧持续作为标准旗舰啤酒的第一款 IPA，并且很快引领了潮流，当地人总是会点一品脱"孟买轰炸机"，其苦味值为 57 IBU（尽管我的计算值是 45 IBU，但当我进行苦味值检测时，结果显示为 57 IBU），在 1991 年这个苦味值是非常高的。

　　随着 20 世纪 90 年代美国精酿运动的持续进行，酿酒师更愿意酿造突出酒花味的啤酒挑战消费者的味觉，IPA 成为很多啤酒厂全年生产的主要产品，而不是季节性或者特别推行的啤酒。几种新型美国酒花品种更是起到了助推作用，其中包括世纪酒花（最初称为"超级卡斯卡特"）、奇努克酒花、哥伦布酒花，再加上卡斯卡特酒花，这些酒花品种成为众所周知的"4C"酒花品种（英文首字母均为 C），并成为 20 世纪 90 年代酿造 IPA 啤酒的主打酒花。一些啤酒厂（如俄勒冈州尤金的虹鳟鱼酿酒公司、萨克拉门托的卢比孔河酿酒公司、波士顿的鱼叉（Harpoon）酿酒公司、圣地亚哥的比萨港酿酒公司、加州特曼库拉的盲猪酿酒公司、纽约的布鲁克林酿酒公司、俄勒冈州波特兰布里奇波特酿酒公司、新罕布什尔州的勒克瑙酿酒公司）就是由于他们的旗舰 IPA 而被众人知晓。

　　20 世纪 90 年代末期，美国的许多艾尔啤酒厂至少会酿造一款 IPA，随着酿酒商在非正式而友好的、高人一等的比赛中生产了更多更加浓重版本的啤酒，啤酒分类也随之增加了。IPA 这种原始精酿版本的风格正在从以结晶麦芽酿造的突出酒花风味的淡色艾尔变为采用最低色度麦芽酿造、酒花苦味和风味持续增强的啤酒。随着新型酒花品种的应用，酿酒师也尝试将它们用于 IPA 的酿造，这就造成了一些酒花品种 [如亚麻黄（Amarillo）酒花和西姆科（Simcoe）酒花] 的流行，美国 IPA 的流行激发了酿酒师酿造更加浓重的版本——酒花炸弹，它是一款"双料 IPA"，或者"帝国 IPA"或其变种（例如，以比利时酵母发酵的"比利时 IPA"、"棕色 IPA"及"黑色 IPA"等）。美国精酿啤酒厂（如波特酿酒公司、俄罗斯河酿酒公司、巨石啤酒公司、角鲨头啤酒厂、贝尔啤酒厂、三弗洛伊德酿酒公司等）就是由于酿造 IPA 而驰名，他们都有几款多种风格的 IPA。

　　英国的精酿运动也开始于 20 世纪 70 年代末期，几个小型啤酒厂开始生产真正的艾尔啤酒，在木桶内进行陈贮，没有人工饱和二氧化碳过程，遵循"真正艾尔运动"的指导原则。1982 年前印德·库普公司雇员杰夫·芒福德（Geoff Mumford）和布鲁斯·威尔金森（Bruce Wikinson）在其特伦特-伯顿的 15 桶规模的伯顿桥啤酒厂开始酿造传统艾尔啤酒，他们的一款酒精度为 7.5%的"帝国淡色艾尔"瓶装啤酒，就是效仿了 19 世纪后期至 20 世纪早期的"伯顿 IPA"，该款啤酒采用玛丽斯·奥特麦芽、"挑战者"酒花、"斯蒂润哥尔丁"酒花酿造而成，并在橡木桶内进行了长时间的陈贮。

英国格林尼治明太（Méantime）啤酒厂的酿酒大师阿拉斯泰尔·胡克（Alastair Hook）也酿造了一款历史版本的英式 IPA，采用了哥尔丁酒花和法格尔酒花，酒精度为 7.4%，苦味值为 75 IBU。最近，英国的索恩桥酿酒公司、暗星酿酒公司、酿酒狗酿酒公司都在其美式精酿版本的 IPA 中采用了美国酒花和新西兰酒花，而在传统英式版本 IPA 中却很少采用。

在英国，低酒精度 IPA 仍是很常见的，其中较为流行的有：苏格兰啤酒厂的"Deuchars IPA"（生啤的酒精含量为 3.8%，瓶装啤酒酒精含量为 4.5%，苦味值为 28 IBU，采用英国浅色麦芽、法格尔酒花、斯蒂润哥尔丁酒花、威廉姆特酒花酿造而成）、"格林王 IPA"（英国最流行的木桶啤酒之一，酒精含量为 3.6%，苦味值为 30 IBU，采用第一金酒花和挑战者酒花酿造而成），但这些啤酒与 19 世纪的 IPA 并没有太多相似之处，而"塞缪尔·史密斯印度艾尔"（酒精含量 5%）、"马斯顿古代帝王"（图 7.3）（尽管使用了卡斯卡特酒花）、"沃辛顿白盾"、"佛莱明娜·特拉法加 IPA"等啤酒则与 19 世纪的 IPA 有点儿相似。但是，与 19 世纪伯顿的传统方法相比，20 世纪后期酿造的 IPA 并没有大量干投酒花，也没有在木桶内长时间陈贮。英国酿造传统所面临的问题之一是现在的戒酒运动，啤酒包装上必须标注"酒精单位"和打击酗酒等措施都对戒酒起到了促进作用。

图 7.3   虽然马斯顿啤酒厂成立于 19 世纪早期的特伦特河畔-伯顿，但直至
20 世纪后期才酿造 IPA。图片由 John Trotter 友情提供

不同 IPA 的分析结果如表 7.2 中所列。

表 7.2 不同 IPA 的分析结果（2002 年）

品牌	啤酒厂	原麦汁浓度/°P	原麦汁比重	残糖/°P	残糖比重	外观浓度	酒精含量（V/V）	酒精含量（m/m）	真正浓度	真正发酵度	热量/cal	酸碱度（pH）	苦味值/IBU	色度（SRM）	色度（EBC）
Bridgeport IPA	Bridgeport Brewing Co.	13.55	1.054	2.93	1.012	3.00	5.56	4.45	5.00	64.8	180.6	4.16	50.0	10.2	20.09
India Ale	Samuel Smith Old Brewery	12.16	1.049	2.98	1.012	3.04	4.75	3.80	4.79	62.1	161.7	3.87	33.2	14.7	28.96
Greene King IPA	Greene King	9.42	1.038	2.66	1.011	2.72	3.43	2.74	4.02	58.2	124.2	3.99	28.4	15.0	29.55
Deuchars IPA	Caledonian Brewery	10.58	1.042	2.46	1.010	2.52	4.15	3.32	4.09	62.6	139.3	3.98	24.3	6.7	13.20
Indian Pale Ale	Harveys	7.78	1.031	2.24	1.009	2.29	2.82	2.26	3.31	58.4	101.6	3.97	26.4	10.1	19.90
James Squire IPA	Malt Shovel Brewery	13.21	1.053	3.54	1.014	3.62	5.05	4.04	5.44	60.5	177.5	4.08	26.9	13.6	26.79
Imperial Pale Ale	Maritime Pacific Brewing Co.	17.11	1.068	2.59	1.010	2.65	7.74	6.19	5.44	70.2	229.9	4.39	66.6	12.3	24.23
Indica IPA	Lost Coast Brewing	15.87	1.063	2.26	1.009	2.32	7.20	5.76	4.94	70.7	211.8	4.48	66.1	26.0	51.22
Full Sail IPA	Full Sail Brewing Co.	14.91	1.060	3.00	1.012	3.07	6.24	4.99	5.39	65.7	199.7	4.33	58.8	9.3	18.32
Woodstock IPA	MacTarnahan's Brewing Co.	14.91	1.060	3.02	1.012	3.09	6.24	4.99	5.39	65.7	199.7	4.45	48.4	14.9	29.35
ImPaled Ale (IPA)	Middle Ages Brewing Co.	13.77	1.055	3.38	1.013	3.45	5.43	4.34	5.43	62.3	184.6	3.96	52.1	15.2	29.94
Quail Springs IPA	Deschutes Brewery	14.35	1.057	3.00	1.012	3.07	5.94	4.75	5.26	65.1	191.9	4.23	41.9	8.8	17.34
Hop Ottin'IPA	Anderson Valley Brewing Co.	15.42	1.062	3.41	1.014	3.48	6.33	5.06	5.80	64.3	207.5	4.43	78.6	17.6	34.67
Pyramid India Pale Ale	Pyramid Breweries, Inc.	16.27	1.065	4.12	1.016	4.19	6.44	5.15	6.51	62.1	220.8	4.14	63.3	11.0	21.67
Wolaver's India Pale Ale	Panorama Beer Co.	15.09	1.060	2.98	1.012	3.05	6.36	5.09	5.39	66.1	202.2	4.51	42.9	11.0	21.67
Rogue XS Imperial Ale	Rogue Brewing	20.35	1.081	3.49	1.014	3.55	9.08	7.26	6.92	68.5	278.5	4.32	67.3	14.9	29.35
India Pale Ale	Cascade Lakes Brewing Co.	13.20	1.053	1.85	1.007	1.89	5.93	4.74	4.04	70.8	174.0	4.74	26.4	13.0	25.61

资料来源：Jurado, "A Pale Reflection on Ale Perfection" The Brewer International 2 (2002)。

或许，理解美国所酿 IPA 持续流行的一个好方法是回顾每年美国啤酒节的专业啤酒赛事（表 7.3、表 7.4），该啤酒节每年秋季在科罗拉多州的丹佛举行，这是全美国最大的啤酒节，该专业比赛有超过 100 位专业啤酒品评人员进行盲评，品评人员由各种规模啤酒厂的酿酒师、专业啤酒作家及其他具有啤酒感官品评的人员组成。

表 7.3　美国啤酒节：美式 IPA 获奖作品（1989～2011 年）

年份	金牌	银牌	铜牌	参加总数
1989	Rubicon IPA, Sacramento, CA	Anchor Liberty Ale, San Francisco, CA		
1990	Rubicon IPA, Sacramento, CA			
1991	Seabright Barking Rooster, Santa Cruz, CA	Breckenridge IPA, Colorado	Mendocino Blue Heron, Hopland, CA	
1992	Hubcap IPA, Dallas, TX	Seabright Barking Rooster, Santa Cruz, CA	Great Lakes Commodore Perry, Cleveland, OH	
1993	Estes Park Renegade Red, Estes Park, CO	Anchor Liberty Ale, San Francisco, CA	Coopersmith Punjabi, Fort Collins, CO	
1994	Hubcap Vail Pale Ale, Dallas, TX	Sierra Nevada Celebration Ale, Chico, CA		
1995	Hubcap Big D's Vail Pale Ale, Dallas, TX	Pacific Coast Columbus IPA, Oakland, CA	Il Vicino Wet Mountain IPA, Albuquerque, NM	
1996	Prescott Ponderosa IPA, Prescott, AZ	Blind Pig IPA, Temecula, CA	Pacific Brewing Co. India Pendence IPA, San Rafael, CA	
1997	Marin IPA, Larkspur, CA	Castle Springs Lucknow IPA, Moultonborough, NH	Brew Works Back Bay IPA, Boston, MA	
1998	Pike 5280 Roadhouse IPA, Seattle, WA	Bells Two-Hearted Ale, Kalamazoo, MI	Big Time Scarlet Fire IPA, Seattle, WA	
1999	Bear Republic Racer 5 IPA, Healdsburg, CA	Marin IPA, Larkspur, CA	Castle Springs Lucknow IPA, Moultonborough, NH	118
2000	SLO IPA, San Luis Obispo, CA	Stuft Pizza & Brewing Torrey Pines IPA, San Diego, CA	Hoptown IPA, Pleasanton, CA	89
2001	Sleeping Giant Tumbleweed IPA, Billings, MT	Pizza Port Wipeout IPA, Carlsbad, CA	Pelican Pub and Brewing India Pelican Ale, Pacific City, OR	98
2002	Drake's IPA, San Leandro, CA	Prescott Ponderosa IPA, Prescott, AZ	Big Time Scarlet Fire IPA, Seattle, WA	94
2003	Hoptown IPA, Pleasanton, CA	Two Rows Hopzilla IPA, Dallas, TX	On Tap Hop Maniac IPA, San Diego, CA	94

续表

年份	金牌	银牌	铜牌	参加总数
2004	Pelican Pub and Brewing India Pelican Ale, Pacific City, OR	Pizza Port Wipeout IPA, Carlsbad, CA	Schooner's Grille and Brewery IPA, Antioch, CA	93
2005	Santa Barbara Castle Rock IPA, Santa Barbara, CA	Oggi's Torrey Pines IPA, San Diego, CA	Alesmith IPA, San Diego, CA	102
2006	Bend Brewing Hophead Imperial IPA, Bend, OR	Bear Republic Apex IPA, Healdsburg, CA	Ram Restaurant and Big Horn Brewery Taildragger IPA, Boise, ID	94
2007	Odell IPA, Fort Collins, CO	Russian River Blind Pig IPA, Santa Rosa, CA	Mission El Camino IPA, San Diego, CA	120
2008	Firestone Walker Union Jack IPA, Paso Robles, CA	Russian River Blind Pig IPA, Santa Rosa, CA	Bend Brewing Hophead Imperial IPA, Bend, OR	104
2009	Firestone Walker Union Jack IPA, Paso Robles, CA	Ballast Point Sculpin IPA, San Diego, CA	Russian River Blind Pig IPA, Santa Rosa, CA	134
2010	Pizza Port Pseudo IPA, Carlsbad, CA	Fat Head's Head Hunter IPA, North Olmsted, OH	Lumberyard Extra IPA, Flagstaff, AZ	142
2011	La Cumbre Elevated IPA, Albuquerque, NM	Oskar Blues Deviant Dale's, Longmont, CO	Fat Head's Head Hunter IPA, North Olmsted, OH	176

表 7.4　美国啤酒节：英式 IPA 获奖者（2000～2011 年）

年份	金牌	银牌	铜牌	参与总数
2000	Goose Island IPA, Chicago, IL	Main Street Hop Daddy IPA, Corona, CA	Buckhead Brewery and Grill Renegade IPA, Stockbridge, GA	27
2001	SLO Progress, San Luis Obispo, CA	Mash House Hoppy Hour IPA, Fayetteville, NC	Goose Island IPA, Chicago, IL	24
2002	Firestone Walker IPA, Paso Robles, CA	SLO Progress, San Luis Obispo, CA	McCoy's Newcomb's IPA, Springfield, MO	25
2003	E. J. Phair IPA, Concord, CA	Bull & Bush Man Beer, Denver, CO	Utah Brewers Co-op Squatters IPA, Salt Lake City, UT	23
2004	Utah Brewers Co-op Squatters IPA, Salt Lake City, UT	Goose Island IPA, Chicago, IL	McCoy's Newcomb's IPA, Springfield, MO	26
2005	Sierra Nevada IPA, Chico, CA	Utah Brewers Co-op Squatters IPA, Salt Lake City, UT	Minneapolis Town Hall Brewery 1800, Minneapolis, MN	32

续表

年份	金牌	银牌	铜牌	参与总数
2006	Carolina Brewery IPA, Chapel Hill, NC	Pizza Port Beech Street Bitter, Carlsbad, CA	Triumph Bengal Gold IPA, New Hope, PA	26
2007	Utah Brewers Co-op Squatters IPA, Salt Lake City, UT	Goose Island IPA, Chicago, IL	Pizza Port Beech Street Bitter, Carlsbad, CA	38
2008	None	None	Main Street Hop Daddy IPA, Corona, CA	28
2009	Pizza Port Beech Street Bitter, Carlsbad, CA	Goose Island IPA, Chicago, IL	Brewers Alley India Pale Ale, Frederick, MD	40
2010	Pizza Port Beech Street Bitter, Carlsbad, CA	Mountain Sun Illusion Dweller, Boulder, CO	Samuel Adams Latitude 48, Boston, MA	32
2011	Sam Adams Latitude 48 Hallertau Mittlefrueh, Boston, MA	Napa Smith Organic IPA, Napa, CA	Deschutes Down 'n' Dirty IPA, Bend, OR	46

　　1982 年，第一届美国啤酒节有 22 个啤酒厂的 40 种啤酒参展，与会人员 800 名；1983 年开始对啤酒进行评判，直到 1987 年，均由啤酒节的与会人员进行评判，即所谓的"消费者偏好调查"；1987 年，开始采用专业盲评小组，使用非常基本的风格指南，包括艾尔啤酒、阿尔特啤酒及拉格啤酒；1988 年淡色艾尔啤酒被单独分类，金牌被"船锚自由艾尔"获得；1989 年，随着淡色艾尔啤酒参赛数量日益庞大，就将 IPA 进行了单独分类，"船锚自由艾尔"再次获奖，不过这次获得的是银牌，加州萨克拉门托河的菲尔·莫勒酿造的"卢比孔河 IPA"（Rubicon IPA）获得了金牌，1990 年再次蝉联金牌。

　　随着精酿在 20 世纪达到成熟，IPA 成为一些酿酒公司的招牌啤酒（表 7.5），包括虹鳟鱼（Steelhead）酿酒公司、鱼叉（Harpoon）酿酒公司和卢比孔河酿酒公司。在每年的美国啤酒节上，IPA 也成为参展最多、竞争最为激烈的品类之一。事实上，自 1999 年有记录以来，IPA 几乎都是每年参赛最多的品类（2000 年、2001 年除外），2000～2001 年美式 IPA 是继美国淡色艾尔之后的第二类参赛最多的品种，但是也有争议，如果将英式 IPA 作为一个单独的分类纳入总数，那么自 1999 年以来，IPA 都是每年的第一登记种类。

　　现在，美国啤酒节是一个三天的集会，参加的啤酒爱好者多达 5 万人，啤酒厂有 500 家，IPA 仍是最大的种类，它也是颁奖典礼最令人期待的奖项之一。

　　IPA 及其变种（双料 IPA、黑色 IPA、英式 IPA、比利时 IPA）仍旧是美国精酿啤酒最受欢迎的款式。美式 IPA 已经在英国、日本、澳大利亚、丹麦和其他国家被成功酿造，尽管卡斯卡特仍旧是酿造 IPA 最普遍的酒花，但是其他种类的酒花在 IPA 酿造过程中的使用频率也在不断增加，这些品种包括"世纪"、"奇努克"、

表 7.5　各地区多种精酿 IPA 分析

地区	啤酒厂	IPA 名字	酒精度	色度 (SRM)	最终麦汁比重 (SG)	最终麦汁浓度 /°P	初始比重 (SG)	原麦汁浓度 /°P	外观发酵度 /%	苦味值 /IBU
加利福尼亚州	Russian River	Blind Pig	6.65	7.3	1.009	2.4	1.060	15.0	83.92	60.5
加利福尼亚州	Bear Republic	Racer 5	7.44	8.7	1.014	3.7	1.071	17.7	78.68	61.8
加利福尼亚州	Port Brewing	Wipeout IPA	7.99	10.8	1.007	1.9	1.068	17.0	88.50	68.1
加利福尼亚州	Alesmith	IPA	7.25	7.7	1.009	2.2	1.064	15.9	85.81	75.3
加利福尼亚州	Green Flash	West Coast IPA	7.53	15.9	1.012	3.0	1.059	14.7	82.07	78.1
加利福尼亚州	Rogue	Brutal IPA	6.70	14.1	1.011	2.9	1.062	15.6	81.10	45.6
加利福尼亚州	Mission	IPA	7.66	10.6	1.008	2.1	1.066	16.5	87.21	65.9
加利福尼亚州	Lagunitas	IPA	6.50	8.7	1.012	3.0	1.061	15.4	79.76	48.6
加利福尼亚州	Firestone Walker	Union Jack IPA	7.82	7.9	1.010	2.6	1.069	17.4	84.41	65.5
加利福尼亚州	Stone Brewing Co.	IPA	6.90	9.0	1.012	2.9	1.064	16.0	81.88	75.0
西海岸	Maui Brewing	Big Swell IPA	6.25	8.6	1.010	2.6	1.058	14.5	81.78	60.5
太平洋西北部	Alaskan	IPA	6.04	7.1	1.010	2.7	1.057	14.2	80.54	45.6
太平洋西北部	Deschutes	Quail Springs IPA	6.00	10.0	1.017	4.2	1.061	15.3	72.40	50.0
太平洋西北部	Deschutes	Inversion IPA	6.80	12.0	1.018	4.4	1.067	16.8	73.80	80.0
洛矶山	New Belgium	Ranger IPA	6.71	7.9	1.009	2.2	1.060	14.9	84.89	63.4
洛矶山	Great Divide	Titan IPA	7.50	12.1	1.012	3.2	1.069	17.3	81.21	60.4
洛矶山	Avery Brewing	Avery IPA	6.81	7.1	1.005	1.4	1.057	14.4	89.82	65.6
洛矶山	Odell	IPA	7.00	9.5	1.013	3.2	1.066	16.5	80.50	60.0
中西部	Fat Head's	Headhunter IPA	7.50	8.5	1.014	2.5	1.068	17.0	80.00	87.0

续表

地区	啤酒厂	IPA 名字	酒精度	色度（SRM）	最终麦汁比重（SG）	最终麦汁浓度/°P	初始比重（SG）	原麦汁浓度/°P	外观发酵度/%	苦味值/IBU
中西部	Goose Island	IPA	5.95	10.0	1.018	4.6	1.062	15.5	70.30	55.0
东海岸	Brooklyn	East India IPA	7.30	10.0	1.010	2.7	1.066	16.5	83.60	48.0
东北部	Harpoon	IPA	5.90	8.6	1.012	2.9	1.062	15.5	81.29	42.0
东北部	Smuttynose	IPA	6.74	8.4	1.011	2.8	1.062	15.6	81.64	69.4
东北部	Southern Tier	IPA	6.65	10.9	1.013	3.4	1.064	16.0	78.03	57.3
东北部	Gritty McDuff's	21 IPA	6.84	17.3	1.013	3.3	1.065	16.2	79.32	47.3
东北部	Sebago	Frye's Leap	7.30	10.0	1.008	2.1	1.064	15.9	86.32	70.7
东北部	Shipyard	IPA	5.73	10.3	1.008	2.1	1.052	13.1	83.49	49.1
东北部	Blue Point	Hoptical Illusion	6.87	7.4	1.011	2.9	1.064	16.0	81.05	53.9
东北部	Anheuser-Busch	Demon's Hopyard	7.00	14.0	1.014	3.5	1.065	16.2	78.40	70.0
英国	Meantime	Meantime IPA	7.40	7.0	1.012	3.0	1.067	16.8	82.00	75.0
英国	Fuller's	Bengal Lancer IPA	5.30	10.7	1.012	3.0	1.053	13.3	77.40	50.0
英国	Worthington's	White Shield	5.60	13.2	1.009	2.2	1.052	13.1	82.90	40.0
英国	St. Peter's	IPA	5.59	13.9	1.011	2.8	1.054	13.5	78.86	59.6
英国	Samuel Smith	India Ale	5.31	10.7	1.010	2.5	1.051	12.7	79.74	46.2

"哥伦布"、"亚麻黄"和"西姆科"酒花。同时，酿酒师也持续借 IPA 作为媒介物展现新颖、令人兴奋的酒花品种，如新西兰"尼尔森·苏文"（Nelson Sauvin）酒花和"莫图伊卡"（Motueka）酒花、"英国目标"（English Target）酒花、日本"空知郡佼佼者"（Sorachi Ace）酒花，以及美国更新颖的酒花品种："西楚"（Citra）酒花、"海中女神"（Calypso）酒花。每年或每两年就会推出新型酒花，很多酿酒师都认为 IPA 啤酒是展示新型酒花品质的最好方式。

第8章
IPA 的变种

如果有疑问，那就多加点酒花。

——未知来源：美国精酿啤酒师经常重复说的话

浓郁的酒花味意味着幸福快乐。

——详见胜利啤酒厂"酒花快感"啤酒的商标

8.1　"双料/帝国 IPA"

有两种关于"双料/帝国 IPA"起源的观点，这种以风暴形式席卷精酿啤酒界的高酒精度、大量添加酒花的美式 IPA 诞生于 21 世纪早期。20 世纪 90 年代早期，罗格酿造公司（Rogue Brewing Company）的约翰·迈尔（John Maier）在一位酿酒师的鼓励下，酿造了半批口味烈、酒花味浓郁的浅色啤酒，命名为 IIPA，或者说是加州收税员朱迪·阿什沃斯对其命名的"我的二次方 PA"（IIPA）。从此 IIPA 成为罗格公司的主要代表作品，该款啤酒采用 100%玛丽斯·奥特麦芽，尽管之前干投酒花的数量一直维持在每桶啤酒添加一磅酒花，但是最近几年的酒花干投量也发生了变化。

1994 年，维尼·奇卢尔佐（Vinnie Cilurzo）酿造了第一款双料 IPA，这也是他在加州特曼库拉盲猪（Blind Pig）酿酒公司酿造的第一款啤酒。关于酿造这款"盲猪开厂艾尔"（Blind Pig Inaugural Ale）啤酒（双料 IPA），他表示"我们的酿造设备好古老、好粗糙，所以我想开始使用大型设备，坦白说，这样可以掩盖所有的异味。"他计算了那时的苦味值，应该在 100 IBU，在橡木桶陈贮了 9 个月，1995 年公司周年庆时大家进行了品尝。梅尔说，他和奇卢尔佐讨论了他们在酿造这款起源双料 IPA 中所扮演的角色，但是他们都不确定哪款双料 IPA 是最早酿造的，而且他们似乎对此也并不关心。

另一个早期版本是，双料 IPA 最早酿造于 1996 年，来自中西部的经验丰富的酿酒师蒂姆·瑞思特特尔（Tim Rastetter）在聚会之源（Party Source）啤酒厂（早期在肯塔基州的卡温顿，靠近辛辛那提）酿造的，和许多伟大的啤酒一样，这款啤酒也是一个美妙的意外。他在新啤酒车间酿造第一款啤酒时，蒂姆的原料收得率非常高（原麦汁浓度比预期要高），正如我们会采取额外的措施来加以弥补一样，他也添加了大量酒花，他将这款啤酒称为"VIP Ale"（或 Very India Pale Ale，即"很印度的淡色艾尔"）。

从 1997 年至 2001 年这 5 年的时间内，巨石啤酒公司的史蒂夫·瓦格纳（Steve Wagner）为了准备公司每周年的庆典 IPA，从奇卢尔佐的 IPA 中汲取了很多灵感："维尼酿造了一些不可思议的美味啤酒，我从他的想法中得到了启示，想出了他是怎样获得这些复杂的风味和香气，他很乐于分享信息和酿造工艺，由于他的影响，我每年都想为自己和啤酒爱好者酿造大量的 IPA，并向前辈维尼致敬。"

1997 年，巨石啤酒公司一周年活动所展示的艾尔啤酒就是"巨石 IPA"，这款啤酒成为该公司最畅销的啤酒，两周年时把该艾尔啤酒的酒花添加量进行了加倍，并且在三周年的艾尔啤酒中再次增加酒花添加量。2000 年，四周年的 IPA，瓦格纳把酒精含量增加到 8.5%，酿造出双料 IPA，到了五周年该啤酒的酒花含量继续增加，这使该啤酒的酒花添加量是普通巨石 IPA 的 4 倍。目前上市的就是酒精含量稍低的"巨石毁灭 IPA"（Stone Ruination IPA），于 2002 年问世，这是世界上第一个瓶装帝国 IPA 或双料 IPA。

加州的圣地亚哥波特啤酒厂也开始酿造添加大量啤酒花的 IPA。多年来，圣地亚哥独立的比萨港（Pizza Port）酿酒公司和橘子郡（Orange County）酿酒公司酿造的双料 IPA 在美国啤酒节上多次赢得奖牌，如"Hop 15"（用 15 种不同的酒花酿造而成）、"贫困人民的 IPA"（Poor Man's IPA）、"弗兰克 IPA"（Frank IPA）和"多尼希IPA"（Doheny IPA）。可以这样说，这么多年以来它们为双料 IPA 获奖奠定了标准。

奇卢尔佐酿造的"俄罗斯河普林尼长者"（Russian River Pliny the Elder）（图 8.1），是最有名的双料 IPA 之一，这款啤酒为大多数啤酒爱好者心目中的双料 IPA 制定了标准。奇卢尔佐叙述了事情的经过：

俄罗斯河啤酒公司是 2001 年第一个酿造"普林尼长者"的公司，并且是加州海沃德"维克和辛西亚乡村酒吧"举办的第一届双料 IPA 节的 12 个入围者之一，与我在盲猪啤酒公司酿造的双料 IPA 相比，我希望其酒精含量更高，这意味着需要添加更多的麦芽和葡萄糖。对于这款啤酒的命名，我们首先想到身材高大的东西，我们想了几个名字，但是并不令人为之一震。最终，奇卢尔佐的妻子娜塔莉（Natalie，也是俄罗斯河酿酒公司的联合所有人）浏览酿造字典时看到了酒花的名字（*Humulus lupulus*），这让我关注了"*Lupus salictarius*"一词，这是酒花最原始的植物学名字，可以大体翻译为"丛林中的狼"，因为酒花在杨柳林中野生，犹如狼在森林里漫游，这让我们想到了长者普林尼先生，正是这位罗马博物学家为酒花命名了其植物学名称。

图 8.1　　普林尼长者的商标，由 Vinnie Cilurzo 友情提供

　　其他酿造帝国 IPA 或双料 IPA 的先锋有：角鲨头（Dogfish Head）酿酒公司的"90 分钟 IPA"（90 Minute IPA，最早发布于 2001 年，其特点是在 90 分钟的煮沸时间内持续添加酒花）、贝尔（Bell）酿酒公司的"酒花冲击波"（Hopslam）、拉谷内塔酿酒公司的"酒花变奏曲"（Lagunita's Maximus）、莫伊兰酿酒公司的"酒花镰刀"（Moylan's Hopsickle）、韦耶巴克（Weyerbacher）酿酒公司的"西姆科双料 IPA"（Simcoe Double IPA）、三弗洛伊德酿酒公司（Three Floyd）的"勇者无惧"（Dreadnaught）等。

　　随着双料 IPA 在 21 世纪早期的持续流行，圣地亚哥地区的啤酒厂因为使该啤酒类型产量大增受到了很多赞誉，有些啤酒爱好者提议将这种风格的啤酒命名为"圣地亚哥淡色艾尔"。巨石啤酒公司、比萨港酿酒公司、今日（Oggi's）酿酒公司、艾尔斯密斯（Alesmith）酿酒公司和船舱停靠点（Ballast Point）酿酒公司都酿造出了伟大的双料 IPA，圣地亚哥成为大量添加酒花酿造 IPA 的中心。双料 IPA 在 2003 年的美国啤酒节上被归类为单独的啤酒类型，随着大众不断造访加利福尼亚的酿酒公司，IPA 变得越来越受欢迎。"帝国"这个概念是一种 IPA 的标准啤酒风格（表 8.1），这激励酿酒师来酿造其他类似的啤酒类型，包括帝国比尔森、帝国波特（类似于历史上的波罗的海波特）、帝国十月节啤酒等。

表 8.1　　美国啤酒节 2003～2011 年帝国 IPA 获奖作品

年份	金牌	银牌	铜牌	参与总数
2003	Pizza Port Frank Double IPA, Carlsbad, CA	Pizza Port Hop 15, Solana Beach, CA	Four Peaks Kiltlifter, Tempe, AZ	39
2004	Pizza Port Doheny Double IPA, San Clemente, CA	Pizza Port Frank Double IPA, Carlsbad, CA	Russian River Pliny the Elder, Santa Rosa, CA	48
2005	Russian River Pliny the Elder, Santa Rosa, CA	Pizza Port Hop 15, Solana Beach, CA	Marin Brewing Co. Eldridge Grade White Knuckle Double IPA, Larkspur, CA	59
2006	Russian River Pliny the Elder, Santa Rosa, CA	Pizza Port Poor Man's IPA, Carlsbad, CA	Oggi's Pizza Left Coast Hop Juice, San Clemente, CA	57

| | | | 续表 |
年份	金牌	银牌	铜牌	参与总数
2007	Moylan's Brewing Co. Hopsickle, Novato, CA	Moylan's Brewing Co. Moylander, Novato, CA	21st Amendment Double Trouble Imperial IPA, San Francisco, CA	72
2008	San Diego Hopnotic 2X IPA, San Diego, CA	Hollister Brewing Co. Hip-Hop Double IPA, Goleta, CA	Port Brewing and Lost Abbey Hop 15, San Marcos, CA	50
2009	Hopworks Urban Brewery Organic Ace of Spades Imperial IPA, Portland, OR	Drake's Brewing Co. Denogginizer, San Leandro, CA	Hollister Brewing Co. Hip-Hop Double IPA, Goleta, CA	77
2010	Pizza Port Doheny Double IPA, San Clemente, CA	21st Amendment Hop Crisis! San Francisco, CA	Trinity Brewhouse Decadence Imperial IPA, Providence, RI	97
2011	Kern River Citra Double IPA, Kernville, CA	Firestone Walker Double Jack, Paso Robles, CA	Epic Brewing Co. Imperial IPA, Salt Lake City, Utah	102

　　随着这种极端添加酒花的啤酒风格的流行，奇卢尔佐提出了"蛇麻腺阈值偏移（lupulin threshold shift）"一词，定义如下：

　　（1）当曾经非凡的、富含酒花的啤酒变得很普通时；

　　（2）当一个人渴望喝更苦的啤酒时所出现的现象；

　　（3）长期饮用大量添加酒花的啤酒；如果过量或者旷日持久饮用，所发生的依赖酒花的习惯；

　　（4）当双料 IPA 也不足以满足时[2]。

8.2　酿造双料 IPA

　　酿造双料 IPA 时，大多数的酿酒师都认为酿造的关键是使用的原料和工艺，都要让酒花真正发挥作用，这意味着减少或者去除结晶麦芽或着色麦芽，采用较低的转化休止温度和较长的休止时间，以将啤酒的甜味降至最低，并控制啤酒的酒精含量在 8%～10%。重要的是，要意识到酒精会增加酒体的醇厚感、丰满度或甜味，如果酒精度高于 10% 就会减弱酒花的特性。表 8.2 列举了 2012 年 "双料/帝国 IPA" 的指标分析。

　　麦芽配比应当简洁，此外，关于酿造糖，奇卢尔佐和来自比萨港酿酒公司的汤姆·阿瑟（Tomme Arthur）首选葡萄糖；关键是设计配方，与酒花的特点相比，麦芽特性要居于次要位置；当啤酒老化时，水晶麦芽很快会产生葡萄干和干果口味，这会掩盖酒花的风味，因此，酿造双料 IPA 时不建议使用结晶麦芽，奇卢尔佐和今日酿酒公司前主酿酒师汤姆·尼克（Tom Nickel）建议使用英国浅色麦芽或慕尼黑麦芽做基础麦芽来代替结晶麦芽，旨在提高啤酒中更多的麦芽属性，同时还不影响酒花的特点。

表 8.2　2012 年"双料 IPA/帝王 IPA"的分析

地区	啤酒厂	IPA 名字	酒精含量 (%, V/V)	色度 (SRM)	最终比重 (SG)	最终浓度 /°P	初始比重 (SG)	原麦汁浓度 /°P	外观发酵度 /%	苦味值/IBU
加利福尼亚	Russian River	Pliny the Elder	8.54	8.8	1.008	2.1	1.073	18.2	88.03	68.3
加利福尼亚	Coronado	Idiot IPA	8.73	11.5	1.007	1.8	1.073	18.2	89.71	83.2
加利福尼亚	Firestone Walker	Double Jack	9.32	9.0	1.011	2.9	1.081	20.3	85.40	65.6
加利福尼亚	Port Brewing	Mongo IPA	8.37	10.0	1.009	2.3	1.072	18.0	86.98	87.8
加利福尼亚	Port Brewing	Hop 15	10.00	10.0	1.012	3.0	1.088	22.0	86.40	71.0
加利福尼亚	Stone Brewing Co.	Ruination IPA	7.80	10.0	1.012	2.9	1.071	17.8	83.71	105.0
太平洋西北部	Deschutes	Hop Henge IPA	8.59	11.9	1.021	5.5	1.086	21.6	73.54	59.0
洛矶山	Great Divide	Hercules IPA	10.05	16.0	1.011	2.8	1.086	21.5	86.46	80.3
洛矶山	Oskar Blues	GUBNA	11.38	8.2	1.012	3.0	1.096	24.1	87.03	94.6
洛矶山	Avery	DuganA	8.50	8.2	1.011	2.7	1.072	18.0	84.70	60.0
东北部	Harpoon	Leviathan	10.14	11.2	1.012	3.0	1.088	21.9	85.64	72.1
东北部	Smuttynose	Big A IPA	9.88	11.0	1.015	3.8	1.089	22.2	82.09	92.0

当然，酿造双料 IPA 最重要的考虑因素就是酒花的添加。若成品啤酒的目标值为 80～100 IBU，除了要使用纯净和苦味强劲的酒花外，还要搭配香味浓郁的酒花以进行酒花干投，获得更浓重的酒花风味。任何一款 4C 酒花（奇努克 Chinook、世纪 Centennial、卡斯卡特 Cascade、哥伦布 Columbus），以及亚麻黄、西姆科、西楚、尼尔森·苏文等酒花品种都已成功应用于双料 IPA 的酿造，其酒花添加量往往是标准美式 IPA 的两倍或更多，可以分别在糖化阶段、第一麦汁中、发酵后期（干投）进行酒花添加。酿造双料 IPA 时，许多精酿啤酒师从来不会考虑使用酒花制品（例如，采用酒花浸膏来增加苦味或使用酒花油来增加酒花香气）来替代酒花颗粒。

酵母的选择也非常关键，选择一种酵母菌株很重要，其发酵性能要尽可能降低酯类物质含量和双乙酰含量，因为它们都会影响酒花风味。

8.3　黑色 IPA

至少从 19 世纪起，就已经开始酿造口味浓郁、极富酒花风味的深色艾尔啤酒了。干投酒花的烈性波特啤酒（著名的出口波特或东印度波特）定期从英国出口到印度及其他国家，大部分产品都是由巴斯（Bass）、惠特布雷德（Whitbread）、李氏（J. W. Lees）及巴克莱·帕金斯（Barclay Perkins）等公司酿造的，这些啤酒的原麦汁浓度大多为 16～18°P，每桶的酒花添加量为 3～5 磅，然后再在木桶中干投酒花。

1865 年，巴克莱·帕金斯公司酿造了一款出口波特（图 8.2），苦味值为 65 IBU；1880 年，李氏公司生产了富含酒花的深色"曼彻斯特之星"（Manchester Star）；啤酒作家弗兰克在其 1888 年所著的《现代酿造理论与实践》一书中描述采用硬水酿造的"巴斯深色艾尔"时，写到"其口感会令人想起伯顿公司生产的淡色艾尔啤酒"。有趣的是，该啤酒与今天的黑色 IPA 是一样的，其配方很类似，外观看起来像黑啤，但品尝起来却像美式 IPA。最近，历史上的一些富含酒花的深色啤酒被精酿啤酒师重新挖掘出来进行酿造，例如，马萨诸塞州的"好事"（Pretty Things）啤酒厂酿造了一款酒精含量为 6% 的东印度波特，其配方源自于 1855 年的伦敦；此外，美国布鲁克林（Brooklyn）啤酒厂的加勒特·奥利弗（Garrett Oliver）去英国曼彻斯特旅行时，在李氏公司酿造了一批"原创曼彻斯特之星"（图 8.3），现作为年度啤酒推出。

美国的精酿黑色 IPA 似乎起源于 1989 年或者 1990 年，当时佛蒙特州的格雷格·努南（Greg Noonan）在伯灵顿的酒吧啤酒厂酿造了一批"格子 IPA"（Tartan IPA，或许是受佛蒙特州泰特福德啤酒厂富含酒花的深红色艾尔的启发），这是一款口味

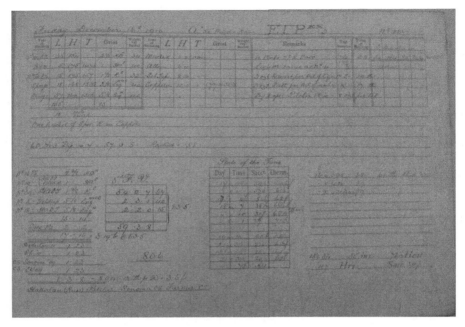

图 8.2　一款出口波特啤酒的配方，由 Ron Pattinson 友情提供

图 8.3　美国布鲁克林啤酒厂酿酒师加勒特·奥利弗与李氏公司合酿的"原创曼彻斯特之星"啤酒

烈、焦香浓郁的冬季 IPA。几年之后，努南的首席酿酒师格伦·沃尔特（Glenn Walter）受"水牛比尔·欧文的赡养费艾尔"（Buffalo Bill Owen's Alimony Ale）啤酒（以年度季节性啤酒"苦涩之酿"推出，并以"美国精酿黑色 IPA 似乎起源于美国"的名义招徕顾客）的启发，在离婚时酿造了一批更深色的 IPA，沃尔特称其为"黑又苦"，最终命名为"黑色守望"（Blackwatch），该啤酒的苦味计算值为 100 IBU；1995 年，佛蒙特州酒吧和啤酒厂（Vermont Pub and Brewery）的酿酒师约翰·吉米西（John Kimmich）发现了"黑色守望"的酿造配方，并询问努南是否可以再次酿造这款啤酒。因为吉米西曾跟随游历甚广的新英格兰酿酒师托德·莫特（Tod Mott，曾经使用这种麦芽酿造过一款帝国世涛）学习过焦香去皮黑色麦芽的使用方法，于是吉米西对"黑色守望"的配方稍作调整，降低了啤酒的烘烤味道，通过调整糖化工艺来降低甜味，并将苦味值调整到 90～100 IBU。目前，佛蒙特州酒吧和啤酒厂仍然季节性地酿造"黑色守望"啤酒。

2003 年，吉米西在佛蒙特州沃特伯里开办了自己的啤酒厂——炼金师（The Alchemist）啤酒厂，他决定酿造另一款深色 IPA，以其大黑猫的名字命名为"埃尔·杰夫"（El Jefe），并再次修改了酿造配方，降低了焦香麦芽的使用量至 3.5%，这使得所酿造的 IPA 的颜色为棕色而不是黑色，他也更改了酒花配比，全部使用西姆科酒花。

另一位从努南和吉米西处获得灵感的酿酒师是肖恩·希尔（Shaun Hill），他现在拥有了自己的啤酒厂"农舍山"（Hill Farmstead），位于佛蒙特州格林斯博罗市本德。2005 年，肖恩在佛蒙特州斯托的餐厅啤酒厂"小屋"（The Shed）工作时，受到努南的"黑色守望"和吉米西的"埃尔·杰夫"的启发，也酿造了自己的黑色 IPA；他在 2005 年 12 月酿造了第一款黑色 IPA，命名为"黑暗面"（Darkside）；在这个配方的基础上，他又尝试酿造了一款突出酒花树脂风味的啤酒，称之为"酒花饱和"，该啤酒呈黑色，口味复杂，酒花添加量极大。在丹麦短期酿造之后，肖恩·希尔现在又回到了佛蒙特州，酿造了更多的黑色 IPA，以其祖父名字命名的"詹姆斯农舍山"黑色 IPA 采用了大量的焦香黑麦芽和新拿玛（Sinamar）黑麦芽浸出物，并将一直想大量添加酒花的想法变成了现实，他在煮沸锅里添加了勇士酒花、西姆科酒花及酒花浸膏，这使得啤酒苦味浓郁而不粗糙（图 8.4）。

21 世纪早期，太平洋西北部的酿酒师开始生产深色、富含酒花香气的艾尔啤酒，此地区的酿酒发烧友将生产的同类产品称为"卡斯卡特深色艾尔"（Cascadian Dark Ale），包括罗格（Rogue）啤酒厂 21 世纪早期酿造的"黑色不讲理苦啤酒"（Black Brutal Bitter）[又名"颅骨分裂者"（Skullsplitter）]、不列颠哥伦比亚菲利普啤酒厂 2004 年酿造的 "极好的卡斯卡特深色艾尔"（Skookum Cascadian Dark

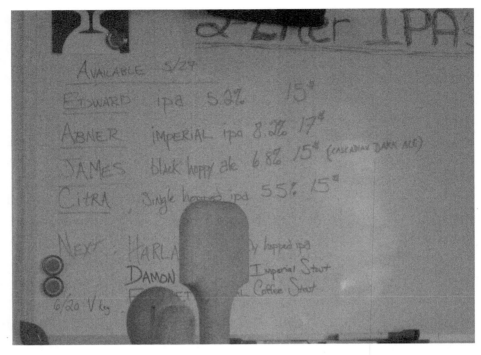

图 8.4   希尔的"农舍山"品尝室，可以买到"詹姆斯农舍山"

Ale）、21 世纪中期爱达荷州笑之狗（Laughing Dog）啤酒厂酿造的"狗探测器"（Dogzila）。

罗格公司"黑色不讲理苦啤酒"（Brutal Black Bitter）脱胎于该厂的帝国 IPA，该 IPA 是 1999 年为俄勒冈州波特兰市唐·杨格酒吧啤酒厂（Don Younger's Horse Brass Pub）的 24 周年庆典酿造的，后来变得非常流行，并以"不讲理苦啤酒"的名字销售。罗格公司老板杰克·乔伊斯（Jack Joyce）似乎不喜欢"不讲理苦啤酒"这个名字，但也无可奈何，从那时起，该款啤酒已成为罗格公司最流行的啤酒之一，而现在已被重新命名为"不讲理 IPA"。

2000 年，酿酒大师约翰·迈尔（John Maier）决定酿造两款"不讲理苦啤酒"的兄弟啤酒：第一款是"不讲理比尔森"，采用德国魏尔曼（Weyermann）公司比尔森麦芽和"斯特灵"（Sterling）酒花（现在由罗格公司在自己的农场种植，独立酒花公司加工）；第二款是黑色啤酒，采用焦香Ⅱ号黑麦芽、慕尼黑麦芽、卡拉小麦 MFB 麦芽及类黑精麦芽，原麦汁浓度为 15°P（比重为 1.060），苦味值为 60～70 IBU，其第一个测试版本是采用 20 加仑的"More Beer"品牌的小试系统酿造的。2003 年，罗格公司酿造了"颅骨分裂者"啤酒，是一款高浓度的"黑色不讲理苦啤酒"，其原麦汁浓度为 18.4°P，比重为 1.074，采用的麦芽

与"黑色不讲理苦啤酒"相同,添加"顶峰"(Summit)酒花给啤酒带来苦味,之后再添加西姆科和亚麻黄酒花,该啤酒不经过过滤,尽管酒花味占据压倒优势,但没有干投酒花。迈尔认为:"卡斯卡特深色艾尔"中的低浓度版本口感极好,尽管酿酒师第一次酿造时,不知道该如何描述其口味;而高浓度的"颅骨分裂者"刚酿造出来比较新鲜时,口感很一般,但是陈贮 3 个月之后,其醇香和口味却极其优秀。

现在,德舒特河啤酒厂的"暗夜"酒花"卡斯卡特深色艾尔"是更加流行的深色 IPA 之一,该公司前酿酒师拉里·西多尔(Larry Sidor)的目标是酿造一款黑色啤酒——不突出酒花风味的波特啤酒,他决定使用焦香麦芽而不再使用巧克力麦芽或者黑麦芽,公司更喜欢将这款啤酒命名为"卡斯卡迪亚深色艾尔"。西多尔解释到,德舒特河啤酒厂所在的太平洋西北部的人都知道点一杯使用卡斯卡特原料酿造的深色啤酒意味着什么,他们认为点一杯"卡斯卡特深色啤酒"就是对当地精酿啤酒制造业家酿之根的一种致敬。

8.4　巨石啤酒公司"卓越的、引以为傲的艾尔"啤酒故事

2006 年 2 月,在我加入巨石啤酒公司之前的几个月,我参加了波士顿极限啤酒节,品尝了曾经见过的黑色 IPA——来自于"小屋"(The Shed)啤酒厂酿酒师希尔酿造的黑色 IPA,很快就引起了我的兴趣,我之前喝过富含酒花香的波特啤酒和角鲨头的"印度棕色 IPA"(首次酿造于 1999 年,属于美式 IPA、美式棕色艾尔和苏格兰艾尔的混合品种),但是黑色 IPA 是什么产品?这对于我来说是一款新的啤酒。我喜欢希尔的啤酒,认为黑色 IPA 的概念对于巨石啤酒公司而言是一个礼物,我在巨石啤酒公司开始工作不久,就提议我们自己也酿造一款黑色 IPA。2006 年的秋天,我们开始在 20 加仑的系统中进行中试酿造,前几批都是使用黑麦芽和巧克力麦芽酿造的,酿造完成时,啤酒品尝起来类似于苦的波特啤酒,这既不是我想要的,也与巨石啤酒公司周年庆典艾尔不相符,我想要品尝起来类似于双料 IPA,带有烤麦芽味道而不影响酒花风味的啤酒。

经历了第一批的失败之后,我决定从头再来,翻阅麦芽品种目录时,我看到了魏尔曼脱皮焦香特种麦芽III(Weyermann's Dehusked Carafa Special Ⅲ Malt),该类麦芽在烘烤之前,已去除掉了这种麦芽的麦皮,这样的麦芽会调节啤酒颜色,但不会产生像传统黑麦芽酿造而产生的粗糙涩味。我记得几年前曾用这种麦芽家酿了德国黑啤酒,我认为"太棒了!就是要用这样的麦芽"。但进行的第二次测试

却很不幸，发酵有些停滞，啤酒有点甜，酒花特点被掩盖了。我很沮丧，但我仍然相信，如果我们在 120 桶的规模上酿造这款啤酒，我们一定能酿造出合适风味和发酵度的啤酒，那也是我希望得到的啤酒。

卖出去一些我酿造的啤酒之后，我被允许利用啤酒厂的设备酿造半批次（60桶）。我们稍稍改变了一下酒花添加，混合使用了亚麻黄酒花和西姆科酒花作为风味酒花，干投酒花之后，带来了更浓郁的松树味和热带水果味，这与之前酿造的呈现柑橘酒花风味的批次完全相反，品尝之后，我成竹在胸、欣喜若狂，并将其作为公司 11 周年庆典的艾尔啤酒，这款酒与 10 周年庆典 IPA 会一样登峰造极、广受欢迎。几年之后，采用同样的配方，我们再次推出了这款啤酒，作为巨石啤酒公司"卓越的、引以为傲的艾尔"（Stone Sublimely Self-Righteous Ale）啤酒。2010 年，这款啤酒荣获美国啤酒节最新分组的美式印度黑色艾尔组别的铜牌。

巨石啤酒公司"卓越的、引以为傲的艾尔"啤酒是采用与双料 IPA 相类似的方法来酿造的，其原麦汁浓度、酒精度、酒花添加方式都很相似，而且很少采用结晶麦芽，唯一的不同是原料配比中添加了 5%的魏尔曼脱皮焦香特种麦芽 III。我曾经很好奇，如果这款酒不添加黑麦芽的话，尝起来会是什么味道呢，或许以后我们会知道。我认为，巨石啤酒公司酿造了其第一款黑色 IPA，普及了这种啤酒类型并在全美国范围内进行了推广，应该获得赞誉，当然，我们并没有声称是该啤酒类型的原创酿酒商。

另一个酿造黑色 IPA 的先锋人物是加利福尼亚州卡尔斯巴德市比萨港酿酒公司的杰夫·巴格比（Jeff Bagby）。在我们研制巨石公司"11 周年庆典艾尔"啤酒的同时，巴格比则在为圣地亚哥的谎言俱乐部酿造同一类型的啤酒——"黑色谎言"（Black Lie），他正是凭借此款啤酒击败了我们的"11 周年庆典艾尔"啤酒，实在令我心痛（详见下文"黑色谎言"、"黑色 IPA"及"卡斯卡特深色艾尔啤酒"）。

"黑色谎言"、"黑色 IPA"及"卡斯卡特深色艾尔啤酒"

当位于圣地亚哥的谎言俱乐部还在附近时，我们就常常给该俱乐部的酒吧老板路易斯·梅洛（Louis Mello）供应一些啤酒，他特别喜欢从我们这里购买啤酒。在非节日的时间，我见过啤酒桶周转最快、啤酒销量最多的就是在这个谎言俱乐部的周五晚上。

有一天，路易斯给我打电话，询问我是否愿意为谎言俱乐部酿造一款周年庆典啤酒。当然，我很肯定地答复了他，并且问他是怎么考虑的，他问我是否可以酿造一款黑色 IPA，我思考了一下说："当然可以呀。"我写出了全新的 IPA 配方，包括麦芽配比和酒花添加方案，就开始了酿造。在进行回旋沉淀之前，我在煮沸锅里加了一点黑麦芽浸出物，发酵结束后，就得到了黑色 IPA，因为感觉到啤酒颜色不够黑，我又在清酒罐中加了一些黑麦芽浸出物，结果是该啤酒没有黑麦芽的香气或风味，但有非常强烈的酒花香气和风味。

这款啤酒在谎言俱乐部、卡尔斯巴德市销售非常火爆，已是 2007 年的事情了。从那之后，我们每年都会酿造一次这款啤酒。

我对黑色 IPA 有一些见解，特别是最近到俄勒冈州旅行之后，我现在认为，卡斯卡特深色艾尔和黑色 IPA 是两种不同类型的啤酒。我之前喝过几款不同啤酒厂酿造的黑色 IPA，但当我去俄勒冈州时，我品尝了当地人称之为"卡斯卡特深色艾尔"（Cascadian Dark Ale，CDA）的啤酒，我原本认为俄勒冈州的酿酒师将黑色 IPA 称为 CDA。喝了几款之后，我发现它们是不一样的，它们不像 IPA，其啤酒的颜色是深棕色，有黑麦芽的风味和酒花的香气，但酒花香气并不浓重，苦味也不浓郁，颜色也不完全是黑色的，酒精含量在 5.5%～7%（*V/V*）。我喝过的大多数黑色 IPA 口味更烈、苦味更重、酒花香气更浓郁，而且几乎没有黑麦芽的特点。"卡斯卡特深色艾尔"似乎是棕色烈性波特啤酒、美式烈性淡色艾尔及美式棕色艾尔的结合，而黑色 IPA 只是颜色是黑色的美式 IPA 而已。

"黑色 IPA"和"卡斯卡特深色艾尔"有区别吗？迈尔和巴格比认为有区别。现在看来，两者的区别不是很明显，但在某种情况下这些啤酒可能会发展成两种不同风格的啤酒。2010 年美国酿酒师协会将这种啤酒称为"美式印度黑色艾尔"（Style American India Black Ale），2011 年又将其更名为"美式烈性黑色艾尔"（American Strong Black Ale），这无疑承认了黑色 IPA 名称的矛盾性。美国东海岸的黑色 IPA 爱好者认为，"卡斯卡特深色艾尔"的名字并没有恰当体现出对目前佛蒙特原创版本的尊重；"卡斯卡特深色艾尔"的爱好者则认为，该名字是对这款啤酒较好的描述，因为其体现了太平洋西北部酒花的风味，就像黑色 IPA 的爱好者认为黑色 IPA 的名字是对该类型啤酒的最好描述。他们的争论不仅是基于 IPA 颜色是黑色这个事实，也考虑到 IPA 比淡色艾尔应该有更多的含义。

从酿造的立场而言，让黑色 IPA 独特之处在于喝起来像具有烘烤麦芽痕迹的 IPA，既不是世涛，也不是波特；黑麦芽风味非常微弱，酒花的香气和口味非常突出，就像一款 IPA 一样。酿造最好版本黑色 IPA 的酿酒师都会避免使用大量的巧克力麦芽或者是黑麦芽，而是采用添加 3%～6%的去皮焦香麦芽来调节颜色，增加些许的烘烤风味，但是不会影响酒花风味，其他的酿造参数与酿造美式 IPA 或者双料 IPA 类似（表 8.3）。

表 8.3　2012 年黑色 IPA 的分析

地区	IPA 名字	酿酒厂	酒精含量 (%, V/V)	色度 (SRM)	最终比重 (SG)	最终浓度 /°P	原始比重 (SG)	原麦汁浓度 /°P	外观发酵度/%	苦味值 /IBU
加利福尼亚	Sublimely Self-Righteous Ale	Stone Brewing Co.	8.7	110.0	1.014	3.5	1.080	20.0	82.5	85
加利福尼亚	Black Lie	Pizza Port Carlsbad	6.9	85.0	1.013	3.2	1.074	18.5	82.4	80
太平洋西北部	Hop in the Dark	Deschutes	6.5	90.0	1.012	4.0	1.064	16.0	75.0	65
东海岸	Yakima Glory	Victory	7.9	45.4	1.021	5.4	1.081	20.4	72.2	76
佛蒙特州	James	Hill Farmstead Brewery	7.2	87.0	1.020	5.0	1.072	18.0	72.0	100
佛蒙特州	Blackwatch	Vermont Pub and Brewery	6.2	n/a	1.010	2.5	1.058	14.5	83.0	60
佛蒙特州	El Jefe	The Alchemist	7.0	16.0	1.016	4.0	1.070	17.5	77.0	90
佛蒙特州	Black IPA	Otter Creek	5.8	63.2	1.018	4.5	1.062	15.6	70.3	47

注：该零售样品的独立分析仅供参考，结果用于研究可能的地域相似性。

8.5 比利时 IPA

在比利时，富含酒花风味的啤酒是特例，除了美式拉格类型的啤酒之外，大多数比利时啤酒的酒花添加量都较少，但是有一些富含酒花风味的比利时啤酒与双料 IPA 酿造配方极其相似，一款早期富含酒花风味的烈比利时艾尔例子就是"海盗三料 IPA"（Piraat Tripel IPA），其广告宣传为：一款历史传承的 IPA，酒精含量达到 10.5%，是石山啤酒厂（Browerij Van Steenberge N.V.）出品的一款富含酒花风味的比利时烈性淡色艾尔。

比利时 IPA 是我们近期知晓的啤酒类型，似乎于 2005 年首次酿造，当黑德古瑞德·范·奥斯塔登（Hildegrade van Ostaden）从美国访问归来，受美式 IPA 的影响，她酿造了"乌赛尔酒花"（Urthel Hop-It）啤酒，是采用比尔森麦芽和欧洲浓郁贵族酒花品种生产的一款烈性比利时淡色艾尔啤酒。

另一个比较早的例子是阿乔夫（Achouffe）啤酒厂的 Houblon Chouffe Dobbelen IPA 三料啤酒，首次酿造于 2006 年，被描述为"印度淡色艾尔"，原麦汁浓度为 18°P（初始比重为 1.072），酒精含量为 9%（*V/V*），添加了三种不同的酒花，酒花香气浓郁；阿乔夫公司 Duvel Moortgat 受到 Houblon Chouffe 啤酒的影响，于 2007 年酿造了自己版本的"杜威三料酒花"（Duvel Tripel Hop）啤酒，其酒精含量为 9.5%（*V/V*），大量添加了萨兹酒花、斯塔利亚哥尔丁酒花和亚麻黄酒花，酒花香气浓郁，目前这款啤酒是常规酿造产品。其他比利时 IPA 啤酒还包括"De Ranke XX 苦啤" [一款酒花香气浓郁、酒精含量为 6%（*V/V*）的比利时艾尔啤酒]及"教皇霍梅尔（Poperings Hommel）艾尔"啤酒。

美式版本的比利时 IPA 包括以下几种：飞狗公司酒精含量为 8.3%（*V/V*）、苦味值为 60 IBU 的"狂吠母狗"（Raging Bitch）；比萨港的"大周三"（Big Wednesday）；绿闪公司酒精含量为 9.2%（*V/V*）的"狂热爱好者"（Le Freak）；胜利公司的"狂魔"（Wild Devil）；阿拉加什公司酒精含量为 7.8%（*V/V*）的"休·马龙"（Hugh Malone）。

酿酒师酿造比利时 IPA 一般采用两种酿造方法：第一种是采用比利时三料啤酒的配方，像酿造 IPA 一样多加酒花，采用美国或者欧洲的酒花品种；第二种方法是采用美式 IPA 或者双料 IPA 的酿造配方，用比利时酵母菌株进行发酵。2008 年巨石啤酒公司用上述两种方法都进行了酿造，并于 2008 年 8 月 8 日推出了"传承史诗艾尔"（Vertical Epic Ale，受杜威三料酒花的启发，采用了比利时三料的工艺，并像美式 IPA 一样添加酒花），以及"加州-比利时 Cali-Belgique" IPA（采用巨石 IPA 的标准麦汁，添加比利时酵母酿造而成）。前一版本更像比利时的传统三料啤酒风格，酒体颜色很浅，口味干爽；而后一版本正如人们期盼的一样，酒花苦味非常浓郁。

　　酿造比利时 IPA 最大的挑战是要让酒花的风味与比利时酵母带来的酚味、辛香以及水果的香气完美结合。一些酒花品种，如酒花风味强烈、具有热带水果香味的亚麻黄酒花似乎与比利时酵母的风味搭配更好，要比呈松子味的西姆科酒花或树脂味的哥伦布酒花味道更好。同样，美式酒花的风味似乎与低酚味酵母菌株搭配要好于产丁香味重的酵母。

8.6   社交 IPA（Session IPA）

　　美国酿造业最近流行的一大趋势之一是酿造酒精含量低于 5%（*V*/*V*）、酒花添加量类似于美式 IPA 的一类啤酒。酿造这类啤酒的挑战是避免出现酒花中的青草味和蔬菜味，因为啤酒酒精含量的降低改变了酒花风味的载体。对于酒花爱好者而言，这是一个令人兴奋的新趋势，例如，船舱停靠点（Ballast Point）啤酒厂的"船身平稳"（Even Keel）啤酒，其酒花特征令所有人吃惊，而且适合社交场合饮用，因为其酒精含量与英国苦啤非常相近。酿造该类型啤酒时，干投多种酒花是非常有效的酿造技术，可以增加低酒精含量艾尔啤酒的口味复杂性，只添加一种酒花酿造是达不到此目的的。

8.7   三料 IPA（Triple IPA）

　　最初，对这款啤酒类型的定义有两三处错误，但是最新的参数似乎是酒精含量为 10%～12%（*V*/*V*）、色度低于 16 EBC（8°L）、酒花风味强烈。2012 年 2 月，加州海沃德乡村酒吧的维克和辛西亚举办了第一届三料 IPA 啤酒节，该啤酒类型中现有的最好三料 IPA 是俄罗斯河酿酒公司的"青年普林尼"（Pliny the Younger，酿造过程中进行了 4 次干投酒花）、创始者（Founder's）啤酒厂的"恶魔舞者"（Devil Dancer）、阿尔卑斯山（Alpine）酿造公司的"酒花快乐翻番"（Exponential Hoppiness）。

8.8   白 IPA（White IPA）

　　这种最新的 IPA 品种来自于拉里·西多尔（Larry Sidor，俄勒冈州本德市德舒特河啤酒厂前酿酒师）和斯蒂文·鲍威斯（Steven Pauwels，密苏里州堪萨斯市林荫大道酿酒公司酿酒师）的合酿。2011 年春夏之间，二人合酿了两款白 IPA，将比利时白啤和美式 IPA 进行了有机融合。德舒特河风格被称为"集合 2 号"，而林荫

大道风格称为"合酿 2 号"，均为酒精含量为 7.4%（V/V）的比利时白啤，在传统
风格添加芫荽、橘皮的基础上，也像美式 IPA 一样添加了大量酒花，酒花品种包
括喝彩（Bravo）、卡斯卡特、世纪和西楚，并添加传统的鼠尾草和柠檬草，以增
加酒体的辛香。

　　自德舒特河与林荫大道合酿之后，又有几家啤酒厂推出了白 IPA，包括一些
更传统辛香版本的，例如，深陷（Knee Deep）公司与巫毒三料（Triple Voodoo）
公司合酿的"北部加州白 IPA"（Northern California White IPA）以及"萨拉克白
IPA"（Saranac's White IPA），均采用西楚酒花、小麦芽、燕麦、芫荽籽和橘皮酿
造而成。2012 年 4 月，德舒特河啤酒厂又全年推出了"突破封锁白 IPA"（Chainbreaker
White IPA），该款酒采用比尔森麦芽、小麦芽、未发芽小麦，以及多种酒花（喝
彩、卡斯卡特、世纪）酿造而成，苦味值为 55 IBU。

　　其他酿酒商推出了更加充满异域风情的白 IPA，例如，船锚驻扎（Anchorage）
啤酒厂采用澳大利亚银河酒花、芫荽籽、黑胡椒、新鲜金橘，以及在法国橡木桶
发酵过程中的布雷特酵母菌。

　　研发这种风格啤酒的酿酒师似乎更喜欢采用像卡斯卡特、世纪、西楚和银河
等具有柑橘和水果风味的酒花，它们与酵母发酵产生的香蕉味，以及添加的风味
香料能更好地组合在一起。

引用

1. Vinnie Cilurzo, personal correspondence with author (2010).
2. Ibid.
3. Faulkner, Frank, *The Theory and Practice of Modern Brewing*.

第 9 章
IPA 原料和酿造技术

一个灵巧的家庭主妇，手持优质的原料——香甜的麦芽和优质的水，你将会看到酿酒过程，并且会说这是一门酿造艺术。

——Cyril Folkingham 博士，1623 年

9.1 麦　　芽

麦芽常被称为"啤酒的灵魂"，因为它提供了啤酒的酒体、香气和色泽，最重要的是，在糖化过程中淀粉分解成可发酵糖，这些糖类为酵母代谢提供食物，发酵产生酒精和二氧化碳。

制麦过程能产生丰富的酶类、降解胚乳，能使谷粒和内容物发生改变，产生风味和香气，降低谷物水分含量，有助于麦芽的长期贮存。大麦是麦芽制造和啤酒酿造的首选谷物，主要原因是其优良的风味，其次大麦有麦皮，特别有利于甜麦汁与麦糟的分离。其他的谷物，如小麦、燕麦、黑麦也可以制成麦芽，并用于啤酒酿造，但是用于啤酒酿造的主要麦芽还是大麦麦芽。

大麦粒由以下几部分组成。

- 外层，包括谷皮、果皮，以及保护果仁的外种皮。
- 胚乳，所有淀粉聚集的地方。种子种植后，这些淀粉就会为植物的生长提供营养。
- 糊粉层，围绕胚乳的薄层，能产生分解胚乳细胞壁和淀粉的酶类。
- 胚芽，位于麦粒的一端，是该植株新生的起点。
- 盾片和上皮细胞，将胚芽和胚乳分开。

制麦过程是将大麦转化成麦芽，包括三步：浸渍、发芽和干燥。

9.1.1 浸渍

该过程包括：将选取的干大麦粒浸入水中，并在严格控制的条件下进行搅拌

和通风，以将大麦的水分从 12%增加到 40%，为大麦粒的发芽做好充分准备。

9.1.2　发芽

　　该过程是指在严格控制的环境条件下，新大麦开始进行生长。现代化的发芽箱都配备有流动性高、温度可控的无菌空气，以及自动翻拌机翻动麦粒，以确保环境条件的一致。地板式制麦的意思是将发芽的麦芽放在地板上，工人用耙子手动翻拌，以保证麦粒均匀暴露于空气中。

　　在发芽过程中，麦粒中会发生几种酶的生化反应。随着大麦芽的生长，谷物中的激素被激活，反过来也会促进大麦糊粉层和盾片中酶的形成及释放，其中一些酶类会降解胚乳细胞壁，将淀粉分解为糖类；在正常的植物生长情形下，这会有助于为新植物提供营养。有些酶类将会在酿造过程中发挥作用，在糖化过程中有助于分解淀粉，而其他酶类将用于分解蛋白质，形成发酵时酵母可以利用的氨基酸；在发芽过程中，大麦细根和茎叶也开始生长，制麦师会进行检测，当麦芽溶解度达到一定程度后（主要检测胚乳细胞壁的分解，检测茎叶长度达到麦粒的 3/4 长度），就将麦芽移出发芽箱。

9.1.3　干燥

　　在规定的时间点，通常是大部分的淀粉分解完成、茎叶的长度达到了合适的长度，就将发芽的麦芽转移至干燥炉，用热的压缩空气干燥，这个过程需要 1～2天，该过程将麦芽水分降至 4%左右，将酶灭活，停止大麦芽的生长。这样的成品麦芽粒是非常脆的，有助于后期的粉碎过程，胚乳部分尝起来有点甜，这就是浅色麦芽（图 9.1），是所有啤酒类型的骨架。

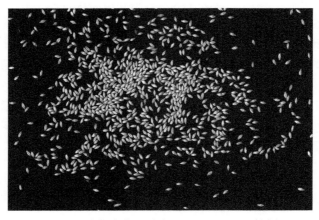

图 9.1　浅色麦芽，图片由 Tyler Graham 拍摄

9.2　特 种 麦 芽

19 世纪中期，IPA 达到其鼎盛时期的时候，大部分的大型商业啤酒厂都建有制麦车间，作为酿造操作的一部分，并且自己进行制麦。伯顿啤酒厂更喜欢生产超白色或者说白色麦芽，这种麦芽在 65℃（150°F）烘烤，生产的麦芽色度为 1.5°L。现在，只有少数啤酒厂自己生产麦芽，大部分酿酒商都是从供应商处购买成品麦芽。

特种麦芽，如慕尼黑麦芽、结晶麦芽和黑麦芽，都是重度烘烤的、颜色较深的麦芽，酿酒师会在基础麦芽中添加少量的特种麦芽，以增加啤酒的颜色、风味和麦芽的复杂性。尽管特种麦芽是很多啤酒类型的标准原料，包括深色啤酒（如琥珀艾尔啤酒）、波特啤酒和世涛啤酒，但在酿造标准 IPA 时只是限量添加特种麦芽。

结晶麦芽于 19 世纪中期开始兴起，在 19 世纪末、20 世纪初开始在英国啤酒类型中盛行。制备结晶麦芽时，将湿麦芽从发芽箱中取出，然后在高温转鼓烤炉中焙焦，而一些焦糖麦芽也是在传统烤炉中生产的。该高温焙焦过程能使麦芽中的糖类焦糖化和结晶化，而使成品麦芽具有明显的焦糖味、太妃糖味，不同程度的烘烤也会使结晶麦芽的风味有所不同，深色结晶麦芽具有更浓重的糖蜜和焦糖味。大多数麦芽供应商提供的结晶麦芽色度一般介于 10°L～150°L，而超过 60°L 的结晶麦芽一般不用于 IPA 的酿造。IPA 酿酒师大多选用最低色度的结晶麦芽，而且添加量也很少。酿造 IPA 时添加结晶麦芽最大的弊端之一就是：随着啤酒的老化，来源于结晶麦芽的风味能够氧化成浓重的干果味、葡萄干味及李子干味，这些风味会掩盖啤酒的酒花风味；结晶麦芽也会带入甜味，从而导致啤酒风味失衡。

从发芽箱取出时，慕尼黑型麦芽水分含量和溶解度都较高。与浅色麦芽一样，慕尼黑型麦芽也是在干燥炉中烘烤，但烘烤温度更高，以达到特有的色度和风味。慕尼黑麦芽风味的最好描述是烤面包味和坚果味，与结晶麦芽不一样，慕尼黑麦芽还保留有酶的活性，在酿造啤酒时可以添加 100%。一些英国和美国的酿酒师酿造 IPA 时会使用浅色慕尼黑麦芽，以增加麦芽的复杂香气。

酿造 IPA 时很少使用深色麦芽，制作深色麦芽时，从发芽箱取出嫩麦芽后，在极高温度下烘烤、焙焦。一些酿酒师会添加 0.5%～1% 的深色麦芽，以赋予啤酒红棕色的色调。

9.3　酿 造 糖

尽管大部分酿酒师酿造的 IPA 属于全大麦啤酒，但是 19 世纪末期特伦特-伯顿之外的英国酿酒师酿造 IPA 时开始添加糖，可能是为了使酒体更干爽、色度更低。现代精酿啤酒师在酿造双料 IPA 或帝国 IPA 时也偶尔加糖，也是出于同样的考虑。

　　蔗糖是由葡萄糖和果糖分子通过化学键形成的双糖，通常由甘蔗或甜菜制得，也是酿造中常用的糖类。英国酿酒师经常使用转化糖，即将蔗糖水解形成葡萄糖和果糖。由于水解过程中的酸处理，转化糖也能提高啤酒发酵度，增加啤酒额外的风味以及口感复杂性。

　　在美国，由玉米淀粉通过酶解而得到的粉状葡萄糖也是酿造双料 IPA 的常用原料。

9.4　水

　　酿造用水一定要干净，适于饮用，尽量保持中性味道。对于大多数的家酿爱好者和精酿啤酒师而言，城市用水是最可靠，也是最稳定的资源。精酿啤酒师可以使用活性炭过滤器来去除城市用水中过多的残余氯及其他异味，家酿爱好者可以通过筒式炭过滤器或者酿造前对水进行煮沸，以有效去除残余的氯，煮沸可以挥发掉含氯化合物、沉淀析出暂时硬度。

　　酿造 IPA 时，水的硬度、碱度和矿物质含量都是重要的考虑因素。19 世纪早期，特伦特-伯顿酿造的 IPA 比伦敦酿造的 IPA 更加流行，其中部分原因是因为伯顿的水质硬度高、硫酸盐含量高，能彰显酒花的浓郁苦味，啤酒也更加清亮，延长了啤酒的保质期。

　　当地的水供应商应该能对水进行基本分析，这将是你选择酿造水的出发点（表 9.1）。

表 9.1　酿造地区的水质分析

	比尔森	慕尼黑	都柏林	多特蒙德	伦敦	特伦特-伯顿	密尔沃基	圣路易斯	巨石啤酒公司
钙	7	75	117	260	90	300	35	26	22
硫酸盐	3	10	54	283	58	640	18	80	16
镁	2	19	4	23	4	60	11	8	9
钠	32	10	12	69	24	54		19	38
氯	5	2	19	106	18	36	5	23	
硬度	28	266	309	745	241	997	133	98	92
碱度	23	253		300		236		21	43

　　钙在酿造中起着重要的作用，它能稳定麦芽酶的活性，增强淀粉酶的活性，将淀粉转化成糖类。此外，钙（镁的作用较小）与糖化醪液中的磷酸盐离子反应，有助于降低醪液的 pH，增加酶的活力，高含量的钙能提高啤酒的澄清度和稳定性，

钙也能沉淀草酸盐，防止瓶装啤酒的喷涌。可以向水中添加矿物质盐类，如硫酸钙（石膏）能增强酒花的苦味和干爽性，而氯化钙则会使啤酒口味圆润、口感丰满。

高含量的硫酸盐能增强酒花苦味，赋予啤酒干爽的苦味；高含量的硫酸盐也会形成硫化氢和二氧化硫，从而导致硫臭味，也就是通常所说的"伯顿瞬间"（Burton snatch），这种风味在一些啤酒中可能会存在，但是经过一段时间后就会消失。

9.5　麦 芽 粉 碎

准备好酿造所需要的麦芽，将其进行粉碎。粉碎是将麦芽皮壳破开，将胚乳中的淀粉物质暴露出来。在糖化过程中，麦芽中的酶类一旦遇到热水就会激活，之后酶类就会分解胚乳中的淀粉，将淀粉分解为糖类，然后由酿酒酵母将这些糖类发酵。麦芽粉碎最需要考虑的是，尽可能保证麦皮的完整性，这不仅是为了方便进行麦汁过滤，也是为了防止麦皮中过量的单宁进入麦汁，从而造成啤酒带有涩味或粗糙的风味。

大部分的小型啤酒厂和家酿爱好者都采用对辊粉料机，麦芽从两个同向旋转的拉丝辊中穿过，麦粒得以破碎，内部胚乳得到粉碎，并将淀粉暴露出来，以利于酶解成为糖类；大型啤酒厂采用四辊或者六辊破碎机，能够很好地将完整的麦皮分离出来，使胚乳中的淀粉通过多对更细密的辊子进行粉碎。良好的粉碎能提高糖化的收率，使麦皮保持完整，使麦汁过滤更高效，进一步优化麦芽的风味。

根据目标（获得更多的浸出物或者追求更快速的麦汁过滤）的不同，酿酒师可以检测和调整麦芽的粉碎效果。较粗的粉碎，可以加快麦汁过滤速度，但这是以降低浸出率为代价的；优良的粉碎，会获得较高的麦汁浸出率，但是麦汁过滤速度较慢。与酿造过程中的许多参数一样，酿酒师应该综合考虑糖化锅次、经济指标和期望的啤酒风味，进行综合平衡。

9.6　糖　　化

糖化车间的第一步是糖化，也就是说，将粉碎的谷物与水混合，将醪液维持在规定的温度和时间，以控制酶对淀粉的分解，获得想要的麦汁浓度。

投料时，水和麦芽的良好混合是非常重要的，麦芽的胚乳部分需要彻底湿透，以保证淀粉充分分解成糖类。但是，过度搅拌或者剧烈搅拌会损伤麦皮，造成麦汁和啤酒产生单宁涩味，同时造成麦汁过滤困难。

大多数的 IPA 酿酒师会在接近淀粉休止的温度进行投料，并采用所谓的浸出糖化法。浸出糖化法是英国的酿造传统，即麦芽和水混合时，将醪液调整到适宜的温度，酿酒师在此温度下进行淀粉休止（淀粉分解为糖类）。浸出糖化法需要一个保温良好的糖化容器或者一个加热系统来维持温度。

在糖化过程中，具有先进温度控制系统的啤酒厂可以更好地调整温度，所用的麦芽都是溶解良好的产品，所说的溶解良好的麦芽意味着不再需要多温度段蛋白质休止和其他复杂的糖化过程。但是，如果可能，在糖化结束、麦汁过滤之前，最好还是将糖化醪液升温至 73~74℃（163~165°F），这样做有两大好处：①较高的温度会使酶失活，停止淀粉转化进程，能更好地控制麦汁的发酵度；②可以降低麦汁黏度，有助于下一步的麦汁过滤。

酿酒师可以通过监控糖化过程淀粉休止的温度和时间来控制麦汁的发酵度，即控制可发酵糖与不可发酵糖+糊精（残余的淀粉分子）的比例。在淀粉转化阶段，主要有两种酶：β-淀粉酶，该酶在 50~60℃（130~140°F）活性最高；α-淀粉酶，其最佳酶活性温度是 66~71℃（150~160°F）。β-淀粉酶作用于淀粉分子链的非还原性末端，每次切下两分子的糖，形成麦汁中最常见的麦芽糖；而 α-淀粉酶具有随机性，能切下淀粉链上各种大小的糖片段。这些糖中的一部分是可以被酿酒酵母发酵的，其他的则不可以发酵。增加 α-淀粉酶的活性可以为 β-淀粉酶提供更多的还原性末端，所以 α-淀粉酶活性会间接促进麦芽糖的形成。

由于这两种酶的最佳作用温度不同，酿酒师可以通过调整淀粉分解的温度和时间，来调整麦汁的发酵度，以及成品啤酒中的甜味和酒精含量。例如，淀粉休止的温度介于 63℃（145°F）和 64℃（148°F）之间时，α-淀粉酶和 β-淀粉酶的活性最高，麦汁的发酵度较高，此时麦汁中的主要糖类是麦芽糖，酿造的成品啤酒就会比高温条件下糖化制成的啤酒口味更干爽，酒精含量也更高。许多生产双料 IPA 的酿酒师经常采用低温、长时间（2~3 小时）的淀粉转化工艺，这样酿造的成品啤酒非常干爽，啤酒中残糖含量低，不会干扰酒花风味。

采用高温短时间的淀粉休止，将会使发酵结束之后的成品啤酒甜味较高，这是因为 β-淀粉酶活性受到抑制，形成的麦芽糖少，而麦汁中含有的不可发酵糖和糊精较多，将温度升至 70℃（158°F）将会使啤酒酒体醇厚，一些 IPA 酿酒师喜欢这样做，因为这样酿造的啤酒有更平衡的麦芽特征。但是对于双料 IPA 而言，往往采用较低的糖化温度，这样酿造的口味更干爽、麦芽味较低的啤酒更能突出酒花风味。

对酿酒师而言，要同时满足 α-淀粉酶和 β-淀粉酶的最佳活性，只有一个相对较小的温度范围。不建议采用低于 63℃（145°F）的糖化温度，因为此时 α-淀粉酶的活性将会受到抑制，而且麦汁的发酵度将会降低。同样，高于 70℃（158°F）的淀粉转化温度会造成 β-淀粉酶的快速失活，也会造成麦汁发酵度下降。因此，大多数专业酿酒师采用的糖化温度介于 64℃（148°F）和 69℃（156°F）之间，当然也可以选择两段糖化休止温度，一段在 62~63℃（144~145°F），另一段在 66℃（150°F）左右，以最大化发挥 α-淀粉酶的活性。

另一个影响发酵度的因素是糖化时的料水比。大多数酿酒师采用每磅谷物添加

1.3 夸脱（quart）的水，而专业酿酒师则会通过水的体积计算出水的质量（1 加仑的水=8.33 磅），再根据料水质量比进行投料，大多数酿酒师采用最适宜的 1∶3 的料水比，范围一般介于 1∶2.7～1∶3.3。尽管较高的料水比会提高糖化过程中酶的活性，但是也会导致酶的快速失活，特别是在醪液加热时。另外，较高的料水比会产生比较稀的麦汁，这对于达到预定的原麦汁浓度较为困难；而较低的料水比就需要通过多加洗糟水提高麦汁收得率，从而使麦芽胚乳的水合作用面临挑战。

9.7　酒　　花

当然，对于 IPA 酿造技术的讨论怎么可以少了对酒花品种、酒花制品和酒花干投技术的探讨呢？酒花干投技术是 IPA 获得突出酒花苦味、风味和香气的常用技术。

自从干投酒花产生以来，它已经成为酿造 IPA 不可缺少的手段，但近年来，酿酒师正采用其他技术和其他酒花制品来对酒花干投技术进行补充和创新，正因为如此，许多富有创新精神的酿酒师在不断地突破啤酒的苦味和强度极限。

酒花是多年生草本植物（图 9.2），而雌性酒花是唯一开花的，可用于啤酒酿造。酒花花朵或者酒花球果，有 1～4 英寸长，类似于娇小的绿松果，具有重叠的花瓣，隐藏于每个叶片或花瓣内部的黄色簇状黏性物质就是蛇麻腺腺体，它含有酒花树脂（α-酸和酒花油），酒花树脂是啤酒中酒花风味、香气和苦味的主要来源。

图 9.2　藤上的酒花球果，图片由 Tyler Graham 拍摄

表 9.2 列举了酒花球果的典型成分。对酿酒师而言，其中的 α-酸、酒花油、较低含量的 β-酸，以及多酚物质是最主要的成分，其中的大部分成分都存在于蛇麻腺中，这也就解释了为什么将整个酒花球果用于啤酒酿造时，需要对其进行全

方位的检查。蛇麻腺腺体松散地附着在球果上，如果粗糙处理就会造成蛇麻腺脱落。当把成包的压缩酒花球果全部移走之后，就会在酒花包底下看到一堆黄色粉末，这很常见，这说明酒花中很多苦味和香味粉状物从球果上脱落了，这就会导致啤酒的苦味和酒花风味不一致。那么，当使用整酒花进行啤酒酿造时，对球果的检查、查看球果中蛇麻腺腺体的完整性是非常重要的一步。

表 9.2　酒花的化学组分

成分	质量百分比/%
水分	6～12
软树脂	
α-酸	1.5～18
β-酸	1～10
酒花油	0.5～2.5
硬树脂	
多酚（单宁）	
氨基酸	0.1
单糖	2
果胶	2
油脂和脂肪酸（酒花种子含量高）	0～2.5
蛋白质和碳水化合物	15
灰分（矿物质）	8～10
纤维素	40～50

9.7.1　α-酸

当 IPA 酿酒师设计产品配方时，α-酸含量是他们首先要关注的酒花成分，α-酸含量直接决定了啤酒的苦味。因此，在相同添加量的条件下，高 α-酸含量的酒花比低 α-酸含量的酒花能赋予啤酒更多的苦味。中欧和英国的贵族酒花品种（如哈拉道、萨兹和哥尔丁）的 α-酸含量较低，为 1.5%～5%；而更新型的美国酒花品种的 α-酸含量较高，一些含有"超级 α-酸"的品种（如勇士、顶峰和阿波罗）中 α-酸含量达到 17%～18%，最初培育这些高 α-酸含量的酒花是为大型啤酒厂提供廉价的苦味资源，但却带来了一个附加的好处，即对 IPA 酿酒师而言，这些酒花的多品种及其浓郁的酒花风味引起了人们极大的兴趣。由于这些新品种酒花较高的苦味含量，已被高度认可应用于苦型啤酒（如 IPA 和双料 IPA）的酿造。据考证，这些酒花品种的发展明显促进了美式 IPA 和双料 IPA 的流行。

酒花中三种主要的 α-酸是葎草酮、合葎草酮和加葎草酮，每种酒花中三种 α-

酸的比率是不同的（表 9.3），一些酿酒师会密切关注酒花品种的合葎草酮含量，当其含量大于 30%时会赋予啤酒粗糙的苦味。源于中欧的一些贵族酒花品种（萨兹、哈拉道等）的合葎草酮含量都很低。

表 9.3　酒花的 α-酸

α-酸	α-酸的百分比/%
葎草酮	40～80
合葎草酮	14～50
加葎草酮	5～15

为了赋予啤酒苦味，α-酸需要进行煮沸。在糖化车间的麦汁煮沸过程中，将酒花添加到煮沸锅中，将 α-酸异构化为异 α-酸。异 α-酸是赋予啤酒苦味的化合物，当温度高于 85℃（185°F）时就会发生异构化反应，异构化反应的速度和终止依赖于煮沸温度和时间。因此，酒花煮沸时间越长，被浸提的苦味物质越多。

异 α-酸的溶解性（溶解于麦汁的能力）比未异构化的 α-酸高得多，因此异 α-酸比 α-酸苦很多。除了赋予苦味，异 α-酸也有利于啤酒泡沫的挂杯性和稳定性，这也就解释了为什么酒花添加量多的啤酒比酒花添加量少的啤酒泡沫更丰富、更细腻。需要注意的是，啤酒中的异 α-酸（异葎草酮）能与日光反应，使绿瓶包装或白瓶包装的啤酒产生日光臭味。

9.7.2　酒花油

对于 IPA 酿酒师而言，同样重要的还有酒花油含量，酒花油会赋予啤酒酒花的香气和风味。酒花油中含有几千种不同的化合物，主要的三种物质是月桂烯、葎草烯和石竹烯。月桂烯是含量最多的酒花油，占总酒花油的 30%～60%，当麦汁煮沸添加酒花时，蒸发得很快。很多酿酒师认为，当较晚添加酒花时，月桂烯是啤酒中酒花风味和香气的最主要贡献者。在麦汁煮沸和发酵过程中，许多酒花油成分都会经过化学变化或者氧化转化，啤酒中不同的酒花香气和风味，依赖于酒花的添加工序、酒花在煮沸锅的煮沸时间以及酵母的发酵时间，这也就是为什么很多 IPA 酿造师在不同的酿造阶段都添加酒花的原因。

每种酒花都有自己独特的 α-酸和酒花油组分。因此，对致力于将酒花苦味、风味和香气进行完美组合的酿酒师而言，酒花的选择和混合就显得非常重要了。表 9.4 列举了 IPA 酿酒师广泛使用的一些酒花，这并不是绝对的，每年都会推出很多新的酒花品种，一些具有冒险精神的酿酒师使用"非国际性"的 IPA 酒花酿造出了令人惊艳的 IPA。

表 9.4　酿造 IPA 常用的酒花品种

品种	α-酸的典型含量/%	含葎草酮（占α-酸含量的百分数）/%	酒花油含量/（毫升/100 克）	风味和香气描述	典型用法和其他评价
亚麻黄	8~11	22	1.5~2	花香，柑橘味，芒果味热带水果味	流行的苦型和香型酒花。如果不与其他品种混合使用，口味会太浓郁
阿波罗	15~19	24~28	1.5~2.5	西柚味，辛辣味	新品种，味道浓郁，易产生硫味
纯金	7~10	35~40	2~3	浓郁的美国酒花香气，有黑醋栗味和猫骚味	很难找到该品种，酿造百龄坛 IPA 时使用
喝彩	14~17	29~34	1.6~2.4	花香和水果味	新品种
海中女神	12~14	40~42	1.6~2.5	梨，莓果和苹果味	新型香味品种
卡斯卡特	5~8	37	0.8~1.5	辛辣味，花香，柑橘味和西柚味	典型的美式香型酒花，常用干投，"4C"酒花品种之一
世纪	9~11.5	30	1.5~2.5	花香，柑橘味（柠檬皮味），松树味	最初作为"超级卡斯卡特"增加风味，香气，并用于干投；"4C"酒花品种之一
挑战者	5~9	20~25	1~1.7	辛辣味，干净苦味	一款英式苦型酒花，有良好的风味特性，产生充足的风味/香气
奇努克	12~14	34~39	1.5~2.5	浓郁的辛辣味，松树味，杏味，西柚味	苦香兼优酒花："4C"酒花品种之一
西楚	11~13	22~24	2.2~2.8	有强烈的柑橘味和热带水果味，甜瓜味，百香果味	新品种
哥伦布（战斧/宙斯或 CTZ）	13~16	32	1.5~2.5	浓郁的辛辣味，花香	良好的苦型酒花，通常用干投，会产生硫味，"4C"酒花品种之一
德尔塔（Delta）	5.5~7.0	22~24	0.5~1.1	柑橘和香料味，有淡淡的茶味，莓果味和甜瓜味	新型香型酒花
东肯特哥尔丁	4.5~7	28~32	0.5~1.0	香料味，泥土味，草药味，果酱味	典型英国品种
富格尔	3.5~5	26	0.7~1.5	温和，有青草味，花香，草药味	能增加风味和香气，适宜干投，酿造英式爱尔啤酒
银河	13.5~15	35	2.4~2.7	有柑橘味，百香果味和核果味	澳大利亚品种
马格努姆	12~14	22~26	1.9~2.3	有干净的苦味	源于德国，优质苦型酒花
尼尔森·苏文	12~13	24	1.0~1.5	白葡萄酒味，莓果味	独特的新西兰品种

续表

品种	α-酸的典型含量/%	合律草酮（占α-酸含量的百分数）/%	酒花油含量/（毫升/100克）	风味和香气描述	典型用法和其他评价
北部丘陵（Northdown）	7~8	24~29	1.5~2.5	干净苦味、温和	良好的苦香兼优酒花
拿盖特	12~14	26~30	1.7~2.3	浓郁苦味、淡草药味	苦型酒花
西姆科	12~14	15~20	2~2.5	强烈的树脂味松树味	苦香兼优酒花、优质的干投酒花品种
空知郡佼佼者（Sorachi Ace）	10~16	23	2.0~2.8	草药味、茴香味、蜜橘味	源于日本，风味独特
顶峰	16~18	26~33	1.5~2.5	柑橘味和草药味	苦香兼优酒花、高添加量时会产生洋葱味/硫味
目标	10~12	29~37	1.6~2.6	有浓郁的草药味、花香、柑橘蜜橘味	良好的苦型酒花，能产生良好的风味
勇士	15~17	25	1.0~2.0	温和、干净	主要是苦型酒花
威廉麦特	4~7	32	1~1.5	草药味、青草味、温和	美式富格尔酒花

9.8　酒　花　制　品

对于 IPA 酿酒师而言，另一个需要考虑的是酿造啤酒时该添加什么形式的酒花。在过去的 40 年，已有几种不同类型的酒花制品应用于商业酿造和家酿之中，每种酒花制品都具有各自的优势和挑战。

9.8.1　酒花球果

酒花球果（或者说整酒花）是传统的酒花制品。酒花球果是干燥的、浓缩的、袋装酒花花朵，常见的是每包（美语用 bales、英语用 pockets、德语用 ballots）150～200 磅。显然，对于家酿师或小型精酿啤酒师而言，一个 200 磅的整酒花包是庞大的或难于应用的，其包装尺寸是 5 英尺×2.5 英尺×2 英尺，一些酒花供应商会将大酒花包分成 10～20 磅的小包装，供应给小型酿酒师。

使用酒花球果的优势主要是能感受到一些风味。在美国，有几家精酿啤酒厂只使用整酒花球果酿酒，因为他们认为压缩的整酒花球果能赋予啤酒最好的风味。此外，整酒花可以在酒花回收罐（hopback）中添加，这样可以增加传统风味，并且有助于滤除酒花糟和热凝固物（在煮沸锅中形成的蛋白质类物质）。许多酿酒师认为，干投整酒花球果会赋予啤酒优良的风味，虽然他们在糖化过程中也会采用其他酒花制品增加苦味和进行调味，但他们会限制在干投时只添加整酒花。从啤酒口味角度来说，很容易识别出采用整酒花球果酿造的啤酒，而采用其他酒花制品则较难识别。

使用整酒花的不利之处主要与酒花的贮存、稳定性和酒花的利用率有关。整酒花包体积庞大，难于移动；酒花包不能抗氧，所以比其他酒花制品更容易氧化和老化。一旦打开，整酒花就会被氧化，风味降解，因此购买少量大包装贮存的酒花球果时要特别注意。正如前文提及的，蛇麻腺腺体会脱离球果，造成酒花苦味和风味的不一致。此外，对于精酿啤酒商而言，整酒花难于称量，而且需要使用酒花分离设备（酒花回收罐或者其他类型的酒花过滤器），以去除麦汁煮沸后的酒花叶等杂物。采用整酒花球果进行干投时，需要用纱布袋子或者其他带孔的容器，如此干投完毕，就可以很容易地去除酒花叶等残渣。

在英国很容易获得一种把整酒花做成 15 克的酒花塞，即将压缩酒花压制成塞子的形状，类似于冰球，这种形式易于贮存、称量和使用，特别适用于桶装啤酒干投。

9.8.2　酒花颗粒

到目前为止，精酿啤酒师和家酿爱好者最常用的酒花形式是酒花颗粒。这种形式的酒花开发于 1972 年，是将经过压缩的整酒花压碎，并经锤式粉碎机将酒花粉碎成细粉，之后通过模具压制成直径为 4～6 毫米的颗粒。酒花颗粒与其他酒花制品不一样，仍有酒花叶，许多酿酒师认为这也是酒花的重要风味成分。如果需要，一些酒花供应商可以在颗粒化的过程中去除部分叶类物质以浓缩蛇麻腺。标准的酒花颗粒通常称为 90 型颗粒，因为这种颗粒只保留了原酒花 90%的重量；而 45 型酒花颗粒只有原酒花 45%的重量，但与原酒花的苦味值相同。

使用酒花颗粒有很多好处。酒花颗粒都是真空包装或者充填惰性气体（氮气）包装，而且贮存在 25 千克（44 磅）或者 5 千克（11 磅）的盒子里，这样就很容易搬动、称量以及在酿造时添加。与整酒花色不同，颗粒比酒花必须将酒花从整包中被取出，分解为拳头大小或更小的碎块，这样有助于提高利用率，酒花颗粒通常可以自由流动，而且容易称量。如果没有打开包装，那么真空包装或者充填氮气的酒花颗粒将保持新鲜数年，如此酿酒师在使用之前可以长期贮存。此外，酒花颗粒化过程能够捕获压缩酒花中所有的蛇麻腺，保证了酒花苦味和风味的一致性。酒花颗粒的酒花利用率比整酒花球果（酿造过程中获得的酒花苦味物质数量）高 5%～10%。

使用酒花颗粒的一个劣势在于，一旦酒花接触氧气就会迅速氧化。因为蛇麻腺在颗粒化过程中稍有破裂，形成氧化产物（对啤酒造成粗糙苦味的化合物），在真空包装打开之后就会失去香味特征。此外，在麦汁煮沸时，酒花颗粒会迅速崩解进入麦汁中，从而形成大量的热凝固物，而这些热凝固物中仍然有很多麦汁残留，所以必须通过回旋沉淀槽分离出来，否则就会降低麦汁的收得率。干投酒花颗粒也会遇到同样的挑战，很难将酒花全部融入到罐中的啤酒里，沉淀物也是难以去除的。当酒花颗粒进入到液体中后会迅速崩解，而不像整酒花那样停留在啤酒中的纱布袋或网状过滤器中。由于生产酒花颗粒时要进行粉碎，而粉碎过程会产生很多热量，所以有些酿酒师认为干投的酒花颗粒能给啤酒带来青草味、更多的蔬菜味，而干投相同品种的整酒花则会赋予啤酒更多的柑橘味。我的经验是，供应商在生产酒花颗粒时可以采用优化的温度，并控制温度稳定，从而不再有上述的缺陷或担忧。

9.8.3 二氧化碳酒花浸膏

酒花浸膏是酒花树脂的高度浓缩形式，它是以酒花颗粒为原料，利用液态二氧化碳提取的黏稠的膏状液体（图 9.3）。尽管传统上都是大型啤酒厂在使用，但是酒花浸膏也在试图进入精酿啤酒界。当酿造极苦的双料 IPA 时，有酿酒师发现酒花浸膏是使啤酒达到最高苦味非常好的选择，而不必考虑整酒花中酒花叶的残留或泥状酒花颗粒的沉淀。正因为如此，一些酿酒师在酒花配方中会搭配酒花浸膏，以提高啤酒的苦味。

图 9.3　IPA 酿酒师所用的整酒花、酒花颗粒和酒花浸膏，图片由 Tyler Graham 拍摄

　　使用酒花浸膏的优势是，不需要在麦汁中添加大量的固体物质就可以获得较高的苦味值。酒花浸膏是高度浓缩的产品，α-酸含量高达 40%～50%。因为在回旋沉淀之后，酒花叶或热凝固物中残留的麦汁数量少，因而酒花利用率（提取苦味质的效率）有所提高，糖化收率也得以提高。酒花浸膏很容易运输和贮存，几乎可以无限度地保持稳定性。

　　使用酒花浸膏的劣势是，容易造成脏乱，而且使用起来也不太方便，因为从所包装的罐中移取浓稠的膏状液体并不容易。将罐装的酒花浸膏进行冷冻，割掉罐包装的顶部和底部，将冰冻的浸膏从罐内推入麦汁中，这是最快的移取酒花浸膏的方法；另一个常用的方法是将大部分浸膏从罐里倒出来，再将打开的罐放入煮沸锅或者单独的热麦汁容器，让热麦汁融掉罐中残存的浸膏。要小心，因为散落的酒花浸膏会滴在煮沸锅顶部，容易形成污渍，而且很难清除。

　　有些酿酒师认为，与整酒花或酒花颗粒相比，酒花浸膏不能赋予啤酒同样的风味或香气。因而，一些 IPA 和双料 IPA 的酿酒师只是使用酒花浸膏来增加苦味，而采用整酒花或者酒花颗粒来进行酒花干投，增加风味。

9.8.4　蒸馏酒花油

　　酒花油可以用蒸汽从酒花中蒸馏出来，用来增加啤酒干投酒花的特点，但大多数品尝实验显示，蒸馏酒花油所赋予的风味与整酒花或者酒花颗粒并不完全一样，但是酒花油可以与其他酒花制品有效组合来增强酒花的风味和香气。

9.8.5　其他酒花制品

酒花供应商利用二氧化碳酒花浸膏开发了几款其他的产品。预异构化酒花浸膏不需要煮沸就会产生苦味；预异构化酒花颗粒能赋予啤酒更高的苦味值，已应用于双料 IPA 的生产；许多大型啤酒厂将免煮沸、免发酵的纯异 α-酸加入到成品啤酒中，以调节啤酒的苦味值，增加泡沫性能；采用化学方法处理的不与日光反应的酒花浸膏产品，可以防止绿瓶包装或者白瓶包装的啤酒产生日光臭；其他产品也能调节啤酒的苦味。越来越多的精酿啤酒师在研究采用这些后发酵的酒花制品来增加啤酒苦味。

9.8.6　新鲜酒花

在收获酒花、去除茎和叶之后，立刻将新鲜酒花送到酿酒师手中，现在正变得越来越流行。新鲜酒花能赋予啤酒别具一格的酒花特征，而且在酿造过程的各个阶段都可以添加。

如果使用新鲜酒花进行酿造，需要酿酒师与部分酒花供应商进行仔细规划，因为新鲜的酒花必须在低温条件下快速运输，采取正确的方法避免损伤。新鲜酒花的添加量是干燥压缩酒花或者酒花颗粒的 5～6 倍，因为新鲜酒花的水分含量是干燥压缩酒花球果的 5～6 倍。

9.9　开发酒花配方，计算苦味值

酿酒师研究酿造 IPA 的配方时，需要考虑以下因素。
- 所用酒花品种和酒花的 α-酸含量。
- 渴望的酒花风味和香气特征。
- 期待的苦味值。
- 煮沸锅中酒花的利用率。
- 后添加酒花对啤酒风味和苦味值的影响。

如果不知道酒花的利用率，酿酒师想要达到酿造配方中的目标苦味值是不可能的。酒花利用率是指成品麦汁中异 α-酸的数量与添加到煮沸锅中的 α-酸含量的比值，可以按如下公式进行计算：

$$酒花利用率 = \frac{麦汁中异 α\text{-}酸含量 \times 100}{煮沸时添加的 α\text{-}酸含量}$$

一旦酿酒师分析了麦汁的苦味值含量，那么就方便计算酒花利用率了。但是，分析苦味值时需要在麦汁中加入强酸和异辛烷，生成并分离提取物，然后使用分光光度计在 275nm 处检测提取物的吸光度值。该检测过程比较昂贵而且费时，超出了大多数家酿师和精酿啤酒师的能力，所以酒花的利用率常被估计确定。

酒花利用率通常为 20%～40%，表 9.5 展示了不同酿造阶段与酒花利用率的关系。

表 9.5　煮沸锅中酒花利用率的影响因素

变化	对苦味造成影响的典型酒花利用率
酒花球果，12°P 麦汁，煮沸 90 分钟	利用率为 20%～30%
酒花颗粒	利用率增加，达到 25%～35%
酒花浸膏	利用率增加，达到 30%～40%
增加煮沸时间	利用率增加
提高麦汁的 pH	利用率增加
降低原麦汁浓度	利用率增加
提高酒花添加量	利用率降低；苦味值增加，但不呈线性关系

需要注意的是，酒花利用率（最高为 33%）是对麦汁而言的，在发酵过程中苦味值会明显降低，因为麦汁发酵生成啤酒会导致 pH 的下降，故异 α-酸的溶解度也会下降。

苦味值的浸出依赖于煮沸时酒花添加的时间，苦味物质的含量基于何时将酒花添加到煮沸的麦汁中、煮沸了多长时间。可以根据已发表文献的数据，大体估算出麦汁煮沸过程中不同时间添加酒花的苦味值或利用率，但这只是估算值，因为不同的酿酒师有不同的酒花供应商，而且煮沸锅的热交换效果、煮沸参数、蒸发率、煮沸锅的设计都有所不同，这些都会影响到酒花的利用率和成品啤酒的苦味。

酒花利用率很大程度上取决于麦汁的浓度。麦汁浓度的增加，将会造成酒花利用率和啤酒苦味值的下降；多添加酒花会增加苦味值，但是酒花利用率会下降。苦味的增加并不呈线性，最终酿酒师会达到收益递减的临界点。简言之，增加 50%的酒花添加量并不会增加 50%的苦味值。

对大多数酿酒师而言，除了浸提酒花苦味，同时还要从煮沸过程中获得酒花风味和香气，这种平衡也是很有必要的。与酒花风味和香气相关的酒花油是高挥发性化合物，如果酒花添加时间太早，就会造成酒花油全部挥发；如果晚添加酒花，就会保留更多的酒花风味和香气，但酒花的利用率和苦味值会降低。酿酒师艺术的一部分就是要做好平衡工作，既可以保证麦汁合适的苦味值，又能保证啤酒具有良好的酒花风味和香气。

确定麦汁苦味值的一个典型方法是，计算 10 加仑麦汁中添加酒花的 α-酸单位（AAU）：

例如，添加 α-酸含量为 13%的奇努克酒花 8 盎司=8×13=104AAU

$$IBU=AAU×U×75/V=104×0.2×75/10=156$$

式中，U 为利用率；V 为麦汁体积。

　　实际上利用率数值是估算的。目前也有针对不同浓度的麦汁、不同的煮沸时间所对应的酒花利用率的研究，但是所得结论并没有考虑不同煮沸锅的结构设计、混合参数，以及影响酒花苦味浸出的其他变量。

　　IBU 数值为 156 是不太可能的。麦汁浸提异 α-酸的能力有限，随着麦汁浓度的增加，能浸提的异 α-酸的最大量也会增加，但是酒花利用率却很低。

　　普遍的认知错误是，苦味值 IBU 和异 α-酸含量（ppm）是一样的（即二者数值是等同的），这显然是不正确的。添加 1ppm 的纯异 α-酸或许仅仅增加 0.6～1 的 IBU。这也取决于其他的条件和变量，如果酒花贮存时间过长、贮存温度太高，就很难量化麦汁中异 α-酸含量的增加情况，但是啤酒的苦味值会明显增加，这是由于贮存过程中 β-酸被氧化所致。

　　通过麦汁计算公布其啤酒苦味值的酿酒师通常没有考虑啤酒发酵过程苦味值可降低 25%～35%，这是因为酵母会吸附异 α-酸（从发酵液中回收酵母中的异 α-酸含量通常是其啤酒中含量的 3～4 倍）。此外，pH 的下降（典型的是从 5.3 降至 4.5）也会降低异 α-酸的溶解度，在发酵过程中有些异 α-酸会形成沉淀或凝固。发酵之后，一些固体酒花苦味物质通常会凝结在一边或凝结在发酵罐的顶部。12～14°P（比重为 1.048～1.056）啤酒的最大苦味值约为 80 IBU。

　　那么答案是什么？很不幸，知道 IPA 啤酒苦味值的最好方法是对其进行分析检测！之后，你可以通过使用简单的数学方法进行调整，以得到你期望的苦味值。但是正如我之前所说的，这种检测方法是大多数小型酿酒师做不到的，因此，对于很多人而言检测 IBU 最好的方法还是估算，确实也有几个酿造计算程序可以很好地估算苦味值。据说，如果酿造 10 加仑的 IPA，添加 0.5 磅奇努克酒花就能酿造出难以置信的苦味啤酒。

9.10　糖化车间的酒花添加技术

　　尽管大多数酿酒师都在麦汁煮沸锅添加酒花，以浸提酒花的苦味、风味和香气，但是也可以在其他糖化容器中添加酒花。

9.10.1　糖化阶段添加酒花

　　糖化阶段直接添加整酒花或酒花颗粒的方法在 20 世纪早期就有应用，其理论依据是糖化醪液的高 pH 和氧气的存在可以使酒花中的挥发化合物与麦芽成分形成氧化产物，形成的化合物不具有挥发性，存留于随后经过过滤和煮沸之后的麦汁中，赋予啤酒"更圆润的"酒花风味。

针对糖化阶段添加酒花是否会获得所需要的风味也有很多讨论，与美国精酿啤酒师探讨此类问题是非常有趣的，但遗憾的是，除了糖化阶段添加酒花之外，在其他的工序（如麦汁过滤、麦汁煮沸、回旋沉淀及啤酒发酵）也添加了大量酒花，因此，通过感官品评很难识别出糖化阶段获得了哪些风味。不过，对于 IPA 酿酒师、特别是双料 IPA 酿酒师而言，很酷！

若在糖化阶段添加酒花，整酒花是最合适的选择，因为酒花叶也有助于后续的麦汁过滤，也可以采用颗粒酒花；若在此工序添加酒花浸膏，萃取的酒花风味和香气非常有限，故不建议在糖化阶段添加酒花浸膏。

9.10.2　在第一麦汁添加酒花

在第一麦汁添加酒花的理论与糖化阶段添加是一样的。在煮沸锅过滤的第一麦汁中添加酒花，在麦汁满锅的过程中，酒花中的挥发性成分会与麦汁中的麦芽组分结合。此外，在较高的 pH 条件下，酒花与麦汁的长时间接触有利于提高酒花利用率，进而增加啤酒的苦味值；该技术还有一个优势，就是有助于减少煮沸初期的泡沫，防止麦汁溢锅。同糖化阶段添加酒花一样，理想的酒花制品通常是整酒花或酒花颗粒。具有期望风味和香气的高品质、高 α-酸的酒花最好在这一阶段添加。

9.10.3　煮沸阶段添加酒花

几乎每个酿酒师都会在煮沸阶段添加酒花（在糖化车间不添加酒花，只在后发酵阶段添加预异构化酒花浸膏来增加啤酒苦味值的大型啤酒厂除外）。正如以前所讨论的，所有酿酒师在煮沸阶段添加酒花的时间和数量是不一样的，但是他们都会在煮沸阶段添加 1～3 次酒花。

无独有偶，酿酒师都会在麦汁煮沸初期添加大部分酒花，这就是很多酿酒师所说的"苦味酒花添加"，这次添加的酒花对风味和香气贡献很少，因为大部分挥发油和其他风味化合物在剩余的 60～120 分钟麦汁煮沸期间都挥发掉了。许多 IPA 酿酒师在这一阶段都添加高 α-酸的苦型酒花，如勇士、马格努姆、顶峰或者阿波罗，如果需要也可以添加酒花浸膏。

随后在煮沸过程中添加的酒花通常称之为"风味"酒花和"香味"酒花，后期添加的酒花被认为保留了贡献酒花香气的挥发性酒花油成分，应该注意的是，此时添加的酒花也会获得苦味，尽管这时的酒花利用率不会和第一次添加时那样高。酿酒师可以选择单一品种酒花或多个品种酒花的组合来获得想要的风味、香气和苦味值。通常而言，当酿造一款 IPA 时，可以添加更多高 α-酸的香型酒花品种，如世纪、卡斯卡特、西姆科和亚麻黄等；不建议添加低风味的酒花，如拿盖特、马格努姆及珍珠等。

9.10.4　酒花回收罐添加

对于使用整酒花的酿酒师而言，酒花回收罐是一种有助于将煮沸后麦汁中的酒花叶分离去除的重要容器，其他过滤设备，如百威公司使用的"酒花夹克"（hopjack）也是可以用的。使用酒花回收罐的优势是它能容纳所添加的全部整酒花，酿酒师将酒花加入酒花回收罐，当酒花穿过回收罐时，不仅可以过滤出酒花糟和热凝固物中的麦汁，而且可以赋予啤酒明显的酒花风味和香气。

通常而言，在这个阶段，酿酒师只会添加最高质量的香型酒花，因为苦味的浸提是第二位的。随着麦汁温度降低至沸点之下，浸提酒花油的香气和风味也达到最大值。因此，此时应该选择具有理想风味和香气的酒花。

9.10.5　回旋沉淀槽添加

无论其回旋沉淀是独立的容器，还是与煮沸锅在同一容器，许多酿酒师都会在酒花糟/热凝固物分离的这一步骤中添加风味酒花和香味酒花。就像在酒花回收罐添加酒花一样，此时添加的酒花也主要贡献香气和风味，因此应该使用具有期待风味成分的高品质酒花。令人惊奇的是，该阶段添加的酒花能明显提高啤酒的苦味值（增加 20%～30%），切记酒花 α-酸异构化为异 α-酸的反应在 85℃（185°F）之上就可以发生。

同酒花回收罐一样，在回旋沉淀槽中也只能添加具有期待香型特征的优质酒花。酒花颗粒是回旋沉淀槽添加酒花制品的首选，因为整酒花需要使用多孔袋或者其他容器，而酒花浸膏没有期望的香气特征。

9.10.6　后发酵干投

干投酒花是 IPA 啤酒与其他啤酒类型的区别所在。干投酒花就是将酒花添加到陈贮罐、售酒罐或木桶中，使酒花浸渍于啤酒中，以赋予啤酒明显的新鲜酒花风味，而不增加传统的苦味。

大多数精酿啤酒师和家酿爱好者都会在主发酵结束后干投酒花，该技术能让酿酒师尽可能多地获得酒花风味，但在啤酒包装前需要去除酒花。

多数酿酒师都会避免在发酵时添加酒花，因为大部分的酒花特性会被活性发酵酵母吸收，进而降低了酒花的干投效率。此外，如果需要的话，可以在等待干投酒花的时候再次接入主发酵酵母；使用圆锥形发酵罐时，在干投酒花之前，可以从锥底回收酵母或去除酵母；如果是在球形细颈玻璃瓶 Carboy 中进行发酵，建议将啤酒虹吸到另一只瓶内，分离掉酵母，再向啤酒中干投酒花。

是干投整酒花还是干投酒花颗粒仍存在很大争论。正如酒花制品那一节所述，许多酿酒师认为整酒花能赋予啤酒更好的"新鲜酒花"风味。我的经验是，随着酒花颗粒化过程控温技术的改进，干投酒花颗粒所赋予啤酒的风味是可以接受的，而且在一定情况下，甚至会优于干投整酒花所带来的风味。

从实践角度来看，对于大多数酿酒师而言，添加酒花颗粒非常方便，因为酒花颗粒容易称量、容易添加到发酵罐中。酒花干投之后，酒花颗粒会慢慢沉降到发酵罐底部，在啤酒过滤或包装之前可以非常方便地排出，也可以将啤酒输送到其他容器而分离掉这些沉降的酒花颗粒；而整酒花需要用纱布包装或者放在其他类型的带孔容器中，干投后变得湿且重，因而从发酵罐中将其去除就很困难了。当使用整酒花进行干投操作时，酿酒师通常将啤酒转移到已经加完袋装整酒花的发酵罐中，然后将啤酒在该发酵罐内进行循环，以使酒花物质悬浮、尽可能提取更多的风味。

如果让酒花在啤酒中浸渍太长的时间，就会导致啤酒有葡萄梗味和蔬菜味，这些风味会掩盖令人愉悦的酒花油风味，所以大多数酿酒师限定干投酒花与啤酒接触时间为 5～15 天，但是近期的研究表明，只需要几天时间就可以将酒花风味浸提到最大量。

有些酿酒师通过多次干投酒花来尽可能多地获得酒花风味，第二次干投时，会去除前一次干投的酒花，如此反复进行干投，直至进行啤酒包装；另一种方法是在二次发酵时进行干投，或者在成品酒/清酒罐中进行干投。

9.11　设计酒花配方的最后想法

9.11.1　单次添加与多次添加

优质 IPA 和双料 IPA 的酿造，在酿酒车间往往采用一次或两次添加酒花的方式，其他啤酒类型或许会多次添加酒花。一个极端的例子是巨石啤酒公司，其酿造"巨石 IPA"和"巨石毁灭 IPA"时，在回旋沉淀槽中添加了一次苦型酒花和一次风味酒花；其他极端的例子是"角鲨头 IPA"和"比萨港 Hop15"，这两款酒都是持续添加酒花或在酿造的多个阶段添加酒花。上述两种酒花添加方式都酿造出了独特的 IPA，实用性（即风味）决定了还是要采用多次添加酒花的方式。

9.11.2　酒花混合

有几家啤酒厂通过添加单一酒花品种酿造出了优质的 IPA，这些伟大的啤酒也可以用来评判一种酒花所赋予啤酒的风味，韦耶巴克（Weyerbacher）"双料西姆科 IPA"就是一个很好的例子。

而"比萨港 Hop 15"则是采用很多酒花品种酿造出的极好 IPA 风味的优良代表。采用这种干投技术的大部分酿酒师的目标是获得酒花风味浓郁和口感复杂的啤酒。采用酒花混合（尤其是将风味酒花和干投酒花混合）的一个优势是，如果你买不到某一特定的酒花品种，可以选用替代产品达到你所想要的近似风味。

9.11.3　过量的酒花添加

麦汁萃取的异 α-酸数量是有限度的，可以获得最大的苦味，但苦味是依赖于麦汁浓度的，浓度高的麦汁可以达到更高的苦味。生产极端啤酒的酿酒师经常添加更多的酒花，远远超过其苦味的额定限度，在酒花价格昂贵而且酒花限量供应的时期，这种方法虽然表面上看起来是弊大于利的，但是这些酒花能提取出很重要的酒花风味，尽管苦味不会很高，如果出于成本的考虑，去除酒花后，啤酒风味也可以接受。如果加入太多的酒花，就会导致啤酒出现过浓的蔬菜味，因此要小心添加酒花，更多酒花并不总是意味着更好！

9.12　IPA 发酵技术

9.12.1　酵母及酵母生长

酵母是一种生物，可自身摄取食物，维持自身代谢；并繁殖产生下一代。作为酿酒师，我们的目标是让酵母在我们的啤酒中产生期待的风味和酒精含量，并让酵母产生足够的新酵母，以接种到后续批次的麦汁中进一步酿造啤酒，这需要我们无论是在发酵前、发酵中，还是发酵后都仔细管理酵母细胞，管理好发酵环境、酵母的生长、酵母的健康。控制生物体的代谢是一项挑战，最终要产生我们需要的风味、达到期望的酵母数，保持足够的健康，并一代代繁殖下去。

酵母通过发芽的方式进行繁殖，也就是说，从母细胞中产生子细胞。当酿酒师讨论酵母生长时，就是在讨论酵母细胞的出芽过程，或者是产生新细胞的过程，而不是在讨论母细胞生长的大小。酵母生长需要吸收麦汁中的营养物质，通常来说，艾尔啤酒酿酒师期望发酵过程中的酵母数增加至 3～5 倍。因此，如果发酵初期的酵母数是 2×10^7 个/毫升，那么在发酵旺盛阶段酵母数要达到 $6 \times 10^7 \sim 10 \times 10^7$ 个/毫升。之后，一些细胞就开始死亡，一些会从麦汁中沉淀出来。管理酵母生长是维持酵母健康、确保正常发酵和形成风味的关键环节。酵母增殖过多，就会造成酵母细胞密集，减少酯类物质的生成，提高了高级醇的产生，增加双乙酰的含量，进而造成后续的双乙酰还原困难或乙醛还原困难；酵母增殖过少，则会造成发酵迟缓，增加酯类物质的产生，很难完成发酵过程，双乙酰和乙醛也很难完成还原。

通常而言，全麦芽麦汁含有酵母生长和发酵的所有营养（如可发酵糖、氮、矿物质、维生素），唯独氧气除外。对家酿啤酒师和精酿啤酒师而言，氧气是需要添加到麦汁的最关键营养，酵母需要利用麦汁中的溶解氧合成不饱和脂肪酸和甾醇之间的化学键，进而形成新的酵母细胞壁，而不饱和脂肪酸和甾醇这些化合物在运输营养物质进入酵母细胞和排出代谢废物中起到了重要作用。许多酿酒师在酵母接种时控制溶解氧含量为 9～15ppm，这可以通过在麦汁中通入无菌空气得以实现，而一些酿酒师使用纯氧是有一定风险的，因为麦汁中纯氧的饱和度要高得多。当麦汁中的溶解氧达到 20～30ppm，酵母就会过度生长，造成新酵母细胞压力倍增，因为所需的其他营养或许不足以支持酵母生长，这就是所谓的"营养过剩"，这与人类吃得太多太饱一样，此时人们很快就会感觉到疲劳，而且行动迟缓，除了睡觉什么也不想做。当酵母也发生这种情况，发酵就会停滞，啤酒中就会有过高含量的硫和乙醛。

影响酵母生长的其他因素还包括冷凝固物的残留（过多的冷凝固物会增加麦汁中锌和脂肪酸的含量，这会促进酵母的生长）、酵母接种率（加到麦汁中的最初酵母数）、发酵罐的设计、蛋白质含量（氨基酸与蛋白质的比值）、糖类物质的含量，以及发酵温度（高温就意味着生长过快）等。上述所有的因素都是非常重要的，需要认真检测和控制，以保证发酵的一致性和啤酒风味的形成。

对于 IPA 酿酒师而言，酵母菌株的选择也是至关重要的。首先，你需要选用艾尔酵母，通常来说，选择的酵母应该产酯、产双乙酰或产硫味都要少；在英式 IPA 中，一定含量的硫化物是可以接受的，甚至是需要的，但是 IPA（特别是美式 IPA 或者双料 IPA）中，任何酵母风味化合物过多或干扰了新鲜酒花的风味，都需要加以避免。然而酿造比利时 IPA 却是个例外，它需要使用比利时酵母来获得适宜的比利时酵母风味，这种啤酒类型的诀窍是使酵母味和酒花味达到恰当的平衡，这样就会有明显的比利时风味，当然也很具有 IPA 的特性。

供应商可以为艾尔酿酒师提供很多品种的艾尔酵母，其中最受欢迎的一款就是加州艾尔酵母，应该是来源于百龄坛艾尔酵母，它酿造出的啤酒很干净，酯类和双乙酰产量低，发酵结束后沉降速度快而完全，这是酿造美式 IPA 或者双料 IPA 最理想的酵母菌种。也可以采用其他的酵母菌株，但是寻找的酵母需要具有较高的发酵度、较低的双乙酰产量及良好的沉降性。

现在酵母有多种形式可用，通常是液体酵母试管或"小型包装袋"液体酵母；多年来干酵母口碑较差，但是最近有几家新供应商，其提供的干酵母能够很好地发酵，也可以酿造非常棒的啤酒。

9.12.2 接种率

接种率指的是添加酵母之后麦汁中最初的酵母细胞数。对于艾尔啤酒，传统观点是每毫升麦汁中添加 1×10^6 个细胞/°P，比如 12°P 麦汁（比重为 1.048）应该接种 1.2×10^7 个细胞/毫升，16°P 麦汁（比重为 1.064）应该接种 1.6×10^7 个细胞/毫升，20°P 麦汁（比重为 1.080）应该接种 2×10^7 个细胞/毫升。

事实上，这个标准仅应该作为参考，因为每种酵母菌株对不同麦汁浓度和不同接种率的反应也是不同的。但是，这对于大多数传统艾尔酵母菌株而言是一个好的开端。

如果比期望的接种率低或者高，都会影响到发酵过程中酵母的生长状态。但是，因为我们讨论的是 IPA，添加了大量的酒花，啤酒的风味差异会由于啤酒的极端苦味而变得非常小。也就是说，从风味和发酵一致性的角度来看，达到预期的接种比例依然重要。从没有任何理由和借口允许你粗心大意！

9.12.3 起发液

供应商提供的液体酵母试管或者小包装液体酵母差不多能提供 1000 亿个酵母细胞，这通常可用于 5 加仑（约 19 升）标准浓度的麦汁进行酿造，约只能提供 500 万个酵母细胞/毫升，虽然酵母是在氧气丰富的培养基中生长，并且补充葡萄糖，以使酵母生长的足够多，但用于 5 加仑的麦汁酿造，还是数量略少；如果用于酿造的标准麦汁超过 5 加仑，或麦汁浓度高于 17°P（比重为 1.068），建议制作酵母起发液（starters）。

"起发液"就是先加入酵母的一定数量的麦汁，酿造啤酒前可以将其加入到待发酵的麦汁中。较少体积起发液中的酵母非常活跃，通常 1～2 天后，就可以将其添加到 5 加仑、10 加仑，甚至任意体积的麦汁中，进而酿成啤酒。这是"检验"酵母的一个好方法，当酿造高浓度的啤酒时，将确保接种的酵母数是合适的。

9.12.4 检测酵母数

到目前为止，检测发酵过程中酵母生长的最简单方法是检测生长阶段和发酵过程的细胞数量，这是一个相对便宜、简单的方法，这需要使用血细胞计数器（计数板）和一台具有 10 倍和 45 倍物镜的显微镜。

这种方法需取麦汁或啤酒样品，用 9：1 的蒸馏水稀释样品，移取少量的麦汁/水混合物至血细胞计数板小室内，对 5 个网格的酵母细胞进行计数，该数量乘以 10，得到稀释液的酵母数量，之后再除以 10 000，计算出每毫升的细胞数。

血细胞计数板也可以用于检测酵母的其他重要参数：酵母健康/生存能力。生存能力的检测方法是选取一定量的酵母泥，添加亚甲基蓝指示剂，短暂休止之后，将此酵母亚甲基蓝混合液滴加到血细胞计数板上，对酵母细胞进行计数，既要计算总细胞数，也要计数被染成蓝色的细胞数（即死细胞），酵母泥中未被染成蓝色的活酵母数的百分比即定义为生存能力。通常而言，如果艾尔酵母的生存能力达到 90%或更高，将有助于确保发酵的成功。

9.13　影响酵母性能和风味形成的因素

9.13.1　发酵过程

发酵过程包括三个阶段：第一阶段是迟滞期和生长期，当酵母接种到新环境（迟滞期），开始吸收营养（如氧气和氨基酸），即开始生长阶段。通常而言，迟滞期不宜超过 12～24 小时，否则较甜的含糖麦汁将会引起细菌污染。

第二阶段是厌氧/发酵阶段，麦汁中所有的氧气被酵母利用完，酵母调整代谢过程，进入稳定的发酵阶段，发酵液中的酵母数得以稳定，这就是初发酵阶段，对健康的艾尔酵母发酵来说，将持续 3～5 天的时间。

第三阶段是减速期，随着可发酵性糖的消耗，酵母代谢变慢，逐渐从发酵液中沉淀（絮凝）出来，这是关键阶段，特别是对高浓度麦汁而言，如果酵母缺乏酒精耐受性，将会导致酵母未完成发酵就开始沉降。在实际酿造过程中，有时要激活、重新悬浮酵母，以使酵母与啤酒密切接触。此外，当酵母细胞由于缺乏营养开始死亡时，如果发生酵母细胞自溶，将会形成乙醛，并且释放脂肪酸，而氧化生成的醛类将会导致啤酒具有老化味。

发酵温度在酒花添加量合适的啤酒中或许不是最重要的，但若为了保持合适的风味形成和发酵完全，对发酵温度进行控制就很重要了。如果温度太低，成品啤酒发酵度太低并且缺乏复杂性；温度太高，成品啤酒会含有大量的硫、酯类和酵母产生的异味（增加了双乙酰、乙醛含量）。

9.13.2　酵母营养

通常而言，当酿造全麦芽啤酒，采用健康、有活性的酵母时，不需要添加酵母营养物质。酵母营养通常从死酵母细胞中获得，而且氨基酸和锌含量较高，这有助于发酵的完整进行，但酵母营养会影响酵母的生长和发酵风味的形成。

当酿造双料 IPA 时，需要考虑酵母的营养问题，此时可以添加 Candi 糖或葡萄糖，这些糖类辅料只占麦汁总量的 5%～10%，不会对发酵产生问题，但如果这些糖类添加较多，或酿造高酒精含量的啤酒，其发酵将会受到影响。

　　当酵母开始发酵时，它们优先代谢所添加糖中的单糖（葡萄糖、果糖）。一旦这些糖类被代谢完毕，酵母会合成酶来降解糖化过程中形成的麦芽糖，将其分解为两分子的葡萄糖。如果酵母度过了生长期而进入了发酵期，那么酶的合成将是很困难的。通常来说，当酵母适应新的糖源时，酿酒师就会在发酵中期观察到外观糖度下降缓慢。为了解决这一问题，酿酒师会在发酵结束时添加糖类（加入其他罐中正剧烈发酵的高泡酒），如此一来，当麦芽糖被消耗完毕，这些单糖就会被酵母利用掉。

　　同时，当糖的添加量较高时，酵母营养将比较缺乏（主要是缺少氮源），此时发酵过程将变得异常缓慢，直至终点。但这对酿造双料 IPA 的酿酒师而言或许不需要担心，因为他们只添加 10%～15% 的糖类；不过，如果是糖类含量超过 30% 的高浓度麦汁，或许就难以完成发酵过程了。

9.13.3　双乙酰的产生

　　双乙酰会带来黄油味或奶油糖果味，而且口感光滑。通常而言，在任何啤酒中高浓度的双乙酰是不被人们所接受的，在 IPA 啤酒中是极其不受欢迎的，因为它会掩盖新鲜酒花的风味。

　　双乙酰是酵母代谢的副产物。具体来说，是在合成缬氨酸的过程中由 α-乙酰乳酸产生，最后酵母会再次代谢双乙酰形成 3-羟基-2 丁醇和 2,3-丁二醇，这两种物质都不是风味活性物质。在发酵阶段，啤酒中的双乙酰含量最高，随着啤酒后贮时间的延长，其含量会降低。只有健康的酵母才能去除双乙酰，因此，在啤酒降温或过滤之前，应该将前体转化为双乙酰，酵母再将双乙酰进一步转化，这是非常重要的，否则，在啤酒包装之后，双乙酰还可由其前体转化而产生。

　　双乙酰的含量受所用酵母菌株和麦汁中初始氮含量的高度影响。与常识不同，当麦汁中氨基酸含量较高时，双乙酰含量也较高，这是因为酵母会在缬氨酸之前先利用其他的氨基酸，之后再合成缬氨酸进行补充。

　　当啤酒的 pH 较低、啤酒发酵温度较高、悬浮酵母细胞浓度较高时，双乙酰还原为 3-羟基-2 丁醇和 2,3-丁二醇的比率将大大增加。

9.13.4　乙醛的产生

　　乙醛有"青苹果味"、"烤面包味"或"南瓜种子"味。对于啤酒品尝者而言，其风味是难于感知的，因为其浓度较高时风味也会改变；在较低浓度时，乙醛风味很容易与正常发酵产生的酯类风味混淆。

在发酵代谢途径中，乙醛由丙酮酸产生，然后常被酵母转化为乙醇。在发酵过程中，一些乙醛能透过酵母细胞壁进入到啤酒之中，但是在后贮阶段，乙醛会被再次吸收，代谢生成乙醇。到目前为止，啤酒中乙醛最主要的来源是发酵结束后由过多的酵母与啤酒接触产生的。如果啤酒中缺乏营养和可发酵糖，就会对酵母形成胁迫状态，造成酵母细胞自溶，释放出乙醛，进而和其他风味物质一起进入到啤酒中。

　　当提高麦汁通风量酵母生长旺盛时，乙醛产量也会增加；在发酵和后贮的末期，空气的进入也会造成乙醛含量的增加；通过提高发酵温度和增加悬浮酵母的数量，可以加快后贮阶段乙醛转化为乙醇的速度；主发酵完成后，从啤酒中去除啤酒酵母，酵母自溶的风险将大为降低，因此，一定要确保沉积在发酵罐底部的酵母不受极端温度的影响，并且要使用健康的酵母。

9.13.5　高级醇的生成

　　高级醇很重要，因为它能增加啤酒风味的复杂性，但是高含量的高级醇将会使啤酒变得粗糙、易醉。

　　高级醇是氨基酸代谢的中间产物，酵母不能吸收高级醇，也不能将其分解为其他的化合物，一旦高级醇形成，它们就一直存在于啤酒中。

　　过多高级醇的产生与酵母的过度繁殖有直接的关系，减少糖类的添加量、降低通氧量和发酵温度是保持高级醇在理想范围之内的有效方法。此外，保证健康的酵母培养方式有助于确保高级醇较低的生成量。

9.13.6　酯的形成

　　酯类化合物是酵母带入到啤酒中的主要风味，常被形容为水果味，有时也被描述为花香、香水味、溶剂味，这依赖于酵母菌株在生长和发酵时的代谢作用及其他因素。酯是任何啤酒类型都产生“啤酒味”的重要因素，但是过多的酯含量会掩盖酒花风味或导致风味的不平衡。

　　酯是酵母生长形成的产物，许多酿酒师认为增加酵母生长率会提高酯的形成，事实上，酵母缺乏生长也会促进酯的形成。酯由乙酰辅酶 A 形成，而乙酰辅酶 A 是酵母生长和酯类物质形成时代谢途径的中间产物。当乙酰辅酶 A 用于酵母增长时，形成的酯就少；当酵母增长较慢时，就会有更多的乙酰辅酶 A 参与酯类物质的形成。

　　影响酯形成的其他因素包括：
- 若酵母接种率高，则酵母增长缓慢，酯含量可能会增加；
- 若麦汁浓度较高，则酯类物质含量也较高；
- 若发酵罐高度较高，发酵压力高，则酯类物质含量较低；

- 若发酵温度高，则早期酯类含量较低，后期酯类含量较多；如果不控温，尽量降低接种率；
- 若发酵罐中冷凝固物较多，酵母增长快，则酯类物质含量较低；
- 若麦汁冷却时通氧较少，则酵母增长慢，酯类物质含量较高；
- 如果采用全麦芽酿造，则酯类物质含量较高。

9.13.7　主发酵过程

　　主发酵指的是酵母利用大多数糖类将其转化为乙醇和二氧化碳的过程。在此期间随着发酵的进行，由于碳酸和其他发酵化合物的形成，pH 会从 5.0～5.4 降低至 4.5。由于 pH 的降低，异 α-酸溶解度降低，苦味值会下降 20%～30%。酒花化合物会因为以下两种情况而损失：①被酵母细胞壁吸附；②与酵母泥一起凝结为沉淀物或黏附于发酵罐壁上。

　　主发酵期间温度的控制很重要。太高的温度会导致酵母快速增长，酵母会产生更多的硫化物和高级醇；如果主发酵温度过低，酵母会受到抑制，进而导致发酵不完全。

　　一些酿酒师在主发酵之后会提升温度来进行双乙酰还原，是否要这么做主要取决于酵母菌株本身，即酵母菌株在不升温的情况下是否能够充分还原双乙酰。

　　主发酵结束，将酵母从发酵罐中去除之后就可以进行酒花干投了，这样做可以让酒花风味进入啤酒中，而不受酵母的干扰或不被酵母吸收。大多数酿酒师在主发酵之后会稍降低温度，以便于酵母沉降和去除。尽管有些酿酒师会等到啤酒澄清之后再加酒花，但大多数会在后贮阶段、温度稍高的时候添加酒花，这样做是为了更多地提取酒花风味。

　　干投酒花之后的后贮时间长短取决于酿酒师的偏好，但是一些研究发现，浸提酒花风味到最大量的时间是非常快的，通过延长时间而使啤酒中酒花风味最大化实际并没有太大作用，甚至是不利的。

9.14　商业啤酒厂的干投酒花操作

　　随着精酿啤酒产量的不断增长，酒花干投技术变得越来越流行，已涌现了许多不同的酒花干投技术。

9.14.1　干投整酒花

　　必须将整酒花盛装在一定规格的容器内，否则在后贮阶段很难将啤酒和酒花分离。常用的方法是使用网格袋，一种方法是将填满酒花的网格袋悬挂在空发酵罐中，将麦汁转移到该发酵罐中，然后进行后贮；必须将网格袋尽可能放低或打结于发酵罐底部，以使酒花在后贮阶段一直浸渍于啤酒中；必须仔细操作，以确保网格袋没有堵塞发酵罐的出酒口，否则无法将啤酒从发酵罐中排出！完成后贮之后，将啤酒从发酵罐转移至清酒罐，去除网格袋并对酒花进行处理。

　　另一种方法是，从发酵罐顶部将填满称重酒花的网格袋放入，但对大多数酿酒师而言这是一个不太容易操作的方法，因为这需要打开发酵罐的顶部，上下反复拉动盛满酒花的网格袋，直至将其浸入啤酒中。

　　如果使用固定的容器（如打孔容器或不锈钢滤网盒）盛装整酒花，可以将酒花放入该容器，再将容器放在空发酵罐中，然后将啤酒转移至该发酵罐，那么盛满湿酒花的容器将非常重，而且啤酒后贮后难于移出。

　　或许可以尝试一下内华达山脉啤酒厂酿造"鱼雷IPA"（Torpedo IPA）时所使用的方法：将整啤酒花装入一个网状容器内，将其置于发酵罐外面的容器中，用泵将啤酒从发酵罐中抽取出来，使啤酒与外部容器内的酒花充分接触，从而浸提出酒花风味，之后再将啤酒泵回发酵罐，可以如此反复循环几次。

　　采用整酒花的酿酒师也可以将装满酒花的网格袋悬挂或固定在清酒罐，从顶部将成品啤酒注入，这是相对常用的方法，但不利之处在于此时的啤酒温度是0℃（32～33°F），因此浸提酒花风味则需要较长的时间。

9.14.2　干投酒花颗粒

　　酒花颗粒很容易干投，酿酒师可以采用多种方法。对小型啤酒厂而言，最常见、最容易操作的方法是从发酵罐上部的入孔处倒入酒花颗粒。当将酒花颗粒添加到正在发酵的啤酒中时，酿酒师一定要注意观察啤酒的喷涌和泡沫产生情况！随着啤酒厂的发展和大型发酵罐的安装，这种方法变得不切实际，考虑一下运到发酵罐顶的酒花体积，如果再如此操作，梯子将很不安全。

　　许多酿酒师采用的另一种方法是将酒花浆泵入发酵罐中，他们将酒花添加到一个独立的发酵罐中，使用搅拌器或循环泵将酒花与啤酒（或热水）进行混合，之后将酒花浆泵入发酵罐中。为了使酒花颗粒物质保持悬浮状态，许多酿酒师通过泵和软管（或冲二氧化碳气体）对啤酒进行定期循环。在此过程中，控制氧化和保持无菌是至关重要的，所有容器和管路均要保持无菌状态，并充入二氧化碳，以避免啤酒氧化。

　　另一个方法是采用酒花炮（hop cannon），这是拉谷内塔斯（Lagunitas）酿造公司研发的，俄罗斯河酿酒公司及其他啤酒公司也在应用。具体操作为：在一个较小的容器中添加酒花颗粒，用二氧化碳对该容器施加压力，将该容器的出口与发酵罐上部的酒花干投口连接好，打开管路，酒花就被压入盛有啤酒的容器顶部。

最后一种方法是，一些酿酒师采用剪切泵将酒花加入发酵罐底部，即将粉碎的酒花倒入流动的啤酒流中，然后泵入发酵罐。

9.14.3　关键步骤

干投酒花最重要的事情是将酒花与啤酒混合均匀，完全融入啤酒中。同时，酒花吸收啤酒会膨胀，如果网格袋中的酒花压得太紧，内部的酒花或许根本就不湿。

装酒花的网格袋（不锈钢的带孔容器更好）要尽可能处于较低位置，或固定于后贮罐的底部，以确保酒花在啤酒后贮期间能够完全浸入啤酒中。

如果干投时采用酒花颗粒，也要意识到，一次添加过多也会造成酒花凝结、混合较差、酒花与啤酒接触不均匀。为了避免酒花颗粒快速沉淀，特别是在圆锥形的发酵罐中，可以用管道把发酵罐底部阀门、循环泵、发酵罐上部加料阀连接起来，构成循环管路，开泵进行循环，进行机械混合，或从发酵罐底部充入二氧化碳，上述两种方法都可以使酒花颗粒物质悬浮。

当干投的酒花与啤酒经过合适时间的后贮后，可以从发酵罐底部排出沉淀的酒花，或将啤酒转移到另一发酵罐，以分离掉酒花。

在干投酒花和准备进行啤酒包装的过程中，要注意避免啤酒接触氧气和不必要的微生物，这意味着酿酒师需要细心对该过程中的设备进行灭菌，并用二氧化碳或热的无菌水排除管道中的空气，再开始上述过程。酒花颗粒本身有少许微生物，注意仔细操作，以免在酿造过程中污染。

太细密的啤酒过滤会吸附酒花风味，尤其是无菌过滤，更容易造成酒花风味的损失，因此，应该在前期对添加的酒花进行调整，以确保恰当的酒花风味。如果充入二氧化碳促进碳酸化，需要温和操作，以避免形成较大的气泡而带走啤酒中的酒花风味。氧化风味会掩盖酒花风味特征，酿酒师经常评论说，如果 IPA 啤酒发生了老化，那么酒花味将首先被遮盖，酒花特性将明显下降。

9.15　不同类型 IPA 的酿造小贴士

在过去的 20 年里，IPA 已经分化出一些新的品类，每个品类都需要采用不同数量、不同类型的原料以及不同的酿造工艺，表 9.6 是每种 IPA 类型的参考指南。

9.15.1　英式 IPA

- 使用优质、地板发芽的英国浅色麦芽作为基础麦芽；

- 添加非常少的结晶麦芽；
- 采用高温糖化来增加麦芽风味；
- 考虑使用慕尼黑麦芽，以增加酒体的复杂性；
- 注意英国酒花产生更正宗的风味和香气，也有些新品种提供浓郁但仍然非常英式的风味。

9.15.2　美式 IPA

- 最多使用 10%的结晶麦芽，其色度不要超过 120 EBC（60°L）；
- 使用中低温的糖化休止温度 65～67℃（149～153°F），以获得丰满的酒体和甜味，保证最终麦汁浓度为 4°P 或更低；
- 考虑使用低比例的黑色麦芽来增加红色，以代替添加高色度的结晶麦芽；
- 添加慕尼黑麦芽，以增加麦芽的复杂性；
- 喝新鲜的！

9.15.3　双料 IPA（致谢汤姆·尼科尔和维尼·奇卢尔佐）

- 降低结晶麦芽/糊精麦芽使用量，不超过 5%，以突出酒花风味；
- 考虑使用辅料（葡萄糖、浅色 Candi 糖），以提高酒精含量，但不增加甜味；
- 如果需要，采用英国浅色麦芽，以获得更多的麦芽特性；
- 原麦汁浓度最高为 23.75°P（麦汁比重为 1.095），否则啤酒会有太多麦芽味、甜味或酒精味；
- 在酿造的每个阶段都添加酒花！
- 在煮沸锅添加酒花浸膏，以增加啤酒苦味；
- 喝新鲜的！

9.15.4　黑色 IPA

- 限量添加结晶麦芽和深色麦芽，深色麦芽与酒花风味相冲突；
- 牢记去皮黑麦芽会加深酒体颜色，而且不会添加太多的涩味或烧焦味，还会有助于突出酒花风味，去皮黑麦芽使用量占总谷物量的 4%～5%；
- 采用双料 IPA 干投技术，不必考虑原麦汁浓度和酒精含量；
- 可以考虑使用辅料，以增加啤酒的干爽性，并突出酒花风味。

表 9.6 IPA 配方指南

		历史上的伯顿IPA	苏格兰IPA	20世纪初英式IPA	现代英式IPA	美式IPA	双料IPA	黑色IPA
麦芽	浅色麦芽	100%	100%	85%~95%	85%~100%	85%~97%	95%~100%	88%~95%
	水晶麦芽	无	无	无	15~40L	10~60L	10~20L	10~20L
	典型水晶麦芽	不适用	不适用	不适用	0~10%	3%~15%	0~5%	5%~10%
	辅料	无	无	玉米，糖，5%~15%	玉米，糖，0~15%	无	葡萄糖，Candi糖 0~10%	无
	烧烤麦芽	无	无	无	黎尼黑 0~10%	黎尼黑 0~10%	无	去皮黑麦芽，黑麦芽提取物，3%~7%
糖化	糖化休止温度/℃	64~66	66~68	66.7~67.8	66~68.3	64~67.2	64~66	64~67.2
	糖化休止温度/℉	148~150	150~154	152~154	150~155	148~153	148~150	148~153
	糖化休止时间/min	120	120~180	90	15~30	15~60	60~120	15~120
	原麦汁浓度/°P	15.0~18.75	14.0~17.5	12.5~15	12.5~18.75	12.5~18.75	18.75~22.5	14.0~18.0
	原麦汁比重/SG	1.060~1.075	1.056~1.070	1.050~1.060	1.050~1.075	1.050~1.075	1.075~1.090	1.056~1.072
	发酵度%	高	高	高	70~80	75~82	80~86	75~82
	最终麦汁浓度/°P	0.75~5	0.75~3	2.5~4.0	3.0~4.5	2.5~4.0	2.0~3.75	3.0~4.5
	最终麦汁比重/SG	1.003~1.020	1.003~1.012	1.010~1.016	1.012~1.018	1.010~1.016	1.008~1.015	1.012~1.018
	酒精含量（%，V/V)	5~7	5~7	4~6.5	5~7	6.3~7.5	7.5~10.5	6~7.5
酒花（添加量)	磅/桶	5.0~6.0	1.25~3.0	1.0~2.0	0.75~2.5	0.75~2	3.5~8	1.5~4
	盎司/加仑	2.6~3.2	0.65~1.6	0.5~1.1	0.4~1.3	0.4~1.1	1.8~4.2	0.8~2.1
	推荐的酒花品种	东肯特哥尔丁	东肯特哥尔丁	东肯特哥尔丁，富格尔	东肯特哥尔丁，君主，目标，斯迪利亚哥尔丁	4C 酒花，西楚，西姆科，亚麻黄，斯特林	4C 酒花，西楚，西姆科，亚麻黄，斯特林，尼尔森·苏文	4C 酒花，西楚，西姆科，亚麻黄
	干投酒花数量（磅/桶)	1	1	0.25~0.5	1	0.4~1	0.75~3	1~2
	多次干投酒花	偶尔添加在木桶	不常见	不常见	不常见	不常见	常见	待定
	成品啤酒苦味值/IBU	大约70	大约70	大约50	40~60	50~80	70~100+	50~90
注释		长时间低强度麦汁煮沸，2~3小时；陈贮12个月或更长时间	低温发酵	第一次世界大战后麦汁浓度降至10~12°P，第二次世界大战之后低于10°P		基于美国啤酒节指南，所有品种的真实例子	很多现在的品种使用少量麦芽	使用少量麦芽

美国啤酒节 IPA 类型指南

英式 IPA

对英式 IPA 的大多数传统解释为：具有中度到高度的酒花苦味、中度到中高度的酒精含量；采用多种来源的酒花，酒花添加量大，余味有英国酒花品种特有的泥土味和草药味，也可能是技巧性使用其他国家多种酒花的结果；酿造水有较高的矿物质含量，因而啤酒口味干爽，有时会有细微而平衡的硫化物特性。酒体呈浅金色至深铜色，具有中高度的酒花香气、中等到浓郁的酒花风味（酒花苦味除外）；英式 IPA 具有中等麦芽味和中等的酒体，具有中等到浓郁的水果酯香味，没有双乙酰味或含量很低，在低温条件下允许出现冷浑浊，其他来源的酒花可以用于产生苦味或产生类似英国酒花的特性。

原麦汁浓度：12.5~15.7°P（麦汁比重为 1.050~1.064 SG），外观浓度/最终浓度 3~4.5°P（1.012~1.018 SG），酒精含量（V/V）：5%~7%（质量比为 4%~5.6%），苦味值（IBU）：35~63，色度：12~28EBC（6~14 SRM）。

美式 IPA

美式 IPA 具有中度到高度的酒花苦味、风味和香气，以及中高度的酒精含量，该啤酒类型主要突出美国酒花所特有的水果味、花香和柑橘味，需要注意的是，美国酒花的水果味、花香和柑橘味主要在品酒的余味中感知，也可能是技巧性使用其他国家多种酒花的结果；使用富含矿物质的水酿造的啤酒会更干爽；酒体呈金色至深铜色，具有丰满的酒花香气，或许会有强烈的酒花风味（酒花苦味除外）；该 IPA 具有中等麦芽味和中等的酒体，具有中等到浓郁的水果酯香味，没有双乙酰味或含量很低，在低温条件下允许出现冷浑浊或酒花浑浊。

原麦汁浓度：14.7~18.2°P（麦汁比重为 1.060~1.075 SG），外观浓度/最终浓度 3~4.5°P（1.012~1.018 SG），酒精含量（V/V）：6.3%~7.5%（质量比为 5%~6%），苦味值（IBU）：50~70，色度：12~28EBC（6~14 SRM）。

帝国 IPA

帝国 IPA 或双料 IPA 具有浓郁的酒花苦味、风味和香气，酒精含量中高度到高度，非常明显；酒体呈深金色至中等铜色，可以使用任何品种的酒花，尽管酒花风味浓郁，但它与复杂的酒精味、中高度的水果酯香及中高等的麦芽味平衡良好，酒花特点应该新鲜细腻，不应该质量粗糙，大量酒花的使用会造成一定程度的酒花浑浊；帝国 IPA 或双料 IPA 具有中高等的酒体，不应该有双乙酰味；该类型啤酒的目标就是展现新鲜、鲜明的酒花风味，不应该有氧化味或老化味。

原麦汁浓度：18.2～23.7°P（麦汁比重为 1.075～1.100 SG），外观浓度/最终浓度 3～5°P（1.012～1.020 SG），酒精含量（V/V）：7.5%～10.5%（质量比为 6.0%～8.4%），苦味值（IBU）：65～100，色度：5～13EBC（10～26 SRM）。

美式黑色艾尔

美式黑色艾尔具有中高等至浓郁的酒花苦味、风味和香气，酒精含量中度到高度，与中等酒体相平衡；不同来源的酒花呈现出水果味、花香和草药味，这款啤酒也具有中等程度的焦糖麦芽特征，以及深色烘烤麦芽的风味和香气，应该有较多的涩味及浓郁的烘烤麦芽特征。

原麦汁浓度：14～18.2°P（麦汁比重为 1.056～1.075 SG），外观浓度/最终浓度 3～4.5°P（1.012～1.018 SG），酒精含量（V/V）：6%～7.5%（质量比为 5%～6%），苦味值（IBU）：50～70，色度：35$^+$SRM（70$^+$EBC）。

第 10 章
IPA 配方

喝烈性艾尔的人能很快进入梦乡，能使生活舒畅，即使死亡也很安详。

——古老的英国民歌

本章包含历史上酿造 IPA 的一些配方，在所有的案例中，我已尝试提供尽可能多的信息，以能复制这些酿造配方，也就是说，按照今天的标准来说，以前的配方并不完整。此外，18～19 世纪的酿造单位与现在也有很大不同，所以我列举了一些单位换算公式，并放在附录 C 中。如果你有机会读到历史上的酿造文本和专业书籍，这些东西迟早会用到。

对于这些配方，我并没有给出酿造 5～10 加仑批次的具体原料重量，但我提供了酿造每加仑啤酒所需要原料的重量百分数，因此你可以根据自己糖化规模的大小和原料利用率设定配方。我相信，家酿爱好者和精酿啤酒师都会成功再现这些啤酒。

10.1　配　方　详　情

10.1.1　酿造用水

这些配方来源众多，并不是每个配方都标注酿造用水，但我会尽可能折算成 ppm（毫克/升）的形式，或提供水处理指南。

10.1.2　麦芽清单

每种麦芽类型均以百分比的形式表示，也会给出原麦汁浓度，可依此计算出为特定规模的酿造系统所需的原料配比。如果需要，也会列出麦芽供应商的名字。

10.1.3　原料糖化和麦汁过滤

水料比以多少磅水/多少磅原料的形式表现出来（也可以表示为多少升水/多少

千克原料），也提供了多少夸脱水/多少磅水的计算；所有水温和休止温度均以摄氏度（华氏度）表示。

10.1.4　麦汁煮沸和酒花添加

在这里，煮沸时间均以分钟计算，也涉及其他的添加物（如石膏或爱尔兰苔藓）；是在煮沸锅添加、回旋沉淀槽添加还是在酒花回收罐添加都会被列出，酒花品种、α-酸含量（如果有）及酒花形式（整酒花还是 90 型酒花颗粒等）也会标明，酒花添加量的百分比是基于酒花总重量的。但是，切记这个数值是起始值，因此，你需要计算设备的利用率；也提供了啤酒的目标苦味值，因此，基于所知道的设备利用率，你可以准确计算出该酿造系统所需要的酒花数量。

10.1.5　啤酒发酵和后贮

发酵温度是以摄氏度（华氏度）表示的，也涉及酵母菌株，接种比例是百万细胞/毫升，也包括发酵时间；在一些配方中，也会标注酵母重量，但是不确定是干酵母还是酵母泥，因为这两种形式的酵母酿酒师都在使用。干投酒花的品种和数量则以盎司/加仑（磅/桶、克/升）形式标出。

10.1.6　分析指标

列举了啤酒分析指标，这些指标对于研发这些配方是至关重要的。其中有一项分析指标是外观发酵度（ADF），实际上这是检测啤酒甜度或啤酒干爽度的指标，其计算方法为（OG−TG）/OG，以百分比的形式体现。在 20 世纪 80 年代，该值代表着干爽型啤酒，残糖很低；在 70 年代，该值表示啤酒更甜、麦芽味更突出。

OG：原麦汁浓度，以°P（SG）表示。

TG：最终麦汁浓度，以°P（SG）表示。

ADF：外观发酵度，以百分比表示。

IBU：国际苦味值单位。

ABV：酒精体积分数。

10.2　历　史　配　方

10.2.1　"阿姆辛克 IPA"

乔治·阿姆辛克（George Amsinck），19 世纪中期伦敦酿造科学家，曾环绕英

国旅游，对酿酒师酿造啤酒进行了详细描述。1868 年，他出版了《实用酿造》（*Practical Brewing*）一书，成为所有酿造历史学家的重要参照。特别感雷·丹尼尔斯（Ray Daniels），他将阿姆辛克书中的配方发给了我。

酿造用水：

使用波顿硬水，在煮沸锅中煮沸 15 分钟，以去除碳酸盐，之后降温至投料温度。

麦芽清单：

浅色麦芽 100%

原料糖化和麦汁过滤：

采用二次糖化工艺，不进行洗糟。第一次糖化：水料比为 2.7/1（1.3 夸脱/1 磅），投料温度为 74～76℃（165～168°F），保持 2 小时后，过滤麦汁温度为 64～66℃（148～150°F）。第二次糖化：水料比 2.7/1（1.3 夸脱/1 磅），投料温度为 82℃（180°F），保持 60 分钟，过滤麦汁温度为 74℃（165°F）。

麦汁煮沸和酒花添加：

使用东肯特酒花或中肯特哥尔丁酒花（100%），每夸特麦芽加入 24 磅酒花，约为 4.5 盎司/加仑（9 磅/桶，33.7g/L），在两次煮沸时，各加一半。第一次糖化得到的麦汁：在煮沸锅中煮 2 小时，添加一半的酒花，移走麦汁，将酒花放入酒花回收罐中。第二次糖化得到的麦汁：煮沸 2 小时，添加另一半的酒花，将第一部分的酒花从酒花回收罐中倒入此时煮沸的麦汁中。

啤酒发酵和后贮：

合并两次煮沸的麦汁，每加仑接种 2.5 盎司的新鲜酵母，当麦汁进入发酵罐时搅动麦汁，接种温度为 15℃（59～60°F），2～3 天慢慢升至 22℃（72°F），当糖度降低至 7°P（比重为 1.028）时封罐，一周后将啤酒转移至木桶。该配方没提及酒花干投。

分析指标：

原麦汁浓度：16.5°P（麦汁比重 1.067）

最终麦汁浓度：4.9°P（麦汁比重 1.019）

外观发酵度：70.3%

苦味值（IBU）：大约 70

酒精含量（*V/V*）：6.1%

10.2.2 "阿姆辛克 NO.25 伯顿东 IPA"

酿造用水：

使用伯顿优质水，煮沸 15 分钟（去除碳酸盐），整夜冷却至投料温度。

麦芽清单：

新伯顿白麦芽   100%

原料糖化和麦汁过滤：

采用二次糖化工艺，不进行洗糟。第一次糖化：投料温度为 74℃（165°F），保持 2 小时，糖化结束时麦汁温度为 66℃（150°F）。第二次糖化：投料温度控制为 82℃（180°F），保持 1 小时，麦汁温度为 74℃（165°F）。

麦汁煮沸和酒花添加：

使用东肯特酒花和中部哥尔丁酒花（100%），每桶添加 5 磅酒花，约为 18.7 克/升（2.5 盎司/加仑），酒花均分添加于两次煮沸之中。第一麦汁：添加一半的酒花，煮沸 2 小时，移走麦汁，将酒花放入酒花回收罐中。第二麦汁：添加另一半的酒花，煮沸 2 小时，将第一部分的酒花从酒花回收罐中倒入此时煮沸的麦汁中。

啤酒发酵和后贮：

合并两次煮沸的麦汁，接种新鲜酵母温度为 14℃（58°F），4 天以上慢慢升至 22℃（72°F），当糖度降低至 7°P（比重为 1.028）时封罐，一周后将啤酒转移至木桶，在木桶中干投 100%东肯特哥尔丁酒花，干投量为 5.8 克/升（1.5 磅/桶，0.77 盎司/加仑）。

分析指标：

原麦汁浓度：16.8°P（麦汁比重 1.067）

最终麦汁浓度：没有提及

外观发酵度：没有提及

苦味值（IBU）：159

酒精含量（V/V）：8.7%（估计值，根据其原麦汁浓度，这是不可能的）。阿姆辛克在其书中的酒精含量是 8.7%，但是，原麦汁浓度为 16.8°P 的啤酒的酒精含量应该在 7.0%～7.5%（V/V）。

10.2.3 "詹姆斯·麦克格雷原创 IPA"

詹姆斯·麦克格雷（James McCrorie）是基于 19 世纪伯顿 IPA 的基础上创造的这个配方。詹姆斯是一位知识渊博的英国啤酒历史学家和伟大的酿酒师，他是德顿公园啤酒圈的一员，现在该组织已成为伦敦精酿啤酒协会家酿组的一部分。我有幸品尝了这款陈贮三年的啤酒，非常惊艳，有明显的酒花香，而且没有氧化味，煮沸时添加了大量酒花，添加量为 3.67 盎司/加仑（7 磅/桶）。

酿造用水：

在水中添加酿造盐和石膏。

麦芽清单：

沃明斯特（Warminster）超级浅色麦芽 100%。

原料糖化和麦汁过滤：

水料比 2.31/1（1.11 夸脱/加仑），达到 74℃（165°F）之后开始投料，在 67 ℃（152°F）休止 60 分钟。

麦汁煮沸和酒花添加：

煮沸时间为 90 分钟，在第 75 分钟添加爱尔兰苔藓，添加 100% 的东肯特哥尔丁酒花，总添加量为 27.5 克/升（7 磅/桶，3.67 盎司/加仑），初沸时添加 55% 的酒花，第 60 分钟添加 22.5% 的酒花，在煮沸结束/回旋沉淀时添加 22.5% 的酒花。

啤酒发酵和后贮：

接种之前给麦汁充氧，18℃（66°F）接种富勒（Fuller's）294 酵母，20℃（68°F）发酵，当糖度降低至 4.8°P（麦汁比重 1.019）时封罐，冷却至 16℃（61°F）。干投酒花使用东肯特哥尔丁酒花。

分析指标：

原麦汁浓度：17.3°P（麦汁比重 1.068）

最终麦汁浓度：2°P（麦汁比重 1.008）

外观发酵度：88%

苦味值（IBU）：很高（Lots）

酒精含量（*V/V*）：8%

10.2.4 "沃辛顿白盾"

"沃辛顿白盾"（Worthington's White Shield）因其"心与匕首"的商标而闻名，可以追溯到 19 世纪 60 年代，它由英国最古老的微型啤酒厂 W.H.沃辛顿酿造，而沃辛顿是 19 世纪特伦特-伯顿最著名的 IPA 酿酒商之一（"沃辛顿白盾"可以追溯到 1830 年，而 W.H.沃辛顿在 18 世纪就开始酿造了）。1927 年，该酒厂与巴斯啤酒厂合并，但是仍然独立进行生产；20 世纪 60 年代，沃辛顿原酿啤酒厂关闭后，巴斯啤酒厂开始酿造白盾啤酒；和其他传统英式艾尔啤酒一样，20 世纪 80～90 年代其受欢迎程度开始严重下滑；20 世纪 90 年代早期，巴斯啤酒厂给了白盾品牌最后一次喘息时机，在伦敦南部苏塞克斯郡霍舍姆的国王和巴恩斯（King and Barnes）啤酒厂进行许可证生产白盾啤酒；2000 年，该白盾啤酒的酿造再次回到特伦特-伯顿，并于 2002 年再次推出。前任总酿酒师史蒂夫·惠灵顿（Steve Wellington）从 20 世纪 60 年代就开始酿造白盾啤酒（图 10.1），直至 2011 年退休，自该款啤酒推出以来，已获很多奖项，史蒂夫本人也获得很多荣誉。啤酒作家迈克尔·杰克逊承认"沃辛顿白盾"啤酒是特伦特-伯顿地区最后真正存活下来的 IPA。

图 10.1   史蒂夫·惠灵顿从 20 世纪 60 年代中期就开始酿造白盾啤酒，直至 2011 年退休。
John Trotter 拍摄

酿造用水：

使用特伦特-伯顿水，添加 0.5 克/升（0.13 磅/桶，0.068 盎司/加仑）的石膏。

麦芽清单：

浅色麦芽   97%

结晶麦芽   3%

糖（在回旋沉淀槽添加）

原料糖化和麦汁过滤：

水料比 2.66/1（1.28 夸脱/磅），采用逐步升温浸出糖化法。68℃（154°F）糖化，保持 90 分钟，之后升温至 72℃（162°F），用 74℃（165°F）的水洗糟，不要让残余麦汁浓度低于 1°P（麦汁比重 1.004）。

麦汁煮沸和酒花添加：

在煮沸锅中煮沸 90 分钟，使蒸发量达到 10%，在回旋沉淀槽中添加 1 号转化块糖（invert block sugar），添加量为 0.85 克/升（7.5 磅/桶，1.13 盎司/加仑），初沸时添加 45.5%的富格尔酒花（α-酸含量 4%）和 20%的挑战者啤酒花（α-酸含量 7.4%），煮沸结束前 5 分钟添加 34.5%的北部丘陵酒花。

啤酒发酵和后贮：

冷却麦汁至 16℃（61°F），接种伯顿联合酵母，接种量为 3.9 克/升（1 磅/桶，0.5 盎司/加仑），发酵温度从 16℃（61°F）升至 20℃（68°F），持续 5 天，主发酵

结束之后，冷却啤酒至 6℃（43°F），至少保持 3 天，6℃（43°F）装入桶中，加糖，添加量为 15.4 克/升（4 品脱[磅]/桶，2 盎司/加仑），加鱼胶澄清剂 15.4 克/升（4 品脱[磅]/桶，2 盎司/加仑），加辅助澄清剂 7.7 克/升（2 品脱[磅]/桶，1 盎司/加仑），在桶内保持 16℃（61°F）4 天。

分析指标：

　　原麦汁浓度：13.13°P（麦汁比重 1.053）

　　最终麦汁浓度：2.25°P（麦汁比重 1.009）

　　外观发酵度：82.9%

　　苦味值（IBU）：40

　　酒精含量（*V/V*）：5.6%

　　色度：26 EBC（13.2°L）

10.2.5 "里德 1839 IPA"

　　杰出的家酿大师、啤酒品评认证项目（BJCP）大师克里斯汀·英格兰（Kristen England）与啤酒博主荣·帕丁森（Ron Pattinson）一起酿造的历史上艾尔啤酒，帕丁森提供了配方。第一款是"里德 1839 IPA"（Reid 1839 IPA），里德是位于伦敦的啤酒厂，19 世纪因其生产的世涛啤酒而闻名，19 世纪末期里德啤酒厂和沃特尼（Watney）啤酒厂合并。

　　"这是一款中等强度的艾尔啤酒，添加了大量的啤酒花。"英格兰说。每个配方都会有所不同，但是这个配方突出了主题——采用了单一麦芽、单一酒花，该款啤酒与 19 世纪其他啤酒有明显的区别，酒花的风味简直达到了极限，可谓"余香绕梁，三日不绝"，中等浓度的麦汁中添加酒花的数量接近每桶 5 磅，称其为"酒花"啤酒都有些保守。

　　在其品酒笔记中，英格兰提到"类似于药草味、干草味、青草味，松脆饼味从酒花风味中渗透出来，十分愉悦的酒花味，酒花味、更多的酒花味、酒花树脂味，非常持久、干爽、新鲜的余味，些许的麦芽甜味也被酒花风味所击败、所掩盖，美味的酒花令人打嗝……"

麦芽清单：

　　英国浅色麦芽 100%

原料糖化和麦汁过滤：

　　采用浸出糖化法，70℃（158°F）糖化 60 分钟，水料比为 3.46/1（1.66 夸脱/磅）。

麦汁煮沸和酒花添加：

　　在煮沸锅煮沸 75 分钟，分三次添加富格尔酒花（α-酸含量 5.5%），添加量为

11.5 克/升（3 磅/桶，1.54 盎司/加仑），初沸时添加 33.6%，第 45 分钟时（即煮沸结束前 30 分钟）添加 33.6%，第 60 分钟时（即煮沸结束前 15 分钟）添加 32.8%。

啤酒发酵和后贮：

采用诺丁汉艾尔干酵母（WLP013 伦敦艾尔酵母或 WY1028 伦敦艾尔酵母），发酵温度为 19.4℃（67°F），干投富格尔酒花，干投量为 1.87 克/升（0.48 磅/桶，0.25 盎司/加仑）。

分析指标：

原麦汁浓度：14.25°P（麦汁比重 1.057）

最终麦汁浓度：3.75°P（麦汁比重 1.015）

外观发酵度：73.7%

苦味值（IBU）：120.7

酒精含量（V/V）：5.8%

色度：4.0 EBC（2°L）

10.2.6 "富勒 1897 IPA"

"富勒 1897 IPA"（Fuller's 1897 IPA）酿造于英国啤酒原麦汁浓度开始迅速下降的时期，它是酿造于 19 世纪后期伦敦 IPA 的优秀代表作。除了添加蔗糖外，其酿造遵循了 19 世纪标准 IPA 的所有传统。

英格兰和帕丁森二人将这款啤酒描述为："令人愉悦的 IPA，这款 20 世纪早期的 IPA 看起来更像你在任何酒吧都能找到的 IPA 一样，酒花添加恰到好处，与明太（Meantime）啤酒厂的 IPA 有很多相似之处，良好的麦芽骨架与大量添加的、令人愉悦的、传统低 α-酸英国酒花相得益彰。先生，请保持冷静，品尝一下！"

其口味呈现橙子味、柑橘酱味、柑橘味及辛辣味，同时弥漫着麦芽的面包味和饼干味，成熟水果和雪梨的香甜浸渍其间，单宁般的干爽、酒花树脂味和柑橘果心味交织在一起，品完之后，口腔布满酒花的苦味，以及纯净麦芽的细腻香味。

麦芽清单：

英国淡色艾尔　　84.6%

蔗糖　　　　　　15.4%

原料糖化和麦汁过滤：

水料比 2.61/1（1.25 夸脱/磅），采用浸出糖化法，67.8℃（154°F）糖化 90 分钟。

麦汁煮沸和酒花添加：

煮沸 105 分钟，全部使用东肯特哥尔丁酒花，α-酸含量为 4.5%，总添加量为 6.8 克/升（1.76 磅/桶，0.91 盎司/加仑）。煮沸到第 25 分钟时（即煮沸结束前 90

分钟）添加 67% 的酒花，煮沸到第 75 分钟时（即煮沸结束前 30 分钟）添加 33% 的酒花。

啤酒发酵和后贮：

接种诺丁汉艾尔干酵母（WY1968 伦敦 ESB 艾尔酵母或 WLP002 英国艾尔酵母），发酵温度为 19.4℃（67°F），干投更多的东肯特哥尔丁酒花，α-酸含量为 4.5%，添加量 1.35 克/升（0.35 磅/桶，0.18 盎司/加仑）。

分析指标：

原麦汁浓度：14°P（麦汁比重 1.056）

最终麦汁浓度：4°P（麦汁比重 1.016）

外观发酵度：71.43%

苦味值（IBU）：73.9

酒精含量（*V/V*）：5.33%

色度：3.9 EBC（2°L）

10.2.7 "巴克莱·帕金斯 1928 IPA"

荣·帕丁森撰写的博客《巴克莱·帕金斯啤酒厂关门之谜》（*Shut Up about Barclay Perkins*）令人着迷，他集中研究了历史上的酿造记录、广告和书籍，意在揭示啤酒厂酿造啤酒的真实故事。对于那些热衷于酿造历史、历史酿造技术和传统啤酒类型的爱好者而言，他的博客是值得阅读的。

帕丁森公布了巴克莱·帕金斯（Barclay Perkins）啤酒厂 20 世纪英国 IPA 的酿造配方。第一次世界大战之后，啤酒的原麦汁浓度略有增加，该啤酒的酒花添加量很大，苦味值达到了 41 IBU。配方中使用了美国六棱大麦芽和玉米片。

关于这款啤酒，帕丁森在 2010 年 11 月 18 日他的博客中写道："让我们酿造星期三啤酒——1928 巴克莱·帕金斯 IPA"：

伟大的传统 IPA 酿造配方，原麦汁浓度和苦味值是对应的，添加了大量的三种不同的新鲜酒花品种，你能感受到 3 号转化糖的味道，对于 IPA 啤酒而言这是不同寻常的，并注解道："2 号糖精还没有运到，故添加了 3 号转化糖"，添加了少量焦糖，对颜色进行了微调，但不值得这么做，这款啤酒品尝起来很像"富勒啤酒厂的伦敦骄傲"（Fuller's London Pride），只是苦味稍重，其他都很相似。

帕丁森感官描述为"酒体呈深金黄色，泡沫丰富而柔软，有草药味、辛辣味和柑橘味，有松脆饼和饼干的香气，余味新鲜纯净，有矿石味和干爽的酒花味"。

酿造用水：

采用伦敦水，是否进行盐处理未知。

麦芽清单：

    英国淡色艾尔麦芽   57.4%

    美国六棱麦芽   17.6%

    玉米片   13.2%

    3 号转化糖 11.8%，在煮沸时添加。

原料糖化和麦汁过滤：

    采用传统浸出糖化法，于 67℃（152°F）糖化 90 分钟，水料比 3.5/1（1.68 夸脱/磅）。

麦汁煮沸和酒花添加：

    在煮沸锅煮沸 135 分钟，煮沸到第 15 分钟时（即煮沸结束前 120 分钟）添加 16.3%的科拉斯特酒花（α-酸含量 7%），煮沸到第 75 分钟（即煮沸结束前 60 分钟）添加 54.7%的富格尔酒花（α-酸含量 5.5%），煮沸到第 105 分钟（即煮沸结束前 30 分钟）添加 29%的富格尔酒花。

啤酒发酵和后贮：

    接种诺丁汉艾尔干酵母（WY1968 伦敦 ESB 艾尔酵母或 WLP002 英国艾尔酵母），在 17℃（63°F）发酵，干投东肯特哥尔丁酒花，添加量为 0.31 克/升（0.08 磅/桶，0.042 盎司/加仑）。

分析指标：

    原麦汁浓度：11.5°P（麦汁比重 1.046）

    最终麦汁浓度：2.5°P（麦汁比重 1.010）

    外观发酵度：78.27%

    苦味值（IBU）：41.2

    ABV：4.8%

    色度：19.7 EBC（10°L）

10.2.8 "百龄坛 IPA 1 号"

    这是一个百龄坛（Ballantine）艾尔啤酒的配方，按照原始的技术参数进行酿造，该配方来源于 2010 年 5～6 月《酿你所酿》（*Brew Your Own*）杂志（第 16 卷，第 3 期）比尔·皮尔斯的《酿造我的百龄坛》一文（被用于此已得到了作者的许可）。需要注意的是，该配方的原始版本是干投"纯金"（Bullion）酒花油，并且陈贮一年。

麦芽清单：

    浅色麦芽   71.3%

    玉米片   14.7%

    浅色慕尼黑麦芽   10.9%

　　结晶麦芽 60°L　　3.1%

原料糖化和麦汁过滤：

　　采用浸出糖化法，在 66℃（150°F）糖化 60 分钟。

麦汁煮沸和酒花添加：

　　煮沸时间为 90 分钟，煮沸到第 30 分钟添加 48.8% 的科拉斯特酒花（α-酸 7%），煮沸到第 65 分钟添加 25.6% 的酿酒师哥尔丁酒花（α-酸 8%），煮沸结束前 3 分钟添加 25.6% 的东肯特哥尔丁酒花（α-酸 5.5%）。

啤酒发酵和后贮：

　　接种 WY1056 或 WLP001 酵母，发酵温度为 20℃（68°F），干投东肯特哥尔丁酒花，添加量为 1.50 克/升（0.4 磅/桶，0.2 盎司/加仑）。

分析指标：

　　原麦汁浓度：18.5°P（麦汁比重 1.074）

　　最终麦汁浓度：4°P（麦汁比重 1.016）

　　外观发酵度：78.37%

　　苦味值（IBU）：62

　　酒精含量（*V/V*）：6.5%

　　色度：7.1°L（14° SRM）

10.2.9　"百龄坛 IPA 2 号"

　　正如第 6 章所详细讲述的，随着公司被收购，生产从纽瓦克转移到罗得岛州再到印第安纳州，百龄坛 IPA 的配方发生了巨大的变化，以下配方是由传奇酿酒大师弗雷德·希尔（Fred Scheer）友情提供的，他声称该配方这么多年来改变了至少 100 多次，这是百龄坛 IPA 后来的版本，酿造于施赖埃尔（Schreier）麦芽的七桶（Seven-Barrel）中试啤酒厂。

酿造用水：

　　采用添加了 0.15 克/升（0.04 磅/桶，0.2 盎司/加仑）石膏的城市用水。

麦芽清单：

　　浅色麦芽　　　　91.95%

　　焦糖麦芽 80°L　　8.05%

原料糖化和麦汁过滤：

　　水料比 2.8/1（1.35 夸脱/磅），洗糟水温为 86℃（186°F），转移至回旋沉淀槽之前 10 分钟，添加 0.061 克/升（0.003 磅/桶，0.008 盎司/加仑）的石膏。

麦汁煮沸和酒花添加：

　　煮沸时间为 75 分钟，三次添加的酒花都是斯塔利亚哥尔丁酒花（α-酸 4.9%），总酒花添加量是 0.006 克/升（1.6 磅/桶，0.83 盎司/加仑），当煮沸到第 15 分钟时添加 36%的酒花，煮沸到第 45 分钟时添加 46%的酒花，煮沸结束时添加 18%的酒花。

啤酒发酵和后贮：

接种 WLP001 或 WY1056 酵母，20～21℃（68～70°F）发酵，主发酵大约 4 天，降温至 10℃（50°F），保持两天，然后转移至木桶，干投酒花，采用传统酒花品种"纯金"。

分析指标：

原麦汁浓度：16°P（麦汁比重 1.064）

最终麦汁浓度：3～3.5°P（麦汁比重 1.012～1.014）

外观发酵度：78%～81%

10.2.10 "J.W.李氏收获艾尔"

严格来讲，尽管该配方和下一个同样来源于李氏（J.W.Lee）公司的"曼彻斯特之星"（Manchester Star）配方都不属于 IPA，但因为其历史的重要性而被记录下来。1828 年，J.W.Lee 啤酒厂创建于英格兰的曼彻斯特，距离特伦特-伯顿西北部 100 英里，其大多数啤酒是传统艾尔，且在曼彻斯特方圆 100 英里内销售，但该啤酒厂生产的烈艾尔世界闻名。

"J.W.李氏收获艾尔"（J.W.Lees Harvest Ale），是酿酒师挑战自我而酿造的一款如葡萄酒一样烈的啤酒，是一款完美的年份烈艾尔。尽管它从 1986 年就开始酿造，多数人认为其是大麦烈酒，但它其实是传统十月艾尔啤酒的现代优秀代表，与英国历史上的 IPA 有相同的原料和酿造工艺。例如，它采用 100%的低色度玛丽斯·奥特麦芽和 100%的东肯特哥尔丁酒花，只在每年的 10 月原料收获之后酿造一次。该收获艾尔啤酒的酒体均呈深琥珀色，煮沸时间均为 3.5 小时，发酵几天之后会再次接种酵母，以确保发酵完全。

酿造用水：

使用添加了 2 毫升/升（0.29 盎司/加仑）氯化钙的曼彻斯特软水。

麦芽清单：

采用当季新鲜的 100%低色度玛丽斯·奥特麦芽。

原料糖化和麦汁过滤：

糖化温度保持在 66℃（150°F）1 小时，淀粉转化成糖之后，用 77℃（170°F）的水洗糟。

麦汁煮沸和酒花添加：

煮沸时间为 3.5 小时，是的，确实是 3.5 小时！煮沸期间色度会加深，麦汁转

移至回旋沉淀槽之前添加煮沸澄清剂（0.6 千克）。在回旋沉淀槽静止 25 分钟，麦汁冷却之前休止 15 分钟。初沸时，添加 100%当季新收获的东肯特哥尔丁酒花，添加量 14.3 克/升（3.7 磅/桶，1.9 盎司/加仑）。注意，这里没有"湿"酒花或"新鲜"酒花之分，但需是当季新收获的。

啤酒发酵和后贮：

酵母应该是高发酵度、耐酒精的英国艾尔酵母菌株，旺盛发酵三天后，再次接种酵母，在-1℃（30°F）贮存 2～3 周。

分析指标：

原麦汁浓度：28°P（麦汁比重 1.120）

最终麦汁浓度：6°P（麦汁比重 1.024）

外观发酵度：79%

苦味值（IBU）：148

酒精含量（*V/V*）：11.5%

色度：19.5°EBC（9.9°L）

10.2.11　"J.W.李氏曼彻斯特之星"

"曼彻斯特之星"是历史上东印度波特的优良代表，换句话说，它是一款富含酒花味的黑啤酒，它之所以出现在本章，旨在阐述其出口印度的酿造富含酒花味的深色艾尔啤酒工艺。同样需要指出的是，像其他啤酒类型一样，现在这款啤酒也非常流行，之前也酿造过相似的啤酒。"J.W.李氏曼彻斯特之星"啤酒是 J.W.李氏公司于 1875 年首次酿造，于 20 世纪 20 年代停止生产。现在，这款啤酒作为季节性啤酒每年酿造一次。

酿造用水：

使用添加了 1 毫升/升（0.15 盎司/加仑）硫酸钙的曼彻斯特软水。

麦芽清单：

浅色麦芽 94.3%

托马斯·福西特（Thomas Fawcett）巧克力麦芽 5.7%

原料糖化和麦汁过滤：

糖化在 65℃（149°F）保持 1 小时。

麦汁煮沸和酒花添加：

煮沸时间为 90 分钟，煮沸初期添加 40%的东肯特哥尔丁 90 型酒花颗粒，添加量为 1.71 克/升（0.44 磅/桶，0.23 盎司/加仑），之后添加 60%的东肯特哥尔丁 90 型酒花颗粒，添加量 2.56 克/升（0.66 磅/桶，0.34 盎司/加仑），回旋沉淀之前添加 0.035 克/升（0.009 磅/桶，0.005 盎司/加仑）的澄清剂，之后回旋沉淀 15 分钟，静止 25 分钟。

啤酒发酵和后贮：

接种高发酵度、高酒精耐受力的英国艾尔酵母菌株，开始发酵，直到达到最终麦汁浓度。

分析指标：

原麦汁浓度：17.5°P（麦汁比重 1.070）

最终麦汁浓度：2.8°P（麦汁比重 1.011）

外观发酵度：84%

苦味值（IBU）：没有提及

酒精含量（*V/V*）：8.5%

色度：没有提及

10.3　早期的精酿啤酒配方

"孟买轰炸机 IPA" 的故事
——该啤酒原创者 Teri Fahrendorf 撰写

当我在俄勒冈州尤金地区担任虹鳟鱼酿酒公司的酿酒大师时，1991 年 1 月 22 日，虹鳟鱼酿酒公司推出了 IPA 生啤酒，作为季节啤酒，一直通过酒头售卖。我坚信，"孟买轰炸机"是第一款持续销售的 IPA，它在美国任何酒吧都是标准的旗舰啤酒，很快就出现了一批狂热的爱好者，当地人总会要一品脱的"轰炸机"，其苦味值是 57 IBU，而我的计算值是 45 IBU，当我检测其苦味值时，结果显示为 57 IBU，在 1991 年这个苦味值是相当高的。

当虹鳟鱼酿酒公司开业时，我只有家酿比重计，并不是专业的带温度校正的比重计，因此我把麦芽称多了。你只有一次机会去获得好的第一印象，我不想用淡而无味的啤酒开业，尽管我那便宜的比重计显示酒精含量为 7%（*V/V*），但开业之初设想是"孟买轰炸机"的酒精含量为 8.1%（*V/V*）；之后，我有了一支合适的比重计，再次检测了一下，于是我就知道了一直在用"轰炸机"去"轰炸"消费者，我很快就降低酒精含量至一个更加合理的程度，也就是酒精含量为 6%（*V/V*）。

你可能在渴望知道"孟买轰炸机"的口味如何，我通常会说"就像嘴里在开派对"。1991 年，这款啤酒的口味是不同寻常、令人震惊的，就像现在可以购买的许多美式 IPA 一样，有果汁味、西柚味和菠萝香，强烈的麦芽味平衡了苦味，酒单上写到"酒体呈深金黄色，有柑橘香气和浓郁的麦芽味，以及浓郁的酒花风味"。

1994 年，我给朋友马克·道波（Mark Dorber）打电话，告诉他我想去拜访他，他当时是伦敦帕森绿色酒吧著名白马啤酒坊的酒窖酿酒师，也是一起在美国啤酒节评判啤酒的同事，他告诉我有一个 IPA 会议正计划在惠特布雷德啤酒厂召开，我想我应该参加，而且从英国海关"走私"了 5 加仑"孟买轰炸机"啤酒，我装满了两只 3 加仑的科尼利厄斯啤酒桶（Cornelius keg），用泡沫包装好，放在一个宽大的拉杆箱内，正好严丝合缝，并倒出少量啤酒，使其重量低于 70 磅，我拉着拉杆箱，通过了英国海关的"无申报通道"，幸运的是，在伦敦希斯罗机场气味检测狗的检测并不是很严格。

在这次会议中，我的座位靠近保罗·巴里，他是特伦特-伯顿地区马斯顿啤酒厂的酿酒大师，其他两个美国酿酒师也带了他们的 IPA。在某一时刻，我们品尝了三款德顿公园啤酒俱乐部复制的 19 世纪 60 年代的啤酒，之后我们品尝了三款现代的英国 IPA，相比较而言就和水一样，接着我们品尝了三款美式 IPA，我很高兴我的啤酒能展示出如此好的效果。作为"母亲"，你不会知道孩子离家后会是怎样。

正如我描述的那样，"孟买轰炸机"酒体呈深金色，明亮而清澈，香味浓郁，口感丰满，余味有新鲜的酒花苦味；其他两款美式 IPA 酒体呈琥珀色，因为没有过滤，酵母存在于啤酒之中，外观浑浊；与浑浊美式啤酒相比，英式啤酒的印象则不深刻。

来自桑德兰大学的基思·托马斯（Keith Thomas）博士给了我们一种很简单的评分方法：①你会穿越整个房间去品尝这款啤酒吗？②你会穿过街道去品尝这款啤酒吗？③你会穿过 4 个街区去品尝这款啤酒吗？④你会穿过 8 个街区去品尝这款啤酒吗？我瞥了一眼巴里的打分表，想看看他给我的啤酒打了多少分？他选了④。保罗·巴里（Paul Bayley）愿意穿过 8 个街区去品尝我的啤酒！当马斯顿的酿酒大师给你的啤酒打了最高分时，谁还能赢得美国啤酒的冠军呢？事实上，"孟买轰炸机"赢得了那天所有品尝者的最高分。

每个酿酒师都需要起立并介绍自己的作品，当时我也通过海关偷偷携带了 24 个 35 毫米的胶片盒，盒子中放了一些我在虹鳟鱼酿酒公司酿酒时的原料（幸运的是，机场也没有酒花嗅闻狗或麦芽嗅闻狗），我带了 10 种不同的酒花颗粒、14 种不同的麦芽，盒子盖用橡胶带黏紧。猜一下，酿酒师们对哪种酒花没有足够的认知？对，就是奇努克酒花，"孟买轰炸机"所用的香型酒花，他们也没有料到香气如此浓郁的酒花却有如此高的 α-酸含量（人们最初的认识是香型酒花的 α-酸含量往往较低）。

现在你想喝了吗？这是几年前的酿造配方。随着时间的流逝，添加的酒花也发生了改变。我最初使用的是胡德峰酒花，直到它失去了西柚味，之后我开始使用水晶酒花，一定要用你能找到的最具有浓郁柑橘味的酒花。对于这个配方，一定要避免使用树脂味或含硫味的酒花。

10.3.1 "孟买轰炸机 IPA"

泰勒·芙润道福（Teri Fahrendorf）是美国精酿复兴活动中一位 23 岁的老将，她嫁给了同为酿酒大师的同事，住在"啤酒之都"——俄勒冈州波特兰，她通过销售麦芽和酒花拜访了许多酿酒师和啤酒厂。芙润道福创办了"粉红靴子协会"（Pink Boots Society），一家旨在培训女性啤酒专业人才的非营利组织，你可以在 www.terifahrendorf.com 网站阅读她之前发表的啤酒和酿造文章。如果你根据里面的配方酿造出优质的 IPA，芙润道福愿意付每瓶啤酒的版税，因为她真的怀念"孟买轰炸机"啤酒，请将啤酒邮寄到下面的地址：5215 N.Lombard St.，PMB 200 B，波特兰，俄勒冈州 97203。

酿造用水：

芙润道福使用的是俄勒冈州尤金地区添加石膏的山泉水。

麦芽清单：

美国西部二棱麦芽	71%
美国慕尼黑麦芽 10°L	22%
美国维也纳麦芽 4°L	7%

原料糖化和麦汁过滤：

采用一步浸出糖化法，67℃（153°F）保温 1 小时。

麦汁煮沸和酒花添加：

煮沸时间为 90 分钟，回旋沉淀 5 分钟，之后静止 25 分钟。初沸添加奇努克酒花，20 分钟后添加水晶酒花，煮沸结束时添加奇努克和水晶酒花，10 分钟内快速冷却转移至发酵罐（尽可能保留酒花香气）。

啤酒发酵和后贮：

19℃（67°F）发酵 18 天。第 3 天，封罐时干投奇努克酒花；第 4 天，确保啤酒保持高压，以达到啤酒饱和二氧化碳的目的；第 10 天，排掉酵母，冷却至 0℃（32°F），保持 3 天（第 19~21 天），然后进行啤酒过滤，以使啤酒酒体清亮、口感新鲜（"未过滤的 IPA 就像未聚焦的照片，你就得不到清晰的照片或新鲜的口味"，这是 John Hathaway 的名言，他是芙润道福在加州伯林盖姆和旧金山虹鳟鱼酿酒公司的酿酒师）。

分析指标：

原麦汁浓度：14.2°P（麦汁比重 1.057）

最终麦汁浓度：3.2°P（麦汁比重 1.013）

外观发酵度：77.5%

苦味值（IBU）：57

酒精含量（*V*/*V*）：6%

"鱼叉 IPA"的故事
——鱼叉公司市场副总监查理·司陶锐（Charlie Storey）

　　"鱼叉 IPA"首次酿造于 1992 年的夏天，那时鱼叉公司是一个小型的、努力奋斗的波士顿微型啤酒厂，关注度并不高，更不用说考虑有一天会写入精酿啤酒的历史了，所以配方能收录入本书中就是我们最美好的记忆。

　　20 世纪 90 年代早期，在太平洋西北部和加利福尼亚州酿造了很多富含酒花风味的淡色艾尔啤酒，但在美国的其他地方，却没有这种具有西北部高含量酒花香气的精酿啤酒。鱼叉啤酒厂有两款全年供应的啤酒——"鱼叉艾尔"和"鱼叉金色拉格"，同时还有一些季节性产品；1988 年，鱼叉啤酒厂推出了第一款季节性啤酒"冬季取暖器"（Winter Warmer），该啤酒的流行使其很快就成为需要全年供应的产品；"十月节啤酒"当然是秋天的必然之选，而我们在春天酿造了一款干爽世涛，它很适合用于波士顿浓郁的爱尔兰传统以及大型圣帕特里克节日庆典，但是，夏季似乎没有一种啤酒类型可以将传统与历史联系起来；尽量做些与众不同的事情，这也造就了鱼叉啤酒在夏季第一次脱颖而出，我们决定酿造一款啤酒来致敬太平洋西北部，我们选择了酿造一种英国传统类型的 IPA，并且使用美国西北部酒花而不是英国酒花，这是一款杂合的啤酒品种，应该会有爱好者，但也应该有许多批评的声音，1992 年推出的这款啤酒非常极端，不仅没让消费者倒戈，反而很快成为公司最畅销的啤酒，并使公司扭亏为盈。1992 年 8 月，鱼叉啤酒厂自 1986 年创立以来第一次开始盈利，正是 IPA 让鱼叉啤酒厂变成现在的样子。

　　托德·莫特（Tod Mott）是那时的主酿，他酿造了很多版本的啤酒，混合使用了很多麦芽，甚至需要我们手动烘烤麦芽，以生产出我们自己口味的麦芽，啤酒厂的每个人都需要带回 10 磅麦芽，在自己厨房的烤箱内烘烤。他最初想采用肯特酒花，但是里奇·多伊尔（Rich Doyle）建议使用源于华盛顿和俄勒冈州的西北部酒花，并用公式计算出苦味值为 40 IBU，打破了当地市场啤酒苦味的记录。

　　该啤酒口味非常棒，从一开始销售就很好，更为重要的是，啤酒厂的每个人都喜欢这款啤酒，成功销售第一个夏天之后，我们停止了这款啤酒的生产，直到 1993 年夏天才又重新推出这款啤酒。

除了相对较高的苦味值外，这款 IPA 的酒精含量同样引人注目，该酒精含量为 5.9%（V/V），这在当时是一个相对较高的数值。IPA 销量持续增加，尽管人们认为 IPA 销量超越"鱼叉艾尔"尚需时日，但数据显示"鱼叉 IPA"将很快超越该啤酒厂的创始品牌"鱼叉艾尔"，成为啤酒厂最好的产品。对整个啤酒厂而言，取代如此核心而深爱的啤酒是很难想象的，但现实却是"鱼叉 IPA"不仅成为啤酒厂酿造计划的焦点，而且在销量和市场份额中占据了首要地位。在波士顿周边的酒吧中，如果客人点了鱼叉，肯定是希望得到 IPA；同理，如果点的是 IPA，肯定是期待得到鱼叉。

　　过去几年，鱼叉也引进了一些新型啤酒，如"100 桶"和"海怪"产品系列，这些啤酒确实不同寻常，但只是占据了小众市场。当在啤酒厂打开第一桶啤酒时，那感觉真棒，我们都品尝了这些新鲜、令人兴奋的啤酒，但对于我们而言，这些新啤酒只是我们暂时的"最爱"，换言之，在工作结束的时候，我们都会去酒头打一杯。再回来品尝 IPA，那永远是种快乐，它会让你惊奇为什么曾经选了其他的啤酒喝？其纯净的酒花香无与伦比，杯中的啤酒看起来如此好看——雪白的泡沫漂浮在明亮而呈铜色的啤酒之上，酒体的颜色恰如欧洲古典酒吧摆放的擦亮的紫铜糖化锅，除烘烤麦芽的风味外，余味更多呈现的是完美的酒花香气，让你欲罢不能，忍不住再喝一杯。

　　很多年来，我们一直在计划酿造 IPA、品尝 IPA，如今已变成现实。"鱼叉 IPA"的故事还在继续，当品尝着如此伟大、富含酒花风味的啤酒时，我们希望"鱼叉 IPA"的故事能够反复上演。

10.3.2 "鱼叉 IPA"

　　20 世纪 90 年代中期，我第一次去波士顿，那时"鱼叉 IPA"正在风行，到处可见大批的追随者；20 世纪 90 年代末期，我搬到了波士顿之后，鱼叉成为我最喜爱的啤酒厂之一，其 IPA 是我冰箱中存放的主要啤酒，该酿造配方是鱼叉首席酿酒师阿尔·马尔齐（Al Marzi）友情提供的。1993 年"鱼叉 IPA"成为全年产品时，成为第一批全年供应的瓶装精酿 IPA 之一。

酿造用水：

　　使用添加硫酸钙的软水。

麦芽清单：

浅色麦芽	94%	
维多利亚麦芽	4%	（最初的版本是使用在烤箱内烘烤过的浅色麦芽）
结晶麦芽 60°L	2%	

原料糖化和麦汁过滤：

水料比 2.6/1（1.25 夸脱/磅），采用升温浸出糖化法，在 67℃（152°F）休止 20 分钟，升温至 76℃（168°F），糖化结束。

麦汁煮沸和酒花添加：

使用动态低压煮沸，煮沸时间为 65 分钟，全部添加颗粒酒花。初沸时，添加 9%的阿波罗酒花（α-酸含量 15%～19%），接下来添加三次卡斯卡特酒花，第 45 分钟添加 19%，第 60 分钟添加 36%，在回旋沉淀槽添加 36%。

啤酒发酵和后贮：

使用鱼叉专用酵母菌株或 WY1968（伦敦 ESB）或 WLP（英式艾尔）酵母，21℃（70°F）发酵 4 天，之后迅速降温至–1.7℃（29°F），保持一周半。一周之后，干投卡斯卡特酒花颗粒，添加量为 1.93 克/升（0.5 磅/桶，0.26 盎司/加仑）。

分析指标：

原麦汁浓度：15.5°P（麦汁比重 1.062）

最终麦汁浓度：2.9°P（麦汁比重 1.012）

外观发酵度：81.29%

苦味值（IBU）：42

酒精含量（V/V）：5.9%

色度：17 EBC（8.6°L）

10.3.3 "盲猪 IPA"

维尼·奇卢尔佐于 1994 年在他第一家啤酒厂盲猪酿酒公司（位于加利福尼亚的特曼库拉）酿造了"盲猪 IPA"，其苦味值为 92，麦芽风味较淡，但酒花风味非常突出。1996 年 12 月，奇卢尔佐离开了盲猪，他之前的商业伙伴在酒厂关闭之前持续酿造了几年，后来奇卢尔佐再次注册了这个名字的商标，并且在俄罗斯河酿酒公司再次酿造，同时他对配方稍作调整，添加了几种新型酒花；当特曼库拉啤酒厂再次开业时，就没有添加这几款新型酒花品种。

酿造用水：

采用加利福尼亚圣罗莎添加石膏的水。

麦芽清单：

二棱麦芽	93%
结晶麦芽 40°L	4%
焦香比尔森（CaraPils）麦芽	3%

原料糖化和麦汁过滤：

67～68℃（153～154°F）浸出糖化法。

麦汁煮沸和酒花添加：

　　煮沸时间为 90 分钟，全部使用 90 型酒花颗粒，初沸时添加哥伦布、世纪、宙斯和奇努克酒花，第 60 分钟时添加亚麻黄酒花，煮沸结束时添加西姆科、亚麻黄、卡斯卡特和世纪酒花。

啤酒发酵和后贮：

　　使用加利福尼亚艾尔酵母（WLP001 或 WY1056），发酵温度为 20℃（68°F），主发酵结束时干投哥伦布、世纪、宙斯、亚麻黄和卡斯卡特酒花颗粒，保持 10 天。

分析指标：

　　原麦汁浓度：14.25°P（麦汁比重 1.057）

　　最终麦汁浓度：3.25°P（麦汁比重 1.013）

　　外观发酵度：77%

　　苦味值（IBU）：62

　　酒精含量（*V/V*）：6.10%

10.4　当代的美国精酿配方

"布鲁克林东部 IPA"的故事
——加勒特·奥利弗（Garrett Oliver）

　　"布鲁克林东部 IPA"于 1995 年推出，这款啤酒和名字的直接灵感来源于威廉姆·L·蒂泽德（William L. Tizard）1846 年出版的《酿造理论与实践图册》一书（第二版），我有一本原始版本，其中第 18 章"出口啤酒"包含几页标题为"东部 IPA"的内容，提供了从配方到每小时发酵图表的信息，以及印度加尔各答啤酒市场的运作情况。当我们推出 IPA 时，我才意识到这是美国根据古代英国的具体技术参数酿造的第一款啤酒。

　　随着时间的流逝，瓶装版本基本保持不变，但是生啤版本发生了变化，原因是我发现瓶装啤酒中英国酒花特征比美国酒花更好，特别是干投酒花的特性，而生啤版本更倾向于采用美国酒花，且生啤的原麦汁浓度也稍低。在品尝过的几瓶啤酒中，能让我想起类似于我们瓶装 IPA 的啤酒是老款的"杨格特酿伦敦艾尔"（Young's Special London Ale）。

10.4.1　"布鲁克林东部 IPA"

　　布鲁克林啤酒厂是由斯蒂夫·辛迪（Steve Hindy）和汤姆·波特（Tom Potter）

于 1987 年在纽约州北部创建的，1996 年随着酿酒大师加勒特·奥利弗（Garrett Oliver）的加入，他们在布鲁克林创建了自己的啤酒厂，这是 20 年来纽约市第一个成功的商业啤酒厂。从那时开始，奥利弗不仅酿造了屡获荣耀的传统和创新啤酒，也成为精酿行业的最佳代言人之一，特别是其食物与啤酒的搭配艺术，绝对首屈一指。

酿造用水：

布鲁克林使用非常软的、添加硫酸钙的过滤水。

麦芽清单：

英国浅色麦芽　　65%

英国拉格麦芽　　30% [英国拉格麦芽颜色很浅，酿酒师用它作为优质浅色（白）麦芽的替代品，而优质浅色（白）麦芽在 19 世纪常用来酿造 IPA]

英国结晶森麦芽　5%

原料糖化和麦汁过滤：

采用升温浸出糖化法，50℃（122°F）休止 10 分钟，66.7℃（152°F）糖化。水料比为 2.8/1（1.35 夸脱/磅）。

麦汁煮沸和酒花添加：

煮沸时间为 75 分钟，酒花添加三次，使用多个酒花品种（包括东肯特哥尔丁、卡斯卡特、北部丘陵、挑战者、亚麻黄和西姆科），全部使用 90 型酒花颗粒，不使用酒花浸膏或酒花油。

啤酒发酵和后贮：

采用布鲁克林自己培养的酵母菌株，从 1996 年就开始持续使用，没有进行二次培养，也可以采用类似的酵母菌株 WY1968（伦敦 ESB）或 WLP002（英式艾尔）；在 11～16℃（52～60°F）干投酒花，保持 5 天，仅使用酒花颗粒，从发酵罐上部接口或内部系统将粉碎的酒花投入啤酒液中。干投的酒花品种包括冰川（Glacier）、卡斯卡特、亚麻黄、东肯特哥尔丁、世纪和朝圣者（Pilgrim）酒花，酒花添加总量为 2.86 克/升（1 磅/桶，0.52 盎司/加仑）。

分析指标：

原麦汁浓度：16.5°P（麦汁比重 1.066）

最终麦汁浓度：2.7°P（麦汁比重 1.011）

外观发酵度：83.6%

苦味值（IBU）：48

酒精含量（*V/V*）：7.3%

色度：19.7 EBC（10°L）

角鲨头富含酒花啤酒的创新

1995 年，萨姆·卡拉卓妮（Sam Calagione）在里霍博斯比奇度假社区创建了角鲨头酿造公司，这是特拉华州的第一个酿造酒吧，也被认为是美国第一批微型啤酒厂之一，因为起初的酿造系统只有 12 加仑，并使用啤酒桶作为酿造容器，但其产量每年都在稳步增长，并于 2002 年在特拉华州弥尔顿附近建立了啤酒生产厂。

作为美国最具创新性的知名啤酒厂之一，角鲨头采用创新性的原料和酿造工艺酿造了风味浓郁的艾尔啤酒，其中包括一个连续的酒花添加系统和一个用于生啤酒浸渍酒花的设备（有珐琅彩绘动物图案）。此外，为了表达对古老酿酒传统的敬意，他们使用古老的酿造技术和原料来酿造现代的"偏离主流"的艾尔啤酒。创始人卡拉卓妮是美国精酿届最好的代表之一，已出版了多本酿造书籍，作为电视名人还被高度关注。

关于角鲨头啤酒，卡拉卓妮提到：

就像我们的 60 分钟、90 分钟和 120 分钟 IPA 一样，我们的"四月酒花"（Aprihop）啤酒和"伯顿接力棒"（Burton Baton）啤酒都采用了角鲨头独具特色的连续酒花添加系统进行酿造。在我观看"厨房秀"节目时有了这个想法，厨师说如果逐步增加黑胡椒的添加量，而不是一次加足相同数量的胡椒，胡椒将会慢慢渗出，而且汤的味道会发生细微的变化，汤的风味也会变得更加复杂。借鉴这个思路，我们酿造了连续添加酒花的 IPA 啤酒，即将酒花在老式足球游戏震动板上连续震动，酒花变湿最后爆裂，但是能超常发挥作用。通过连续向啤酒中添加酒花，我们发现我们能够酿造充满辛辣味、具有浓郁酒花风味的啤酒。因为我们添加了过量的酒花，但并没有使啤酒产生两倍添加酒花时产生的过多的苦味。现在，我们设计了名为"索法酒花之王"的酒花气动大炮，它每分钟都会射击少量的酒花进入 IPA 中。

10.4.2 角鲨头"四月酒花"

1998 年，角鲨头首次酿造了只有生啤版本的"四月酒花"啤酒。那时中大西洋地区的酒吧和分销商喜欢"雷森德雷"（Raison d'Etre）啤酒、"神仙艾尔"（Immort Ale）啤酒和"菊苣世涛"（Chicory Stout）啤酒，但他们想要一些有活力的东西。角鲨头已经酿造了蓝莓啤酒和樱桃淡色艾尔啤酒，但发现水果味太浓，而且风味单调，因此他们开始为讨厌水果啤酒的人们着手酿造水果啤酒，"'四月酒花'啤酒基本上是一款具有水果风味的广义 IPA，"卡拉卓妮说，"杏子突出并强化了配方中西北酒花的柑橘特色风味"。

麦芽清单：

二棱比尔森麦芽	83%
卡拉比尔森麦芽	8%
深色结晶麦芽 65°L	7%
琥珀麦芽 40°L	2%

原料糖化和麦汁过滤：

水料比 2.58/1（1.24 夸脱/磅），该配方采用单一浸出糖化法，糖化温度为 65℃（156°F），保持 25 分钟，将麦汁倒入煮沸锅，当麦汁高于麦糟 1 英尺时，用 79℃（175°F）的水洗糟。

麦汁煮沸和酒花添加：

煮沸时间为 60 分钟，当煮沸开始时，连续 20 分钟添加 25% 的勇士酒花，添加量为 0.97 克/升（0.25 磅/桶，0.13 盎司/加仑）；之后连续 20 分钟添加 15% 的亚麻黄和 13% 的西姆科，添加量分别为 0.59 克/升（0.16 磅/桶，0.08 盎司/加仑）和 0.52 克/升（0.14 磅/桶，0.07 盎司/加仑）；煮沸之后，在回旋沉淀槽添加 47% 的亚麻黄，添加量为 1.9 克/升（0.48 磅/桶，0.25 盎司/加仑），同时添加 1.9 克/升（0.48 磅/桶，25 盎司/加仑）的杏酱。

啤酒发酵和后贮：

麦汁冷却至 20～21℃（68～70°F），接种英国艾尔酵母，发酵温度为 20～21℃（68～70°F），8～10 天后，将啤酒倒入另一容器（分离掉酵母），并添加无菌杏酱，添加量为 1.9 克/升（0.48 磅/桶，0.25 盎司/加仑），同时干投亚麻黄酒花，干投量为 3 克/升（0.75 磅/桶，0.40 盎司/加仑）。

分析指标：

原麦汁浓度：17.0°P（麦汁比重 1.068）

最终麦汁浓度：4°P（麦汁比重 1.016）

外观发酵度：76.5%

苦味值（IBU）：45～50

酒精含量（*V/V*）：7%

10.4.3 "伯顿接力棒" 1 号："老艾尔思路"

第一次酿造于 2004 年。角鲨头的创始人萨姆·卡拉卓妮介绍说，伯顿接力棒的设计思路是"喊话同行百龄坛啤酒"。在精酿啤酒业复兴之前的很长时间，可以追溯到 20 世纪 30～40 年代，百龄坛啤酒厂酿造的伯顿艾尔的酒精含量为 10%（*V/V*），苦味值超过 80 IBU，之后在木桶中陈贮一年，啤酒厂只将其提供给特殊客人和 VIP 会员们，从不进行售卖。"对我们来说，伯顿接力棒啤酒是值得自豪的，它让我们成为东海岸精酿啤酒商之一，我们很自豪传承了富含酒花 IPA 的酿造，并一起前行。"卡拉卓妮接着说道，"我们有两条酿造思路，一条思路是酿造更富含酒花风味的帝国 IPA，另一条思路是酿造类似英国老式艾尔的啤酒。伯顿接力棒啤酒是两条思路的混合版本"。

麦芽清单：

二棱比尔森麦芽	96%
深色结晶麦芽 65°L	2.5%
琥珀麦芽 40°L	1.5%

原料糖化和麦汁过滤：

该配方采用单一浸出糖化法，水料比 2.32/1（1.11 夸脱/磅），糖化温度为 65℃（149°F），保持 60 分钟。当麦汁高于麦糟 1 英尺时，开始用 79℃（175°F）的水洗糟，并将麦汁泵入煮沸锅。

麦汁煮沸和酒花添加：

煮沸时间为 60 分钟。初沸时加入葡萄糖，添加量 24 克/升（6.2 磅/桶，3.2 盎司/加仑），同时添加 29% 的勇士酒花，添加量为 1.8 克/升（0.47 磅/桶，0.24 盎司/加仑）；煮沸到第 45 分钟时，添加 22% 的西姆科酒花，添加量为 1.35 克/升（0.35 磅/桶，0.18 盎司/加仑）；接着在回旋沉淀槽添加 49% 的亚麻黄酒花，添加量为 3 克/升（0.78 磅/桶，0.40 盎司/加仑）。

啤酒发酵和后贮：

将麦汁冷却至 20～21℃（68～70°F），接种英国艾尔酵母，保持发酵温度为 20～21℃（68～70°F），6～8 天后将啤酒倒入另一容器，并添加橡木片（用水煮沸 5～10 分钟灭菌），添加量为 7.5 克/升（1.94 磅/桶，1 盎司/加仑）；干投采用亚麻黄酒花，干投量为 3 克/升（0.75 磅/桶，0.40 盎司/加仑）。尽可能使啤酒保持低温，直到与帝国 IPA 混合。

分析指标：

原麦汁浓度：23°P（麦汁比重 1.092）

最终麦汁浓度：2.6°P（麦汁比重 1.010）

外观发酵度：88.7%

苦味值（IBU）：100～110

酒精含量（*V*/*V*）：11%

10.4.4 "伯顿接力棒" 2 号："帝国 IPA 思路"

在"老艾尔思路"酿造两周之后酿造该款帝国 IPA，后发酵之后，将老艾尔

与帝国 IPA 混合，包装后即可享用！

麦芽清单：

二棱比尔森麦芽　96%

琥珀麦芽 40°L　4%

原料糖化和麦汁过滤：

该配方采用单一浸出糖化法，水料比 2.32/1（1.11 夸脱/磅）。糖化温度为 65℃（149°F），保持 30 分钟。当麦汁高于麦糟 1 英尺时，开始用 79℃（175°F）的水洗糟，并将麦汁泵入煮沸锅。

麦汁煮沸和酒花添加：

煮沸时间为 60 分钟，将 26%的勇士酒花[混合量为 1.5 克/升（0.39 磅/桶，0.20盎司/加仑）、12%的西姆科酒花[混合量为 0.67 克/升（0.17 磅/桶，0.09 盎司/加仑）]以及 22%的亚麻黄酒花[混合量为 1.27 克/升（0.33 磅/桶，0.17 盎司/加仑）]混合好。初沸时，连续 20 分钟添加上述混合酒花；在回旋沉淀阶段，添加 40%的亚麻黄酒花，添加量为 2.2 克/升（0.58 磅/桶，0.30 盎司/加仑）。

啤酒发酵和后贮：

将麦汁冷却至 20～21℃（68～70°F），接种英国艾尔酵母，发酵温度为 20～21℃（68～70°F），8～10 天后将啤酒倒入另一容器，并干投混合酒花，其中亚麻黄酒花混合比例为 0.6 克/升（0.16 磅/桶，0.08 盎司/加仑）、西姆科酒花混合比例为 1.2 克/升（0.32 磅/桶，0.16 盎司/加仑）、栅栏（Palisade）酒花混合比例为 2.4克/升（0.64 磅/桶，0.32 盎司/加仑），然后低温贮存 18 天。

分析指标：

原麦汁浓度：21.5°P（麦汁比重 1.086）

最终麦汁浓度：4.6°P（麦汁比重 1.018）

外观发酵度：78.6%

苦味值（IBU）：90

酒精含量（*V/V*）：9%

10.4.5　反复嗅闻"最细腻的温和 IPA"

1994 年，彼得·艾格斯顿（Peter Egelston）及其合作者创建了反复嗅闻啤酒厂，酿酒主管戴维·亚凌顿（David Yarrington）于 2001 年加入该啤酒厂，酿造了许多西海岸口味和新英格兰风情的啤酒。

亚凌顿记得，2001 年他加入啤酒厂后从事的第一个项目是酿造一款 IPA，并将其推向市场。作为东海岸的新人，他决定对新英格兰地区销售的每种 IPA 进行取样。"我和酿造员工的感官品评都很敏锐。"他说，"我们的意图并不是酿造一款啤酒来迎合市场，而是寻找商业背景之中蕴涵着什么、发现人们喜爱什么、如何在自己提供的产品中突显亮点。"他们发现的一个特点是：随着酒花添加量的增加，麦芽（特别是结晶麦芽）的添加量也在增加，他们认为添加较多麦芽的 IPA 口味是相当丰满的。"对于餐后啤酒而言，这是很不错的特征，但这并不是我在寻找的社交型 IPA"，亚凌顿说。

那时，人们优先考虑的是平衡酒花和麦芽，但似乎从没有人讨论过要平衡酒花，反复嗅闻啤酒厂主要关注的是，要在恰当的时间添加恰当的酒花，以完美平衡令人愉悦的风味。

"这一美学思想被牢牢记在心间，进而我们推出了'最细腻的温和 IPA'，这款啤酒采用了少许（过量就会美中不足）色度为 60°L 的结晶麦芽，添加低 α-酸含量的酒花来增加苦味，之后在煮沸结束前 30 分钟多次添加高 α-酸含量的酒花"，亚凌顿说，"我们很喜欢这种酿造方法所赋予的饱满酒花风味"。

麦芽清单：

　　二棱比尔森麦芽　　84%

　　浅色麦芽　　　　　13%

　　结晶麦芽 60°L　　 3%

原料糖化和麦汁过滤：

　　采用浸出糖化法，水料比 2.74/1（1.32 夸脱/磅），糖化温度为 68℃（155°F），保持 40 分钟。

麦汁煮沸和酒花添加：

　　煮沸时间为 75 分钟。初沸时添加 41.2%的马格努姆酒花颗粒，煮沸结束前 30 分钟，每隔 5 分钟添加等量的 24%的西姆科酒花，在回旋沉淀阶段添加 19.9%的世纪和 14.9%的俄勒冈圣田（Santiam）酒花颗粒。

啤酒发酵和后贮：

　　接种美国艾尔酵母，在 20℃（68°F）发酵，直至达到最终麦汁浓度，之后快速冷却，干投亚麻黄整酒花至清酒罐，干投量为 1 克/升（0.13 盎司/加仑，0.25 磅/桶），保持 7～10 天。

分析指标：

　　原麦汁浓度：15°P（麦汁比重 1.060）

　　最终麦汁浓度：2.5°P（麦汁比重 1.010）

　　外观发酵度：83%

　　苦味值（IBU）：70

　　酒精含量（*V/V*）：6.6%

　　色度：20.9 EBC（10.6°L）

10.4.6　德舒特河"鹌鹑泉 IPA"

作为太平洋西北部最大、最令人尊敬的精酿啤酒厂之一，德舒特河啤酒厂也以其几乎仍然只采用整酒花酿造啤酒而闻名（只有两家大型地区精酿啤酒厂采用整酒花酿酒，另一家是内华达山脉啤酒厂）。拉里·西多尔（Larry Sidor）担任德舒特啤酒厂的总酿酒师已经 7 年了，见证了啤酒厂的发展，该厂 2010 年的产量刚刚超过 20 万桶。

德舒特河啤酒厂最早是一家"传统的英国啤酒厂"，这也能从其产品线中反映出来，其最早的成品啤酒之一是"黑色孤丘"（Black Butte）波特啤酒，这款啤酒迅速成为旗舰产品，但随着时间的流逝，"镜中池塘"（Mirror Pond）淡色艾尔取代了其旗舰啤酒的地位。

德舒特河啤酒厂酿造的第一款 IPA 是 "英式 IPA"，由维修工程师和家酿师哈维·希利斯（Harv Hillis）研发。希利斯居住在俄勒冈州本德市郊区，一个被他称为"鹌鹑泉"的市区边缘，这款 IPA 的名字就取自此，尽管 2006 年已被"逆袭 IPA"（Inversion IPA）所取代，但"鹌鹑泉 IPA"仍然在一些酒吧中酿造。

酿造用水：

采用极软的水，向热水中添加 150ppm 的石膏。

麦芽清单：

玛丽斯·奥特麦芽	92%
慕尼黑麦芽	8%

原料糖化和麦汁过滤：

水料比 2.0/1（0.96 夸脱/磅），采用浸出糖化法，投料温度为 69℃（156°F），保持 25 分钟，然后升温至 77℃（170°F）。

麦汁煮沸和酒花添加：

总煮沸时间为 60 分钟，注意德舒特河啤酒厂所在位置海拔高度为 3600 英尺，剧烈煮沸可以完全清除二甲基硫（DMS）。采用 100%整酒花（由 60%斯塔利亚哥尔丁酒花、30%东肯特哥尔丁酒花和 10%美国哥尔丁酒花混合而成），添加量为 1.25 磅/桶。初沸时添加 20%，第 30 分钟时添加 25%，第 55 分钟时添加 25%，在酒花回收罐中添加 30%。

啤酒发酵和后贮：

冷却至 16.7℃（62°F），接种德舒特河啤酒厂自己培养的艾尔酵母菌株或相似的菌种，17.2℃（63°F）发酵 3 天，当残余麦汁外观发酵度为 2%时封罐，等待 24～48 小时，进行双乙酰还原，之后迅速降温。啤酒过滤之后，进行酒花干投，酒花添加量为 1.16 克/升（0.3 磅/桶，0.155 盎司/加仑），具体做法是将东肯特哥尔丁整酒花放在网格袋中，并将其固定在发酵罐旁边，在啤酒中浸泡 7 天，然后进行包装。
分析指标：
　　　原麦汁浓度：15.2°P（麦汁比重 1.061）
　　　最终麦汁浓度：4.2°P（麦汁比重 1.017）
　　　外观发酵度：72.4%
　　　苦味值（IBU）：50
　　　酒精含量（V/V）：6%
　　　色度：19.1 EBC（10°L）

10.4.7 "巨石 IPA"

　　　1997 年，巨石啤酒公司推出了一周年艾尔作为巨石啤酒公司的 IPA，目前已成为公司最畅销的啤酒，许多人认为它是西海岸 IPA 的最佳代表作。
酿造用水：
　　　将城市用水（约 300ppm 硬度）用活性炭过滤，并经过反渗透处理，以降低水硬度至 100ppm。
麦芽清单：
　　　浅色麦芽　　　　　93.5%
　　　结晶麦芽 15°L　6.5%
原料糖化和麦汁过滤：
　　　水料比 2.96/1（1.42 夸脱/磅），采用升温浸出糖化法，糖化温度为 66℃（150°F），保持 30 分钟，然后升温至 74℃（165°F），糖化结束。
麦汁煮沸和酒花添加：
　　　煮沸时间为 90 分钟，全部采用 100%酒花颗粒。初沸时，添加 26%的奇努克酒花和 23%的哥伦布酒花；在回旋沉淀阶段，添加 51%的世纪酒花。
啤酒发酵和后贮：
　　　接种巨石啤酒公司自己培养的酵母菌株（或用 WLP007 和 WLP002 代替），在 22℃（72°F）发酵，直到糖度降至 3.2°P（麦汁比重 1.013），在 24 小时内将啤酒冷却至 17℃（62°F），之后将啤酒倒入另一容器，干投采用世纪酒花，干投量为 2.18 克/升（0.563 磅/桶，0.29 盎司/加仑）和奇努克酒花，干投量为 0.24 克/升（0.063 磅/桶，0.033 盎司/加仑），保持 36 小时，之后降温至 1.1℃（34°F），保持 7 天。
分析指标：
　　　原麦汁浓度：16°P（麦汁比重 1.064）
　　　最终麦汁浓度：2.9°P（麦汁比重 1.012）

外观发酵度：81.88%

苦味值（IBU）：75

酒精含量（*V/V*）：6.9%

色度：17 EBC（9.5°L）

10.4.8 "比萨港卡尔斯巴德向前冲 IPA"

当杰夫·巴格比（Jeff Bagby）到达比萨港卡尔斯巴德时，前任主酿酒师库尔特·麦克黑尔（Kurt McHale）正在酿造"向前冲 IPA"，没有任何酿造过程的文字记录，巴格比提出了一些类似于麦克黑尔配方的想法，但酿造出的 IPA 却截然不同；同样令人困惑的事情是，比萨港圣马科斯工厂的员工也在酿造"向前冲 IPA"。虽然巴格比将自己卡尔斯巴德的配方分享给了比萨港圣马科斯工厂的酿酒师，但是他们已经改变了配方；巴格比也调整了卡尔斯巴德的配方，并将其重新命名为"欢迎回来向前冲"（Welcome Back Wipeout），以区分这两款啤酒。"我一直努力尝试不再疑惑是什么让酿造出的啤酒出现差别。"他说，"我们卡尔斯巴德新版本的 IPA 比我们最初版本的 IPA 口味更烈，酒花风味也更浓郁。"

麦芽清单：

二棱麦芽	83.6%
卡拉比尔森麦芽	7%
结晶麦芽 60°L	4.9%
结晶麦芽 15°L	2.1%
小麦芽	2.4%

原料糖化和麦汁过滤：

采用升温浸出糖化法。

麦汁煮沸和酒花添加：

麦汁煮沸时间为 90 分钟。在第一麦汁内添加亚麻黄酒花，初沸时添加世纪酒花和西姆科酒花；第 45 分钟时，添加亚麻黄和卡斯卡特酒花；在回旋沉淀阶段，采用亚麻黄和世纪酒花。该配方没有提供酒花添加比例或数量。

啤酒发酵和后贮：

接种比萨港专用酵母（或 WLP060 美式艾尔混合酵母，或 WLP090 圣地亚哥超级酵母），在 19℃（67°F）发酵，直到发酵度达到 50%，之后发酵温度升至 22℃（72°F），干投亚麻黄酒花和世纪酒花，保持 10 天。

分析指标：

原麦汁浓度：19°P（麦汁比重 1.064）

最终麦汁浓度：2.5°P（麦汁比重 1.012）

外观发酵度：86.8%

苦味值（IBU）：75

酒精含量（*V/V*）：7.4%

色度：深金色或浅琥珀色

10.4.9 "肥头头号猎手 IPA"

肥头啤酒厂位于俄亥俄州克利夫兰市郊区，马特·科尔（Matt Cole）是该厂的酿酒大师，凭借他所酿造的"头号猎手 IPA"赢得了很多奖项，他酿造的是美式 IPA，其酿造灵感源于他去加州海沃德旅行，在那里他参加了小酒馆年度 IPA 啤酒节，这是科尔第一次真正接触较多的西海岸 IPA，这激发了他的灵感，使其酿造出了"肥头头号猎手 IPA"，这款酒在美国啤酒节中连续两年获奖。

酿造用水：

矿物质参数目标值

Ca^{2+}	163.2 ppm
Mg^{2+}	8.5ppm
Na^+	21ppm
SO_4^{2-}	365ppm
Cl^-	23.5ppm
HCO_3^-	104ppm

麦芽清单：

美式二棱麦芽	50%
玛丽斯·奥特麦芽	25%
卡拉浅色麦芽	6%
结晶麦芽	6%
烘烤小麦片	6%
卡拉比尔森麦芽	2%
葡萄糖	5%

原料糖化和麦汁过滤：

水料比 2.60/1（1.25 夸脱/磅），采用浸出糖化法，糖化温度 66℃（151°F），休止 60 分钟。在第一麦汁中，添加世纪酒花（α-酸含量为 9.2%），添加量为 6.7%。

麦汁煮沸和酒花添加：

煮沸时间为 90 分钟。初沸时添加 α-酸为 17.7% 的哥伦布、战斧和宙斯酒花，添加量为 23%；当煮沸到第 45 分钟时，添加 6.7% 的西楚酒花（α-酸 12.4%）和 6.7% 的世纪酒花（α-酸 9.2%）；当煮沸到第 60 分钟时，再次添加 6.7% 的西楚酒花（α-酸 12.4%）和 6.7% 的世纪酒花（α-酸 9.2%）；煮沸结束时，添加 23.3% 的西

姆科（α-酸 12.2%）、16.6%的世纪（α-酸 9.2%）和 3.3%的哥伦布（α-酸 14.2%）。

啤酒发酵和后贮：

　　接种 WLP 或 WY1056 酵母，在 19.4℃（67°F）保持 4～5 天，再继续保持 2 天，以还原双乙酰，然后冷却至 10℃（50°F），回收或排出酵母；干投等量的世纪、西姆科、西楚和哥伦布酒花，每种酒花的干投量为 1.54 克/升（0.40 磅/桶，0.21 盎司/加仑），将温度升至 16℃（60°F）；干投酒花之后的第 2 天、第 5 天和第 8 天用 CO_2 冲起酒花，第 9 天开始排掉或移走酒花，2 天后降温至 4℃（40°F），最后降温至 0.6℃（33°F），这款啤酒不进行过滤。

分析指标：

　　原麦汁浓度：17°P（麦汁比重 1.068）

　　最终麦汁浓度：3.4°P（麦汁比重 1.014）

　　外观发酵度：80%

　　苦味值（IBU）：87

　　酒精含量（*V/V*）：7.5%

　　色度：16.2 EBC（8.5°L）

10.4.10　"艾弗里杜加纳 IPA"

　　"杜加纳 IPA"的真实故事印在啤酒标签上，其之所以诞生的原因却鲜为人知：公司创始人亚当·艾弗里（Adam Avery）想整天喝王公（Maharaja）双料 IPA，但其酒精含量高达 10%～11%（*V/V*），这显然是很不明智的，他认为艾弗里酿造公司需要酿造一款"超级酒花炸弹"的 IPA，他在寻找介于普通 IPA 和王公双料 IPA 之间的啤酒，而且酒精含量要较低，他也想要一种不同的香气特征，"我想让大麻的香气占优势，"艾弗里说，"目前来看，任务已完成"。

酿造用水：

　　艾弗里采用卡罗拉多博尔德的优质水，既不太硬也不是太软，正好适用于酿造他们所有的啤酒，他们添加了 110ppm 的碳酸钙。为了酿造"杜加纳 IPA"，他们在糖化用水里添加了少量的氯化钙和硫酸钙，添加量分别为 0.22 克/升（0.06 磅/桶，0.03 盎司/加仑）、0.15 克/升（0.04 磅/桶，0.02 盎司/加仑）。

麦芽清单：

　　浅色二棱麦芽　　　　　　　　96%

　　丁格曼（Dingemans）香麦 150　　2%

　　大西部（Great Western）C-75 麦芽　2%

原料糖化和麦汁过滤：

　　水料比为 2.30/1（1.1 夸脱/磅），采用浸出糖化法，在 64℃（148°F）糖化，提前 15 分钟准备，50 分钟内完成投料，休止 20 分钟。

麦汁煮沸和酒花添加：

总煮沸时间为 60 分钟，添加 100%酒花颗粒。初沸时添加 11%的喝彩酒花（α-酸 15.2%）；煮沸至第 45 分钟，添加 13%的奇努克酒花（α-酸 11.8%）；煮沸结束时，添加 57%的奇努克酒花（α-酸 11.8%）和 19%哥伦布酒花（α-酸 13.7%）。

啤酒发酵和后贮：

接种 A-56 酵母（来自于酿造科学研究所）或 WLP001 或 WY1056 酵母，于 20℃（68℉）发酵，直到发酵度达到 50%，之后升温至 23℃（74℉），总发酵时间为 80~90 小时。发酵结束、啤酒降温之前干投酒花，哥伦布酒花添加量为 2.13 克/升（0.55 磅/桶，0.28 盎司/加仑）、奇努克酒花添加量为 6.42 克/升（1.66 磅/桶，0.86 盎司/加仑）；隔天用 CO_2 将啤酒中的酒花激荡 15 分钟，5 天之后，在 48~72 小时内迅速冷却啤酒至-1℃（30℉），再保持 7 天，之后离心或将啤酒倒入另一容器，去除酒花，持续进行 CO_2 激荡，直到酒花分离前 24 小时。

分析指标：

原麦汁浓度：18°P（麦汁比重 1.072）

最终麦汁浓度：2.75°P（麦汁比重 1.011）

外观发酵度：84.7%

苦味值（IBU）：约 90

酒精含量（*V/V*）：8.5%

色度：15.7 EBC（8.2°L）

10.4.11 "奥德尔 IPA"

酿造用水：

采用科罗拉多柯林斯堡城市用水，并进行处理。酿造"奥德尔 IPA"时，在水中添加石膏，以模拟特伦特-伯顿的水质，少量添加 $MgSO_4$ 和 NaCl。

麦芽清单：

浅色二棱麦芽　　84%

卡拉麦芽　　　　8%

维也纳麦芽　　　7%

蜂蜜麦芽　　　　1%

原料糖化和麦汁过滤：

水料比为 2.80/1（1.35 夸脱/磅），采用浸出糖化法，糖化总时间为 60 分钟，也包括准备时间。

麦汁煮沸和酒花添加：

煮沸时间为 90 分钟，采用酒花颗粒增加苦味，在回收罐中添加整酒花以增加风味。酒花添加总量是 16%奇努克酒花、22%亚麻黄酒花、22%神秘酒花、12%哥伦布酒花和 28%世纪酒花。

啤酒发酵和后贮：

采用奥德尔自己培养的酵母，是一种强壮的上面酵母，具有中等发酵度、中低度的絮凝特性。在 20℃（68°F）发酵 60 天，干投专用混合酒花。

分析指标：

原麦汁浓度：16.4°P（麦汁比重 1.066）

最终麦汁浓度：3.2°P（麦汁比重 1.013）

外观发酵度：80.5%

苦味值（IBU）：60

酒精含量（V/V）：7%

色度：18.1 EBC（9.5°L）

10.4.12　"鹅岛 IPA"

鹅岛啤酒公司于 1988 年在芝加哥开业，成长非常迅速，现在已拥有一个啤酒厂和两家酒吧，它是芝加哥第一批微型啤酒厂之一，以生产优质传统艾尔、年份比利时艾尔和橡木桶陈贮啤酒而闻名。

"鹅岛 IPA"是美国精酿英式 IPA 的最好代表，采用 100%浅色麦芽，不添加结晶麦芽，采用英国和美国的混合酒花，啤酒酒精含量接近 6%（V/V），非常符合许多传统英国酿酒师酿造的 IPA 版本。

这款啤酒曾获得美国啤酒节英式 IPA 组的 5 块奖牌（2000 年金牌，2004 年、2007 年、2008 年银牌，2001 年铜牌），并且在 2010 年世界啤酒杯英式 IPA 组获得金牌，由此可见其品质之上乘。

麦芽清单：

特种浅色麦芽（约 3.9°L）　100%

原料糖化和麦汁过滤：

加酸调节糖化 pH，石膏直接添加到糖化锅中。71℃（159°F）休止 25 分钟，升温至 77℃（170°F），保持 10 分钟。

麦汁煮沸和酒花添加：

总煮沸时间为 60 分钟，煮沸时加酸调节 pH，煮沸最后 10 分钟添加澄清剂，采用 100%酒花颗粒，初沸时添加 16%的朝圣者 90 型酒花，在回旋沉淀阶段，添加 60%斯塔利亚哥尔丁 90 型酒花及 24%卡斯卡特 45 型酒花。

啤酒发酵和后贮：

　　麦汁冷却至 17℃（62°F），通氧，接种鹅岛专用英式艾尔酵母（或相似酵母），接种率为每毫升 110 万细胞/°P，发酵 5 天，升温至 19℃（67°F），冷却之前通常进行 36～48 小时的双乙酰还原，发酵第 5 天干投混合酒花，添加量为 0.5 磅/桶，该混合酒花品种为 66%的世纪 90 型酒花颗粒和 34%的卡斯卡特 90 型酒花颗粒。

分析指标：

　　原麦汁浓度：15.5°P（麦汁比重 1.062）

　　最终麦汁浓度：4.6°P（麦汁比重 1.018）

　　外观发酵度：70.3%

　　苦味值（IBU）：55

　　酒精含量（*V/V*）：5.95%

　　色度：19.1 EBC（10°L）

10.4.13 "德舒特河逆转 IPA"

　　2006 年德舒特河啤酒厂的"逆转 IPA"取代了其"鹌鹑泉 IPA"，"逆转 IPA"中具有更明显的美式风味，德舒特河"逆转 IPA"的独特之处在于采用第一麦汁中添加酒花浸膏来增苦，其余添加的酒花都是沿袭该啤酒厂的传统——使用整酒花。

酿造用水：

　　采用极软的水，在热水中添加 150ppm 的乳酸。

麦芽清单：

　　浅色麦芽　　　82%

　　焦糖麦芽　　　10%

　　慕尼黑麦芽　　6%

　　结晶麦芽　　　2%

原料糖化和麦汁过滤：

　　水料比 3.2/1（1.54 夸脱/磅），投料温度为 60℃（140°F），保持 5 分钟，之后升温至 70℃（158°F），保持 10 分钟，最后升温至 76℃（168°F），糖化结束。

麦汁煮沸和酒花添加：

　　总煮沸时间为 90 分钟。酒花添加总量为 5.8 克/升（1.5 磅/桶，0.77 盎司/加仑），在第一麦汁中添加的酒花浸膏数量也是 5.8 克/升，酒花品种包括千禧（Millennium）、地平线（Horizon）、世纪、北酿、卡斯卡特和西楚。初沸时添加 15%的酒花，第 60 分钟添加 25%的酒花，第 85 分钟添加 60%的酒花。

啤酒发酵和后贮：

　　接种德舒特河自己培养的艾尔酵母或类似的酵母，冷却至 16.7℃（62°F），在 17.2℃（63°F）发酵 3 天，当外观发酵度还差 2%时封罐，保压 24～48 小时，以进行双乙酰还原，之后快速冷却。啤酒过滤之后，干投世纪、卡斯卡特和西楚酒花，酒花添加量为 1.16 克/升（0.3 磅/桶，0.155 盎司/加仑）。将整酒花放置于网格袋中，固定在发酵罐上，将酒花浸泡在啤酒中 7 天，然后灌装。

分析指标：

　　原麦汁浓度：16.8°P（麦汁比重 1.067）

　　最终麦汁浓度：4.4°P（麦汁比重 1.018）

　　外观发酵度：73.8%

　　苦味值（IBU）：80

　　酒精含量（*V/V*）：6.8%

　　色度：47 EBC（24°L）

10.4.14　"恶魔酒花园 IPA"

　　作为团队的一员，2005～2006 年我在百威啤酒集团梅里马克（Merrimack）啤酒厂开发了这款啤酒，尽管这款啤酒面市时间很短，但是作为百威啤酒推行的第二款 IPA，仍具有明显的区别，也是第一款精心设计了名字的 IPA（第一款 IPA 是"美式酒花艾尔"，于 1996 年作为"美国原创"系列的一部分而被推出），其最初的名字是"魔鬼酒花园 IPA"（Devil's Hopyard IPA），以新罕布什尔州一个受欢迎的徒步旅行区而命名。

麦芽清单：

　　美国二棱麦芽　　　　　　　　　85%

　　布雷斯（Briess）40°L 结晶麦芽　　10%

　　布雷斯（Briess）卡拉比尔森麦芽　　5%

原料糖化和麦汁过滤：

　　水料比 2.8/1（1.35 夸脱/磅），糖化水中添加 0.19 克/升（0.05 磅/桶，0.026 盎司/加仑）的石膏，采用升温浸出糖化法。投料温度为 35℃（95°F），在 15 分钟内升温至 66℃（150°F）并保持 15 分钟，在 10 分钟内将温度升至 73℃（163°F），进行麦汁过滤。在第一麦汁中，添加栅栏（Palisades）酒花颗粒，添加量为 0.43 克/升（0.11 磅/桶，0.06 盎司/加仑）。

麦汁煮沸和酒花添加：

　　总煮沸时间为 60 分钟，注意百威啤酒煮沸时间都是比较短的，这是因为后续有麦汁浸提处理过程。如果是家酿，采用 90 分钟的煮沸更加合适。在第一次酒花添加时，同时向麦汁中添加 0.19 克/升（0.05 磅/桶，0.026 盎司/加仑）的石膏，酒花添加总量为 1.46 磅/桶。初沸时添加第一次酒花，15.8%的卡斯卡特酒花和 10.5%的栅栏酒花；煮沸到第 10 分钟时，添加 15.8%的卡斯卡特酒花和 31.5%哥伦布酒花；煮沸到第 20 分钟时，添加 8.4%卡斯卡特酒花和 7.4%的哥伦布酒花；煮沸到第 50 分钟时，添加 5.3%的卡斯卡特酒花和哥伦布酒花。

啤酒发酵和后贮：

冷却至 18℃（65°F），接种 NCYC1044 艾尔酵母，接种量为 1700 万个细胞/毫升，发酵温度为 22℃（72°F）。主发酵之后，分离酵母，将啤酒冷却至 10℃（50°F），干投卡斯卡特酒花和哥伦布酒花，干投量分别为 2.61 克/升（0.675 磅/桶，0.35 盎司/加仑）和 0.86 克/升（0.23 磅/桶，0.12 盎司/加仑）。

分析指标：

原麦汁浓度：16.2°P（麦汁比重 1.065）

最终麦汁浓度：3.5°P（麦汁比重 1.014）

外观发酵度：78.4%

苦味值（IBU）：120，成品啤酒为 70

酒精含量（V/V）：7%

色度：26.6 EBC（14°L）

10.4.15 "火石行者英国米字旗 IPA"

火石行者啤酒公司酿造了很多优质的西海岸 IPA，其酿酒大师是马特·布雷尼德森（Matt Brynildson），是美国西贝尔研究所的毕业生，在搬至加州之前，他曾在芝加哥鹅岛啤酒厂酿酒，并在著名的酒花加工商凯斯克（Kalsec）公司工作过一段时间。布雷尼德森为火石行者啤酒公司带来了很多的专业技术，并且利用自己的经验酿造了很多优质的富含酒花风味的艾尔啤酒，有混合型酒花艾尔，也有橡木桶陈贮的酒花艾尔，他也是唯一一个通过在橡木桶对主发酵进行改良来复制伯顿联合发酵系统的美国酿酒师。布雷尼德森喜欢采用慕尼黑麦芽，以获得英式麦芽特性。有时，他添加少量的葡萄糖（5%以下）来降低色度和酒体，以强调酒花风味。

酿造用水：

采用反渗透和过滤技术处理酿造水，添加氯化钙或硫酸钙，以使钙含量超过100ppb。添加磷酸或乳酸，以调节糖化醪 pH 为 5.4。

麦芽清单：

美国或加拿大二棱麦芽	88%
慕尼黑麦芽	6%
布雷斯卡拉比尔森麦芽	3%

辛普森（Simpson）30/40°L 结晶麦芽 　3%

原料糖化和麦汁过滤：

该配方采用二步糖化法。糖化醪升温至 63℃（145°F）保持 45～60 分钟，之后在 68℃（155°F）进行第二次休止。

麦汁煮沸和酒花添加：

初沸时添加马格努姆酒花、勇士酒花（或世纪、战斧、宙斯酒花），使苦味值为 50 IBU（α-酸含量按照 5% 计算）；煮沸结束前 30 分钟时，添加 α-酸为 6% 的卡斯卡特酒花，使苦味值达到 14 IBU；煮沸结束前 15 分钟时，添加相同量的世纪酒花。如果难以达到期望的苦味值 75 IBU，布雷尼德森偶尔会添加纯异构酒花浸膏；在回旋沉淀阶段，添加 5∶5 混合的卡斯卡特酒花和世纪酒花，添加量为 3 克/升（0.8 磅/桶，0.41 盎司/加仑）。

啤酒发酵和后贮：

冷却至 17℃（63°F），接种伦敦艾尔酵母菌株或其他产水果味的艾尔酵母，发酵温度为 19℃（66°F），当麦汁浓度降到 6°P 时，升温至 21℃（70°F）进行双乙酰还原，并干投酒花。当麦汁浓度降至最终麦汁浓度之上 0.5～1°P，干投世纪酒花、卡斯卡特酒花，以及少量的亚麻黄酒花和西姆科酒花，干投量为 3.87 克/升（1 磅/桶，0.5 盎司/加仑）。酒花与啤酒接触三天之后，去除酒花和酵母，再次干投相同混合量的酒花，在快速冷却之前最多保持三天。布雷尼德森坚信，啤酒短时间接触酒花就能起到作用。

分析指标：

原麦汁浓度：16.5°P（麦汁比重 1.066）

最终麦汁浓度：3.0°P（麦汁比重 1.012）

外观发酵度：81.8%

苦味值（IBU）：成品啤酒为 75

酒精含量（*V/V*）：7.5%

色度：15.2 EBC（8°L）

10.5　当代英国配方

10.5.1　明太啤酒厂的"伦敦 IPA"

英国格林尼治明太啤酒厂的阿拉斯泰尔·胡克（Alastair Hook）和彼得·海登（Peter Haydon）全面研究了 IPA 的历史。事实上，他们的网站 www.india-pale-ale.com 很好地展示了 IPA 从伦敦起源到现在的历史。胡克曾经在英国爱丁堡赫瑞瓦特（Heriot-Watt）大学和德国慕尼黑工业（Weihenstephan）大学进行过培训，能酿造优质的拉格啤酒和艾尔啤酒，包括再现伦敦波特啤酒和 19 世纪 IPA。

明太 IPA 是基于胡克和海登广博的研究，据介绍，它是近几年来根据 19 世纪英式 IPA 的技术参数酿造出来的首批 IPA 之一，其酒精含量为 7.45%（V/V），这是一款伟大的啤酒，特别是对于当代英国酿造的标准而言，实在意义非凡。该款啤酒采用浅色麦芽、少量的慕尼黑麦芽、浅色结晶麦芽和糖酿造而成，这样的麦芽配比与 19 世纪晚期和 20 世纪早期的伦敦 IPA 非常相似，酒花添加量很大，据说每桶要超过 2 磅，或"在煮沸锅中尽可能多地添加"。在糖化过程添加的酒花和干投酒花只采用东肯特哥尔丁酒花和富格尔酒花。

酿造用水：

调整酿造用水，以达到以下指标：

钙离子	约 72ppm
镁离子	约 1ppm
碳酸根离子	约 35ppm
硫酸根离子	约 119ppm
氯离子	约 10ppm
碱度（以碳酸钙计）	约 58ppm
总硬度	约 67ppm

麦芽清单：

英国艾尔麦芽	84%
英国慕尼黑麦芽	9%
英国浅色结晶麦芽	1%
糖	6%

原料糖化和麦汁过滤：

采用升温浸出糖化法，水料比为 3.1/1（1.49 夸脱/加仑）。投料温度为 62℃（144°F），保持 30 分钟，之后在 30 分钟内升温至 72℃（162°F），保持 20 分钟，之后 5 分钟内升温至 77℃（171°F）。糖化结束，开始进行麦汁过滤。

麦汁煮沸和酒花添加：

总煮沸时间为 75 分钟。在第一麦汁中，添加 12.6%的哥尔丁 90 型酒花颗粒（α-酸 5.1%）和 13.8%富格尔 90 型酒花颗粒（α-酸 4.7%）；煮沸结束前 5 分钟，添加 20.3%哥尔丁 90 型酒花颗粒（α-酸 5.1%）和 21.9%富格尔 90 型酒花颗粒（α-酸 4.7%）；在酒花回收罐中添加 15.7%的哥尔丁整酒花（α-酸 6.8%）和富格尔整酒花（α-酸 3.8%）。

啤酒发酵和后贮：

采用英国传统艾尔酵母菌株进行发酵，于 22℃（72°F）发酵，直到达到最终发酵浓度，在最终浓度保持 48 小时，之后去除酵母，并干投哥尔丁整酒花和富格

尔整酒花，添加量分别为 1 克/升（0.188 磅/桶，0.097 盎司/加仑）和 1 克/升 （0.188 磅/桶，0.097 盎司/加仑）。

分析指标：

原麦汁浓度：16.8°P（麦汁比重 1.067）

最终麦汁浓度：3.0°P（麦汁比重 1.012）

外观发酵度：82%

苦味值（IBU）：75

酒精含量（*V/V*）：7.4%

色度：6～8°L（11.8～15.8°SRM）

10.5.2 "索恩桥斋浦尔 IPA"

索恩桥酿酒公司位于英国德比郡地区，靠近峰区的贝克维尔镇，该地的徒步登山和果酱杏仁馅饼很有名（杏仁馅饼类似于山核桃派）。西蒙·韦伯斯特（Simon Webster）和前谢菲尔德垫圈制造商詹姆斯·哈里森（James Harrison）于 2005 年创建了索恩桥酿酒公司，他们的第一个啤酒厂"索恩桥大厅"位于哈里森庄园内；最近，他们又建了一家大型河畔啤酒厂，紧靠贝克维尔镇。

他们的啤酒之所以出名不仅是因为其精心酿造和新鲜的口味，还因为他们大胆采用了美国酒花和新西兰酒花，将最好的英国酿造传统与更新的原料、美国流行的啤酒类型进行了有机结合，他们的座右铭是"创新、激情、知识"，致力于将所有的酿造科学应用到他们的啤酒中。

"索恩桥斋浦尔 IPA"是一款具有明显酒花风味和特性的完美版 IPA，品尝初期有麦芽味，然后酒花味迅速凸显并占据后味的主体；而索恩桥"锡福斯（Seaforth） IPA"是一款更加传统的 IPA，现在已经不再酿造了，它采用 100%的英国原料，颜色比许多 IPA 要深，而且酒花味浓郁，由作家彼得·布朗（Peter Brown）命名为锡福斯，因为 1823 年第一批将奥尔索普（Allsopp）印度艾尔啤酒运到加尔各答的船只的名字之一就是锡福斯。非常有趣的是，这里的 IPA 并没有进行酒花干投，但不要被此欺骗，这些都是酒花风味突出、完美的 IPA。

酿造用水：

调整酿造用水，达到如下指标：

钙离子	199ppm
镁离子	20ppm
氯离子	123ppm
钠离子	30ppm

硫酸根离子   412ppm

      碳酸氢根离子   17ppm

麦芽清单：

      玛丽斯·奥特低色度浅色麦芽 3.5°EBC（1.75°L）   96.7%

      维也纳麦芽 10°L（5°L）   3.3%

原料糖化和麦汁过滤：

      水料比为 2.5/1（1.2 夸脱/磅），采用浓醪单步升温浸出糖化法，65℃（149°F）休止 75 分钟，采用 76℃（169°F）的水进行洗糟。

麦汁煮沸和酒花添加：

      总煮沸时间为 75 分钟。如果可能，就采用整酒花球果；第一次添加，加入 7.3%奇努克酒花（α-酸 12.7%）、5.2%世纪酒花（α-酸 11.7%）和 6.2%阿塔努姆（Ahtanum，α-酸 5%）酒花；当煮沸至第 45 分钟时，加入 7.3%奇努克酒花（α-酸 12.7%）、5.2%世纪酒花（α-酸 11.7%）和 6.2%阿塔努姆（α-酸 5%）酒花；当煮沸结束、关闭热源之后，添加最后一次酒花，21.9%奇努克酒花（α-酸 12.7%）、15.7%世纪酒花（α-酸 11.7%）、25%阿塔努姆（α-酸 5%），然后进行搅拌，浸渍 30 分钟，再进行麦汁冷却。

啤酒发酵和后贮：

      采用中性艾尔酵母，发酵度良好，且产生少量、甚至于不产生双乙酰，接种比率为 6～7 百万个细胞/毫升，主发酵温度为 19℃（66°F），保持 4～5 天，然后冷却至 6℃（43°F），之后排掉酵母，7～10 天即可成熟，装入桶中，并添加明胶，注意该配方不干投酒花，后贮于 6℃（43°F），保持 1～2 周，将桶固定后，在 10℃（50°F）条件下，用手动泵打酒进行售卖。

分析指标：

      原麦汁浓度：13.9°P（麦汁比重 1.055）

      最终麦汁浓度：2.5°P（麦汁比重 1.010）

      外观发酵度：82%

      苦味值（IBU）：55～57

      酒精含量（*V/V*）：6%

10.5.3 "索恩桥锡福斯 IPA"

酿造用水：

      调整酿造用水，达到如下指标：

      钙离子   199ppm

镁离子	20ppm
氯离子	123ppm
钠离子	30ppm
硫酸根离子	412ppm
碳酸氢根离子	17ppm

麦芽清单：

玛丽斯·奥特浅色麦芽	95.2%
托马斯·福西特（Thomas Fawcett）结晶麦芽 120°L	3.2%
托马斯·福西特琥珀麦芽 100°L	1.2%
托马斯·福西特巧克力麦芽	0.4%

原料糖化和麦汁过滤：

水料比为 2.4/1（1.15 夸脱/磅），采用浓醪浸出糖化法。65℃（148°F）休止 45 分钟，采用 76℃（169°F）的水，进行洗糟。

麦汁煮沸和酒花添加：

总煮沸时间为 75 分钟。如果可能，就采用整酒花球果；初沸时，添加第一次酒花，酒花添加量和品种分别为 4.5%朝圣者酒花（α-酸 10.9%）、4.5%世纪酒花（α-酸 11.7%）、9.8%斯塔利亚哥尔丁酒花（α-酸 5%）；当煮沸至第 45 分钟时，添加第二次酒花，4.5%朝圣者酒花（α-酸 10.9%）、4.5%世纪酒花（α-酸 11.7%）、9.8%斯塔利亚哥尔丁酒花（α-酸 5%）；关闭热源后，添加第三次酒花，26.7%朝圣者酒花（α-酸 10.9%）、13.4%世纪酒花（α-酸 11.7%）和 22.3%斯塔利亚哥尔丁酒花（α-酸 5%）；麦汁冷却之前进行搅拌，浸渍 30 分钟。

首席酿酒师斯蒂凡诺·柯西（Stefano Cossi）建议，最后一次添加酒花可以进行试验，他建议可以尝试其他的品种酒花，如目标、第一金、珍珠、北部丘陵和挑战者酒花。

啤酒发酵和后贮：

采用中性艾尔酵母，发酵度良好，且产生少量、甚至于不产生双乙酰，接种比率为 6～7 百万个细胞/毫升。主发酵温度为 19℃（66°F），进行 4～5 天，然后冷却至 6℃（43°F），之后排出酵母，7～10 天即可成熟，装入桶中，并添加明胶，注意该配方不干投酒花，后贮于 6℃（43°F），保持 1～2 周，将桶固定后，在 10℃（50°F）条件下，用手动泵打酒进行售卖。

分析指标：

原麦汁浓度：14°P（麦汁比重 1.056）

最终麦汁浓度：2.5°P（麦汁比重 1.010）

外观发酵度：82.1%

苦味值（IBU）：50～52

酒精含量（*V*/*V*）：6.04%

10.5.4 "富勒公司孟加拉轻骑兵 IPA"

富勒、史密斯以及特纳公司（Fuller，Smith & Turner，常简称为富勒）位于伦敦西部，其格里芬（Griffin）啤酒厂位于奇西克区泰晤士河岸边，该啤酒厂主酿酒师约翰·基林（John Keeling）及酿造主管德里克·普伦迪赛（Derek Prentice）在分享信息方面一直很大方，他们最近开始生产"昔日的大师"（Past Masters）啤酒，这些啤酒都是基于历史配方而酿造的，2010 年冬天我去访问时基林曾向我展示过这些配方。

富勒公司在 19 世纪后半段酿造了大量的 IPA，其 1845 年创建啤酒厂的地点，在历史上一直就是啤酒厂建设的集聚地，目前已经有超过 350 年的历史了。富勒公司是仍进行分批酿造的硕果仅存的实践者之一，分批酿造指的是从相同糖化批次中分出麦汁，发酵之后再按不同比例进行混合，以产生具有明显区别的啤酒。啤酒厂在 1845 年开业之后就一直采用该酿造工艺，直到今天仍在沿用。尽管历史学家并不确定富勒 IPA 是否真的运到了印度（当国内需求达到顶峰时，富勒公司才开始酿造 IPA），但是其酿造工艺似乎与许多伦敦同款啤酒类似。

19 世纪 90 年代，富勒公司采用浅色麦芽（通常来源于加利福尼亚或中欧）、玉米片和糖等原料，两种糖化都是采用相同批次的麦芽，添加新老哥尔丁酒花，采用源于伯顿的培养酵母（该酵母随后确认有三个不同的菌株，随着时间的推移，分离出一株纯种酵母菌株）进行发酵，发酵之后，IPA 在橡木桶中陈贮。富勒公司现在的旅游核心项目就包括一处古老的霍克酒窖，为橡木桶陈贮啤酒的地方，啤酒厂每天会滚动这些啤酒桶，直到啤酒达到一定的成熟度，就船运至市场销售。

由于禁酒运动，以及低酒精浅色拉格和运动啤酒（running beer）的不断流行，19 世纪末期 IPA 的原麦汁浓度下降得很快，其他英国啤酒的原麦汁浓度亦是如此，1891 年的原麦汁浓度为 15°P（麦汁比重为 1.060），而到了 1900 年则下降到了 13.25°P（麦汁比重为 1.053）。

我有幸和基林在啤酒厂品尝了这款现代 IPA，这款酒非常完美，有很好的酒花苦味和显著的柑橘类酒花香气。当我询问基林酒花的添加方案时，他说添加了哥尔丁酒花、富格尔酒花和目标酒花，我认为目标酒花是用来增加苦味特征的，但是基林说他干投的就是目标酒花！这确实出乎我的意料，但给了我一个灵感，于是，当我酿造"巨石 14 周年帝国 IPA"时，就干投了目标酒花。

酿造用水：

　　起初，富勒公司采用的是泰晤士河水，其碳酸盐和非碳酸盐含量都较高，随后他们添加了硫酸盐和少量的氯化物，降低了碳酸盐的含量，接着根据所酿啤酒的类型，在糖化锅和煮沸锅中添加石膏或氯化钙，其中主要的基本参数是：碳酸盐含量低于 90 ppm，而钙盐要超过 180 ppm。

麦芽清单：

　　浅色麦芽　98%

　　结晶麦芽　2%

原料糖化和麦汁过滤：

　　水料比为 2.5/1（1.20 夸脱/磅），采用英国传统浸出糖化法，糖化温度为 63～66℃（145～150°F）。德里克·普伦迪赛说："酿造帝国 IPA 的水料比为 2.25/1，成本太高了！"

麦汁煮沸和酒花添加：

　　总煮沸时间为 60 分钟。初沸时加入 75%的哥尔丁酒花，煮沸至第 60 分钟时，添加第二次酒花，25%的富格尔酒花，继续煮沸 8 分钟，然后将麦汁泵入在回旋沉淀槽。

啤酒发酵和后贮：

　　采用富勒公司艾尔菌株或相似菌株发酵，于 17℃（63°F）接种酵母，升温至 20℃（68°F），直至发酵结束，将哥尔丁酒花和目标 90 型酒花以 1：1 比例混合，进行干投，干投量为 3.22 克/升（0.43 磅/桶，0.22 盎司/加仑），帝国 IPA 的干投酒花量为 0.5 磅/桶。

分析指标：

　　原麦汁浓度：13.25°P（麦汁比重 1.053）

　　最终麦汁浓度：3°P（麦汁比重 1.012）

　　外观发酵度：77.4%

　　苦味值（IBU）：50

　　酒精含量（*V/V*）：5.3%

　　色度：21 EBC（10.7°L）

10.5.5 　"博物馆啤酒厂加尔各答 IPA"

　　1994 年在特伦特-伯顿巴斯（现在归属于美国康胜啤酒集团）博物馆啤酒厂开始酿造，史蒂夫·惠灵顿（Steve Wellington）是英国酿酒界的资深酿酒师，1971 年他加盟巴斯啤酒厂之前，已在乐堡啤酒厂和加拿大啤酒厂开启了酿酒生涯，当他在特伦特-伯顿博物馆承担创建巴斯微型啤酒厂的任务时，他声称得到了"千载难逢的机会"，开始在那里酿酒，一直到 2011 年退休。

惠灵顿和作家皮特·布朗（Pete Brown）一起开发了配方，并为布朗从英国到加尔各答航海之旅酿造了 IPA 再生啤酒，该配方在布朗出版的《酒花与荣耀》（*Hops and Glory*）一书中有详细描述，这款啤酒配方源于 19 世纪 50 年代还在生产的巴斯古老大陆艾尔/IPA 的配方。

"我们只酿造了 3 桶（共 108 英国加仑）加尔各答 IPA，其酒精含量为 7%（*V/V*），具有理性的苦味而不至于过度。"惠灵顿说，"在海上漂流了三个月，到了加尔各答后，啤酒口味明显变得非常好了。"一只装有 9 加仑啤酒的桶空运到那里（需要 14 小时）与另外 2 桶啤酒进行比较，"毫无疑问，船上的啤酒比飞机运过去的口味更好"。

酿造用水：

采用伯顿的井水，向其中加入 400ppm 的 $CaSO_4$ 和 360ppm 的 $MgSO_4$。

麦芽清单：

浅色麦芽　　　　　　　　97.8%

结晶（卡拉麦芽）麦芽　2.2%

原料糖化和麦汁过滤：

水料比为 2.6/1（1.25 夸脱/磅），采用单醪浸出糖化法。72℃（162°F）投料，在 66℃（150°F）保持 90 分钟，然后转到过滤槽，目标过滤时间为 90 分钟，第一麦汁浓度应该在 23°P（麦汁比重 1.092），采用 72℃（162°F）的水进行洗糟，残余麦汁浓度不低于 1.5°P（麦汁比重 1.006）。

麦汁煮沸和酒花添加：

总煮沸时间为 2 小时，初沸时添加转化糖，添加量为 68 克/升（17.6 磅/桶，9 盎司/加仑）。初沸时，添加 31.5%的富格尔酒花（α-酸 6.1%）和 37%哥尔丁酒花（α-酸 5.2%）；煮沸结束前 5 分钟，添加 31.5%的北部丘陵酒花（α-酸 8.6%）。

啤酒发酵和后贮：

麦汁冷却至 16℃（62°F），接种伯顿偶数酵母菌种（Burton Union Dual Strain yeast），升温至 20℃（68°F），主发酵继续保持该温度，当麦汁浓度降至 2.5°P（麦汁比重 1.010）时，冷却至 6℃（43°F），在 6℃（43°F）保持 1 周，转入木桶，干投酒花，保持 4 周。

分析指标：

原麦汁浓度：16.25°P（麦汁比重 1.065）

最终麦汁浓度：2.5°P（麦汁比重 1.010）

外观发酵度：84.6%

苦味值（IBU）：55

酒精含量（*V/V*）：7%

10.6　双料 IPA 配方

10.6.1　俄罗斯河"普林尼长者"

很多人认为这就是双料 IPA 的标准，俄罗斯河酿酒公司的"普林尼长者"是美国精酿界首次在酿造过程中添加葡萄糖粉酿造的啤酒之一，葡萄糖粉的加入降低了麦芽味，更加突出了酒花味。多年来，"普林尼长者"赢得了很多奖项。

酿造用水：

采用加利福尼亚俄罗斯河圣罗莎的城市用水，添加一些石膏。

麦芽清单：

二棱麦芽	86%
结晶麦芽 40°L	4%
卡拉比尔森麦芽	4%
葡萄糖	6%

原料糖化和麦汁过滤：

糖化温度 66.7～67.2℃（152～153°F），采用浸出糖化法。

麦汁煮沸和酒花添加：

总煮沸时间为 90 分钟。煮沸开始添加第一次酒花，40%世纪、战斧和宙斯酒花；煮沸到第 45 分钟时，添加占总酒花量 9%的西姆科酒花；煮沸到第 60 分钟时，添加 11%的世纪酒花；在煮沸结束时，添加由卡斯卡特、西姆科、亚麻黄和世纪组成的混合酒花，占总添加量的 40%。

啤酒发酵和后贮：

发酵温度为 20℃（68°F），接种加利福尼亚艾尔酵母（WLP001 或 WY1056），干投酒花量为 3.9 克/升（1 磅/桶，0.5 盎司/加仑），由哥伦布、战斧、宙斯、世纪和西姆科酒花颗粒等比例混合，保持 14 天。

注意：俄罗斯河采用二次干投方法，第二次干投时，添加量为第一次干投量的 25%，以增强酒花特性，他们经常调整干投酒花的时间和添加量，这取决于酒花品质，所以在此不再过多讲述。

分析指标：

原麦汁浓度：17.25°P（麦汁比重 1.069）

最终麦汁浓度：2.75°P（麦汁比重 1.011）

外观发酵度：84%

苦味值（IBU）：92

酒精含量（*V/V*）：8%

一个人的失误造就了另一个人的酒花快乐

俄亥俄州阿克伦市口渴狗（Thirsty DOG）酿造公司的蒂姆·瑞思特特尔（Tim Rastetter）是精酿啤酒行业的资深人士，他 1992 年就在克利夫兰大湖啤酒厂开始了酿酒生涯，其 1996 年酿造的"VIP 艾尔"是第一款帝国 IPA 之一，这款啤酒的故事是另一个幸福的意外的例子。

在五大湖公司和阿克伦自由街道酿造公司较低酿造效率的工作之后，瑞思特特尔于 1996 年在聚会源（Party Source）公司酿造部获得了自己设计酿酒车间的机会，之后在肯塔基州的卡温顿（Covingtan，跨过俄亥俄州河就是辛辛那提）。为了更好地酿造高浓度啤酒，他重新设计了过滤槽，酿造了他自己的第一款高浓度啤酒（他酿造的第四款啤酒就是 IPA），其糖化收率远远超过他的预期。当过滤 IPA 时，瑞思特特尔意识到麦汁浓度比计划的高很多，他酿造出了一款"怪物"，因为是第一次酿造，也没人对这款啤酒抱有期待，他只是竭尽所能力求将啤酒酿到最好，因此他加入了更多的酒花！他根本没有时间进行计算，他只知道自己将酿造一款约 19°P 的啤酒，而且要降低啤酒苦味值，他错在哪儿了呢——酒花！此时这款酒已经酿完了，计算得出的苦味值是 95 IBU 左右。

蒂姆·瑞思特特尔自己的描述

很高兴看到当地人喜欢我的错误之作，我现在知道我有一些客户，我想平衡未来的啤酒，并将我的意图告诉了客户们，但没人想让我改变，不过我还是做了改变。

实际上，在后来的糖化过程中，我略微提高了糖化温度，使啤酒中残余的不可发酵糖增加，如此就平衡了酒花带来的苦味，没有人会意识到苦味值的降低。你猜到了，我将增加酒花添加量，最终计算出的苦味值为 110 IBU，我也增加了谷物使用量，将原麦汁浓度提高到了 20°P。

有一次，我带领一些高水平酿酒师、杂志出版商以及老板们参观啤酒厂，我从发酵罐中取了一些"VIP 艾尔"啤酒，请他们品尝，其中一个人拿着样品走到了一边，其他人都围在发酵罐前品尝这款苦味值为 110 IBU 的啤酒。正当大家品尝啤酒时，我们听到人群中传来了那个走到一边的人的笑声，他脸上带着笑容走回来，坦诚地说刚才走开是为了倒掉啤酒，因为他品尝过很多酒花味过重、口味不平衡的 IPA，也从没有听说过我提及的苦味值。他原以为自己不会喜欢这款啤酒，但却恭喜我酿造出如此好的啤酒，并再一次续杯，这也促使了其他人再次接满（作者注：我相信那天我在那，我说不出蒂姆所说的那个人的名字，但是我认为他的名字应该是丹尼尔·布拉德）。

从另一方面来说，我仍不能相信酿造这款 IPA 的糖化收率，直到我全部整

理完毕，我犯了另一个错误，并且酿造了一款伟大的波特啤酒，其伟大程度就像酿造"绝对印度淡色艾尔"一样，将其命名为 R.I.P（Russian Imperial Porter，俄罗斯帝国波特啤酒）太恰当不过了。

10.6.2　"VIP 艾尔"

酿造用水：

向酿造水中添加矿物质，使其达到以下技术参数：

钙离子	100～150ppm
镁离子	20ppm
钠离子	25ppm
硫酸根离子	300～425ppm
碳酸根离子	0 ppm
氯离子	16ppm

麦芽清单：

二棱麦芽	89.66%
布瑞思卡拉比尔森麦芽	3.45%
小麦芽	3.45%
布瑞思维也纳麦芽	1.72%
焦香麦芽 60°L	1.72%

原料糖化和麦汁过滤：

水料比为 3.22/1（1.55 夸脱/磅），采用浸出糖化法。投料温度为 66℃（151°F），保持 60 分钟。

麦汁煮沸和酒花添加：

总煮沸时间为 90 分钟。初沸时，添加 20.4%的马格努姆（α-酸 15.2%）；当煮沸至第 60 分钟时，添加 12.6%的英国北部丘陵酒花（α-酸 8%）；当煮沸至第 75 分钟时，添加 20%富格尔酒花（α-酸 4.9%）；当煮沸至第 80 分钟时，添加 20%的哈拉道酒花（α-酸 3.8%）；在回旋沉淀槽阶段，添加 27%哥尔丁酒花（α-酸 4.5%）。

啤酒发酵和后贮：

采用 WY1028 酵母，在 21℃（70°F）发酵，这款啤酒不干投酒花。

分析指标：

原麦汁浓度：20°P（麦汁比重 1.080）

最终麦汁浓度：4.8°P（麦汁比重 1.019）

外观发酵度：76%

苦味值（IBU）：110

酒精含量（*V*/*V*）：8.3%

色度：13.2 EBC（6.7°L）

10.6.3 "比萨港酒花 15"

"比萨港酒花 15"是一款双料 IPA，因其在酿造过程采用了 15 种不同的酒花品种，而且煮沸时间长达 3.5 小时而闻名。该款啤酒最初酿造于 2002 年，是由汤姆·阿瑟（Tomme Arthur）和杰夫·巴格比（Jeff Bagby）为庆祝坐落于加利福尼亚比萨港在索拉纳海滩开业 15 周年而酿，"我们取来家酿淡色艾尔的麦芽粉，并进行料水混合，最终这款 IPA 具有非常浓郁的酒花特征。"巴格比说道。最初的配方采用了 15 种不同的酒花品种，每隔 15 分钟添加酒花 15 盎司，该款啤酒只在酿造酒吧提供生啤版本，直到比萨港啤酒厂开业才开始大量供应。这款啤酒在美国啤酒节的帝国 IPA/双料 IPA 组别中获得了两次银牌（2003 年和 2005 年）和一次铜牌（2008 年），2008 年在第一王座（Alpha King）比赛中加冕冠军，2009 年则名列第二。

酿造用水：

采用反渗透方法将索拉纳海滩城市用水进行处理，直至可溶解性固体含量达到 300ppm。

麦芽清单：

美国二棱麦芽	95%
克里斯普公司（Crisp）麦芽 15°L	5%

葡萄糖 25.8 克/升（6 磅/桶，3.5 盎司/加仑），以使原麦汁浓度达到 22°P。

原料糖化和麦汁过滤：

采用低温浸出糖化法，63～64℃（146～148°F）进行 60 分钟，包括准备时间。

麦汁煮沸和酒花添加：

总煮沸时间为 3.5 小时，煮沸开始每 15 分钟添加酒花。酒花采用挑战者、哥尔丁、奇努克、泰特昂、马格努姆、凤凰（Phoenix）、斯特灵、卡斯卡特、世纪、西姆科、哥伦布、加莱纳（Galena）、亚麻黄、萨兹和奥罗拉（Aurora）酒花。

啤酒发酵和后贮：

接种加利福尼亚艾尔酵母（WLP001 或 WY1056）与比萨港专用艾尔菌株（或相似菌株）按照 1：1 混合的菌株，另一个可选择的酵母是 WLP090 圣地亚哥超级酵母。在 19.4℃（67°F）发酵，直到发酵度达到 50%，之后升温至 22℃（72°F），干投采用世纪和西姆科酒花，添加量分别为 3.87 克/升（1 磅/桶，0.52 盎司/加仑）和 3.87 克/升（1 磅/桶，0.52 盎司/加仑），酒花浸泡在啤酒中保持 10 天。

分析指标：

　　原麦汁浓度：22°P（麦汁比重 1.088）

　　最终麦汁浓度：3°P（麦汁比重 1.012）

　　外观发酵度：86.4%

　　苦味值（IBU）：71（与成品啤酒分析的一样）

　　酒精含量（*V/V*）：10%

　　色度：19.7 EBC（10°L）

10.6.4　"反复嗅闻大 A IPA"

　　反复嗅闻酿造公司是首批推出西海岸双料 IPA 的东海岸啤酒厂之一。戴夫·亚凌顿（Dave Yarrington）遵循许多加州南部酿酒商的配方，避免使用特种麦芽，而是添加了复杂的美式酒花品种组合，使双料 IPA 酒精含量达到 10%（*V/V*），苦味值超过 100 IBU。

　　"对于大 A IPA，我们坚持相同的酒花添加模式，即采用略有不同的酒花，但完全不使用结晶麦芽。"亚凌顿说道，"我们发现原麦汁浓度为 21°P 的啤酒具有很浓的甜味，这是因为较多的麦芽数量和酒精含量所致，因此我们生产的啤酒苦味值达到 120 IBU，而不会令人感到甜腻。"

酿造用水：

　　添加石膏，添加量为 2.3g/加仑（0.08 盎司/加仑）。

麦芽清单：

　　二棱麦芽　80%

　　浅色麦芽　20%

原料糖化和麦汁过滤：

　　水料比为 2.66/1（1.28 夸脱/加仑），采用浸出糖化法，68℃（154°F）保持 40 分钟。

麦汁煮沸和酒花添加：

　　总煮沸时间为 75 分钟。初沸时，添加 17.5% 马格努姆酒花颗粒和 14.3% 卡斯卡特酒花颗粒；在煮沸结束之前的 30 分钟时间内，每隔 5 分钟添加等量的喝彩酒花颗粒，每次添加量为 8.9%；回旋沉淀阶段添加哥伦布、战斧和宙斯酒花，添加量为 14.8%。

啤酒发酵和后贮：

　　接种美国艾尔酵母，在 18℃（64°F）发酵，直到达到最终浓度。主发酵结束后，在发酵罐内干投等量的冰川、拿盖特和世纪酒花，干投总量为 12 克/升（3.1 磅/桶，1.6 盎司/加仑），于 18℃（64°F）保持 7 天，之后迅速降温，再贮存 14 天。

分析指标：

原麦汁浓度：21°P（麦汁比重 1.084）

最终麦汁浓度：4°P（麦汁比重 1.016）

外观发酵度：81%

苦味值（IBU）：120

酒精含量（V/V）：9.8%

色度：26.4 EBC（13.4°L）

10.6.5 "酿酒狗硬核 IPA"

当詹姆斯·瓦特（James Watt）和马丁·迪奇（Martin Dickie）于 2007 年开创了酿酒狗酿酒公司时，他们就计划打破英国酿造业的标准与习惯，致力于酿造美国类型的精酿啤酒，他们接受有争议的观点，用一种独特的幽默感展示出他们的啤酒，也让他们背负了许多恶名，但是毫无疑问他们是严谨的酿酒师，生产了许多卓越的、开创性的啤酒。除了他们最初建立在苏格兰弗雷泽堡（Fraserburgh）的原创啤酒厂，现在他们在英国有 4 个精酿啤酒吧，并且计划在靠近苏格兰阿伯丁的地方建设一个大型的啤酒厂。

"硬核 IPA"以绝对的帝国艾尔、比英国酿造的其他啤酒有更多的酒花和苦味招徕消费者，也被描述为"酒花味弥漫至地狱、地狱也弥漫着酒花味"，采用优质浅色麦芽、结晶麦芽，添加哥伦布、世纪、西姆科等酒花酿造而成，曾在 2010 年世界啤酒杯双料 IPA 组获得金牌。

酿造用水：

添加盐，增加水的硬度，达到伯顿地区的水质。

麦芽清单：

玛丽斯·奥特低色度浅色麦芽	90%
卡拉麦芽	6.5%
结晶麦芽	3.5%

原料糖化和麦汁过滤：

由于谷物用量大，水料比一定要合适，避免糊锅！采用单醪浸出糖化法，糖化温度为 65℃（149°F）。

麦汁煮沸和酒花添加：

总煮沸时间为 75 分钟，全部添加酒花颗粒。初沸时，添加 21%的哥伦布酒花和 21%的世纪酒花；10 分钟后，添加 5.3%的哥伦布酒花和 5.3%的世纪酒花；煮沸结束时，添加哥伦布、世纪和西姆科酒花，添加量均为 15.8%。

啤酒发酵和后贮：

接种美国艾尔酵母，在 18℃（64°F）进行发酵，直到达到最终麦汁浓度，干投哥伦布酒花颗粒，干投量为 1.7 克/升（0.43 磅/桶，0.23 盎司/加仑），保持 4～5 天后开始降温，待酒花沉淀后，排除酒花。

分析指标：

原麦汁浓度：20.75°P（麦汁比重 1.083）

最终麦汁浓度：3.5°P（麦汁比重 1.014）

外观发酵度：83%

苦味值（IBU）：148（计算值）

酒精含量（*V/V*）：9%

色度：19.5 EBC（9.9°L）

10.6.6 "巨石毁灭 IPA"

2002 年 6 月推出，"巨石毁灭 IPA"是世界上第一款常规瓶装的帝国 IPA 或双料 IPA。

酿造用水：

采用碳过滤器和反渗透处理，将城市用水硬度（约 300ppm）降低至 100ppm。

麦芽清单：

浅色麦芽　　　　94.2%

结晶麦芽 15°L　　5.8%

原料糖化和麦汁过滤：

水料比为 2.93/1（1.41 夸脱/磅），采用升温浸出糖化法，在 67℃（152°F）糖化 30 分钟，升温至 74℃（165°F）糖化结束。

麦汁煮沸和酒花添加：

总煮沸时间为 90 分钟，只采用酒花颗粒，初沸添加 62.5%的哥伦布酒花，回旋沉淀阶段添加 37.5%的世纪酒花。

啤酒发酵和后贮：

采用巨石啤酒公司自己培养的酵母菌株（或 WLP007 和 WLP002），在 22℃（72°F）发酵至糖度为 3.1°P（麦汁比重 1.012），24 小时内冷却至 17℃（62°F）并排除酵母，干投世纪酒花，干投量为 3.86 克/升（1 磅/桶，0.52 盎司/加仑），保持 36 小时后冷却至 1℃（34°F），保持 7 天。

分析指标：

原麦汁浓度：17.8°P（麦汁比重 1.071）

最终麦汁浓度：2.9°P（麦汁比重 1.012）

外观发酵度：83.71%

苦味值（IBU）：105

酒精含量（*V/V*）：7.8%

色度：19.7 EBC（10°L）

10.6.7 "巨石 14 周年帝国 IPA"

在本书的研究阶段，学习了这么多有关历史 IPA 的内容，我找到了灵感要为巨石啤酒公司酿造第 14 周年庆典啤酒。我们从两家英国麦芽供应商进口了一吨"超级麻袋"牌英国优质浅色麦芽，采用东肯特哥尔丁酒花，根据富勒公司的酿酒记录干投时添加了目标酒花；我们将水进行重度硬化处理，采用英国艾尔酵母菌株发酵啤酒，这是一款令人振奋的啤酒，尽管有标签建议"新鲜饮用"，但是推出之后一年再喝也非常棒。

酿造用水：

采用碳过滤器和反渗透处理，将城市用水硬度（约 300ppm）降低至 100ppm。为了接近伯顿地区的水质，在糖化用水中添加硫酸钙和氯化钙，添加量分别为 0.81 克/升（0.21 磅/桶，0.11 盎司/加仑）和 0.57 克/升（0.15 磅/桶，0.08 盎司/加仑），以使硫酸根离子和钙离子的浓度分别达到 650ppm 和 400ppm 的目标值。

麦芽清单：

英国白色/优质浅色麦芽   100%

原料糖化和麦汁过滤：

水料比为 2.80/1（1.35 夸脱/磅），采用升温浸出糖化法，在 64℃（148°F）糖化 150 分钟，升温至 75℃（165°F），糖化结束。

麦汁煮沸和酒花添加：

总煮沸时间为 90 分钟，采用 100%英国酒花颗粒。初沸时添加 13.7%博阿迪西亚（Boadicea，α-酸 5.8%）酒花和 60%的目标酒花（α-酸 91.5%），在回旋沉淀阶段，添加 26.3%的东肯特哥尔丁酒花（α-酸 5.5%）。

啤酒发酵和后贮：

接种 WY1028 或 WLP013 伦敦艾尔酵母，在 20℃（68°F）发酵，至糖度为 2.7°P（麦汁比重 1.011），在 24 小时内冷却至 17℃（62°F），分离酵母，干投东肯特哥尔丁酒花和目标酒花，干投量分别为 1.9 克/升（0.5 磅/桶，0.26 盎司/加仑）、2.9 克/升（0.75 磅/桶，0.39 盎司/加仑），保持 36 小时，之后冷却至 1.1℃（34°F），保持 10 天。

分析指标：

原麦汁浓度：19°P（麦汁比重 1.076）

最终麦汁浓度：2.5°P（麦汁比重 1.010）

外观发酵度：86.8%

苦味值（IBU）：105

酒精含量（*V/V*）：8.9%

色度：18.7 EBC（9.5°L）

10.6.8 "巨石 10 周年 IPA"

"巨石 10 周年 IPA"是我 2006 年冬天加入以来参与酿造的第一款周年艾尔啤酒，主酿酒师约翰·艾甘（John Egan）以及设备主管比尔·舍伍德（Bill Sherwood）为配方的研发进行了中式酿造，他们两人采用了 100% 的顶峰酒花（今年的一种新型酒花品种）。我们选择艾甘的麦芽配比，但是作为一个团队，我们认为酒花的添加需要更加复杂一些，可以添加其他酒花来降低顶峰酒花的洋葱味，因此，我们添加了一些西姆科酒花、水晶酒花和奇努克酒花来增加风味、进行干投，我们将酒精含量提高到 10%（*V/V*），因为这是我们的"10"周年的作品！结果酿造出的啤酒是最受欢迎的周年艾尔啤酒，而且经常被要求再次酿造，特别是被巨石团队的人员，但是我们还没有再次酿造。

酿造用水：

采用碳过滤器和反渗透处理，将城市用水硬度（约 300ppm）降低至 100ppm。

麦芽清单：

浅色麦芽　　　93.6%

维多利亚麦芽　6.4%

原料糖化和麦汁过滤：

水料比为 2.96/1（1.42 夸脱/磅），采用升温浸出糖化法，在 65.6℃（150°F）糖化 60 分钟，升温至 73.9℃（165°F）糖化结束。

麦汁煮沸和酒花添加：

总煮沸时间为 90 分钟，全部采用酒花颗粒。初沸时添加 26% 的顶峰酒花；在回旋沉淀阶段，分别添加 37% 的奇努克酒花和水晶酒花。

啤酒发酵和后贮：

采用巨石啤酒公司自己培养的酵母菌株（或 WLP007 和 WLP002），在 22.2℃（72°F）发酵，直至糖度降至 4.2°P（麦汁比重 1.013），24 小时内冷却至 16.7℃（62°F），排除酵母，干投西姆科酒花和水晶酒花，干投量分别为 2.86 克/升（1.01 磅/桶，0.52 盎司/加仑）和 1.43 克/升（0.15 磅/桶，0.26 盎司/加仑），保持 36 小时，每 12 小时用泵循环 3 次或底部充入二氧化碳激荡 3 次，36 小时之后，冷却至 1.1℃（34°F），保持 7 天。

分析指标：

原麦汁浓度：24°P（麦汁比重 1.096）

最终麦汁浓度：4°P（麦汁比重 1.016）

外观发酵度：82.5%

苦味值（IBU）：95

酒精含量（*V*/*V*）：10%

色度：30 EBC（15°L）

10.7　黑色 IPA 配方

10.7.1　佛蒙特州酒吧和啤酒厂"黑夜守望 IPA"

这是原创精酿黑色 IPA 的配方。

酿造用水：

佛蒙特州酒吧和啤酒厂酿造这款啤酒的原水指标为：pH 6.5、碱度 46ppm、硬度 65ppm、氯化物 40ppm 和碳酸盐 28ppm。采用 2 克/加仑的硫酸钙、0.06 克/加仑的氯化钙和 0.21 毫升/加仑的 85%乳酸进行处理。处理水要求达到碱度 30ppm、硬度 500ppm、氯化物 50ppm 和碳酸盐 18ppm。

麦芽清单：

托马斯·福西特公司玛丽斯·奥特浅色麦芽	72.7%
最佳麦芽（Best Malz）公司小麦麦芽	13%
托马斯·福西特结晶麦芽	7.3%
托马斯·福西特巧克力麦芽	7%

原料糖化和麦汁过滤：

水料比为 2.58/1（1.24 夸脱/磅），糖化醪目标 pH 为 5.25，在 65℃（149°F）糖化休止 1 小时，糖化结束用 78℃（172°F）水洗糟。

麦汁煮沸和酒花添加：

总煮沸时间为 90 分钟。初沸添加 27%奇努克酒花颗粒（α-酸 11.1%）；第 45 分钟，添加 44%地平线酒花（α-酸 10.25%）；煮沸结束前第 15 分钟，添加 0.2 克/加仑的爱尔兰苔藓；煮沸结束，添加 29%的整酒花（α-酸 4.5%）。

啤酒发酵和后贮：

接种柯南（Conan）艾尔酵母（佛蒙特州酒吧和啤酒厂的酵母以及炼金师啤酒厂自己培养的酵母）或其他合适的酵母菌株，接种酵母数为 1500 万个细胞/毫升，在 20℃（68°F）发酵，干投富格尔酒花，干投量为 1.13 克/升（0.28 磅/桶，

0.15 盎司/加仑），在 4℃（39°F）成熟 14 天。

分析指标：

　　原麦汁浓度：14.5°P（麦汁比重 1.058）

　　最终麦汁浓度：2.5°P（麦汁比重 1.010）

　　外观发酵度：83%

　　苦味值（IBU）：60

　　酒精含量（*V/V*）：6.2%

10.7.2　炼金师啤酒厂"埃尔·杰夫"

　　"1992 年我第一次感受到酒花的风味，当时品尝的啤酒名叫大脚（Bigfoot）。"炼金师的老板约翰·吉米西说道。当时他只有 21 岁，那晚之前，他品尝过的最具酒花风味的啤酒是巴斯，"那真是令人难忘的经历，当大脚啤酒酒精含量为 11%～12%（*V/V*）时，就是这种感受，我的味觉以及我对酒花的观点从不相同，今天也更加不同。"三年之后，格雷格·努南聘用吉米西为佛蒙特州酒吧和啤酒厂的主酿酒师，在那工作的时候，他复原了努南配方中的"黑色守望"啤酒，但是将配方中的巧克力深色麦芽改为去皮焦香麦芽，努南的啤酒为吉米西酿造埃尔·杰夫啤酒带来了灵感，而埃尔·杰夫啤酒是吉米西开办炼金师啤酒厂之前酿造的一款深色 IPA，当时吉米西妻子建议将这款酒以刚死去的猫的名字 EI Jefe 来命名。

　　埃尔·杰夫是一只又大又肥的黑猫，其同名啤酒最初的标签为"大、浓又黑、非常苦"，这源于他为该啤酒拍摄的专业圣诞照片。埃尔·杰夫啤酒在炼金师啤酒厂生产的 7 年间也在不断优化，5 年前当吉米西将其调整为全部采用西姆科酒花酿造时，它才进入自己的节奏，稳定下来。"我希望它具有美妙的松树味道，令人想起圣诞假日的云杉。"约翰喜欢将其称为印度深色艾尔，而不归类为黑色 IPA，主要因为他一直将该啤酒的颜色保持在 32 EBC（16 SRM）左右。他发现，如果酿造啤酒的颜色越深，就会感知到更浓的烘烤味。"我一直觉得使用着色剂就像是在作弊"吉米西说。因此他采用去皮焦香 III 作为着色麦芽，他认为巧克力麦芽和烘烤大麦会使啤酒的烘烤味太重 ，从而掩盖他寻求的酒花树脂特性。他说："埃尔·杰夫是我一生最钟爱的啤酒之一。"

酿造用水：

　　达到 400ppm 硬度和 50ppm 碱度的目标。

麦芽清单：

　　托马斯·福西特公司珍珠麦芽　　88%～89.5%

卡拉麦芽   8%

    焦香特种 III 去皮麦芽 2.5%～4%[麦芽颜色可能会变化，可以根据啤酒 32 EBC
（16°L）的目标，计算焦香特种 III 麦芽的添加量]

原料糖化和麦汁过滤：

    水料比为 2.25/1（1.08 夸脱/磅），采用单一温度浸出糖化法，糖化醪目标 pH
为 5.2。老配方为 64℃（148°F）糖化，洗糟至最终浓度为 3°P（麦汁比重 1.012）；
新配方为 67℃（153°F）糖化，洗糟至最终浓度 4°P（麦汁比重 1.016）。

麦汁煮沸和酒花添加：

    总煮沸时间为 60 分钟，完全采用西姆科酒花颗粒，啤酒苦味值为 90 IBU。
初沸时添加 44%的酒花，煮沸结束前 5 分钟添加 56%的酒花。

啤酒发酵和后贮：

    采用炼金师自己培养的酵母“柯南（Conan）”，采用低接种量 6～7 百万个细
胞/毫升，初始发酵温度为 20℃（68°F），3 天后升温至 22℃（72°F），直至发酵结
束，然后冷却至 6℃（42°F），保持 3 天，排出酵母后，干投新鲜的西姆科酒花颗
粒，干投数量为 6.2 克/升（1.6 磅/桶，0.83 盎司/加仑），每周从发酵罐底部充 CO_2
激荡酒花 2～3 次，之后将啤酒与酒花分离，冷贮存 2 周。

分析指标：

    原麦汁浓度：17.5°P（麦汁比重 1.070）

    最终麦汁浓度：4°P（麦汁比重 1.016）

    外观发酵度：77%

    苦味值（IBU）：90

    酒精含量（*V/V*）：7%

    色度：131.5 EBC（6°L）

10.7.3 “小屋黑暗面黑色 IPA”

    肖恩·希尔是佛蒙特州一位经验丰富的酿酒师，当他在佛蒙特州斯托的“小屋”
餐厅啤酒厂时，2005 年酿造了其第一款黑色 IPA“黑暗面”，他的酿造灵感来源于
约翰·吉米西的埃尔·杰夫啤酒，而埃尔·杰夫啤酒则借鉴了佛蒙特州酒吧和啤酒厂
的“黑色守望”啤酒配方。肖恩·希尔离开“小屋”啤酒厂之后，在丹麦酿酒了一
段时间，现在已经返回了佛蒙特州的家中，现在其家族农场啤酒厂酿酒。

麦芽清单：

    浅色麦芽   61.5%

    慕尼黑 1 号麦芽   24.6%

卡拉 120 麦芽	4.5%
小麦芽	4.5%
焦香特种 1 号去皮麦芽	4.5%
燕麦	0.35%
巧克力麦芽	0.05%

原料糖化和麦汁过滤：

水料比为 2.77/1（1.33 夸脱/磅），采用浸出糖化法。投料温度为 71℃（160°F），糖化温度为 64～66℃（148～150°F），保持 60 分钟。

麦汁煮沸和酒花添加：

总煮沸时间为 70 分钟，全部采用酒花颗粒。初沸第 10 分钟时，添加 16%西姆科酒花和 23%亚麻黄酒花；煮沸至第 25 分钟时，添加 9%西姆科酒花、10%哥尔丁酒花和 7%卡斯卡特酒花；当煮沸至第 55 分钟时，添加第三次酒花，分别为 11%亚麻黄酒花、7%卡斯卡特酒花和 8%泰特昂酒花；在回旋沉淀阶段，添加 9%西姆科酒花。

啤酒发酵和后贮：

接种美国艾尔酵母，20℃（68°P）发酵，当啤酒转移至后贮罐时，干投等量的西姆科酒花、亚麻黄酒花和卡斯卡特酒花，干投总量为 3.86 克/升（0.52 盎司/加仑，1 磅/桶）。

分析指标：

原麦汁浓度：17.2°P（麦汁比重 1.069）

最终麦汁浓度：4.2°P（麦汁比重 1.017）

外观发酵度：72%

苦味值（IBU）：不知

酒精含量（*V/V*）：7.1%

色度：黑色

10.7.4　"比萨港卡尔斯巴德黑色谎言"

当杰夫·巴格比（Jeff Bagby）在比萨港卡尔斯巴德啤酒厂时，他开发了圣地亚哥第一款黑色 IPA，此时的巨石啤酒公司正在开发其第 11 周年 IPA，他的啤酒比巨石早一个月推出，当时谎言俱乐部还在比萨港附近（圣地亚哥附近的米神海滩），而比萨港曾经在该俱乐部卖过一些啤酒，当俱乐部老板路易斯·梅洛（Louis Mello）问巴格比是否可以酿造一款黑色 IPA 用于俱乐部周年庆典时，巴格比手写了一个全新的 IPA 配方，包括标准的麦芽配比和酒花添加方案。在回旋沉淀之前，他在煮沸锅内添加了一些德国魏尔曼公司的新拿玛黑麦芽提取物，因为觉得啤酒的颜色不够黑，在清酒罐中也添加了一些新拿玛黑麦芽提取物，结果酿造的啤酒没有深色麦芽的香气或风味，但却有"浓郁的酒花香气和风味"。巴格比说："这款啤酒在谎言俱乐部销售非常火爆，在比萨港卡尔斯巴德啤酒厂亦是如此。"从那之后比萨港卡尔斯巴德啤酒厂每年都会酿造这款爆品。

麦芽清单：

　　二棱麦芽　　　　　　93.6%

　　结晶麦芽 15°L　　2.8%

　　小麦芽　　　　　　2.6%

原料糖化和麦汁过滤：

　　采用浸出糖化法，在第一麦汁中添加西姆科酒花。

麦汁煮沸和酒花添加：

　　总煮沸时间为 90 分钟，酒花添加量未给出。初沸时添加哥伦布酒花，在第 45 分钟添加奇努克酒花，在回旋沉淀槽添加卡斯卡特酒花、世纪酒花、自由酒花，同时添加新拿玛黑麦芽提取物来调整麦汁色度。

啤酒发酵和后贮：

　　接种比萨港卡尔斯巴德专用酵母菌株或相似的酵母，在 19℃（67°F）发酵，直至发酵度达到 50%，之后自然升温至 22℃（72°F），干投世纪、西姆科、亚麻黄和卡斯卡特的混合酒花，保持 10 天。

分析指标：

　　原麦汁浓度：18.5°P（麦汁比重 1.074）

　　最终麦汁浓度：3.25°P（麦汁比重 1.013）

　　外观发酵度：82.4%

　　苦味值（IBU）：75

　　酒精含量（V/V）：6.9%

　　色度：黑色

10.7.5　"巨石 11 周年艾尔""巨石卓越高傲艾尔"

酿造用水：

　　采用碳过滤器和反渗透处理，将城市用水硬度（约 300ppm）降低至 100ppm。

麦芽清单：

　　浅色麦芽　　　　　　　90.6%

　　焦香特种 III 去皮麦芽　4.9%

原料糖化和麦汁过滤：

　　水料比为 2.84/1（1.36 夸脱/磅），采用升温浸出糖化法，64℃（148°F）保持

60 分钟，升温至 74℃（165°F），糖化结束。

麦汁煮沸和酒花添加：

　　总煮沸时间为 60 分钟，完全采用酒花颗粒。初沸时添加 66% 奇努克酒花，在回旋沉淀阶段添加 17% 的亚麻黄和西姆科酒花。

啤酒发酵和后贮：

　　采用巨石啤酒公司自己培养的酵母菌株（或 WLP007 和 WLP002 酵母），22℃（72°F）发酵至糖度降至 3.1°P（麦汁比重 1.012），24 小时内冷却至 17℃（62°F），之后分离酵母，干投亚麻黄和西姆科酒花，干投量为 2.9 克/升（0.75 磅/桶，0.39 盎司/加仑），保持 36 小时，冷却至 1℃（34°F），保持 10 天。

分析指标：

　　原麦汁浓度：20°P（麦汁比重 1.080）

　　最终麦汁浓度：3.5°P（麦汁比重 1.014）

　　外观发酵度：82.5%

　　苦味值（IBU）：85

　　酒精含量（*V/V*）：8.7%

　　色度：197 EBC（110°L）

10.7.6　"农舍山詹姆斯黑色 IPA"

　　受格雷格·努南和约翰·吉米西的影响，肖恩·希尔在佛蒙特州斯托"小屋"啤酒厂酿造了"黑暗面"啤酒，同时也在绞尽脑汁酿造黑色 IPA。在自家农场啤酒厂工作之后，他酿造了"詹姆斯黑色 IPA"，采用了焦香麦芽和新拿玛黑麦芽提取物，他认为这些原料更加能突出酒花风味，这是一款经典的黑色 IPA，肖恩·希尔增加了这款 IPA 的苦味值，如同许多双料 IPA 酿酒师一样，他在煮沸阶段添加了二氧化碳酒花浸膏。

麦芽清单：

美国拉赫尔公司二棱麦芽	86.4%
浅色焦香（CaraHell）麦芽	4%
特浓焦香（CaraAroma）麦芽	1.5%
焦香特种 III 去皮麦芽	5%
新拿玛黑麦芽提取物	1.1%
燕麦片	2%

原料糖化和麦汁过滤：

　　水料比为 2.8/1（1.35 夸脱/磅），采用单一温度浸出糖化法，67℃（152°F）糖化，在第一麦汁中添加 4%哥伦布酒花。

麦汁煮沸和酒花添加：

总煮沸时间为 60 分钟。初沸时添加 20%西姆科二氧化碳酒花浸膏，当煮沸至第 45 分钟时添加 12%世纪二氧化碳酒花浸膏，煮沸结束前 10 分钟添加 15%世纪二氧化碳酒花浸膏，煮沸结束添加 17%世纪酒花，在回旋沉淀阶段添加 32%的哥伦布酒花。

啤酒发酵和后贮：

采用英国艾尔/公司专用酵母，在 20℃（68°F）发酵，主发酵之后干投酒花，等量干投哥伦布酒花颗粒和世纪酒花颗粒，干投总量为 3.86 克/升（1 磅/桶，0.52盎司/加仑）。

分析指标：

原麦汁浓度：18°P（麦汁比重 1.072）

最终麦汁浓度：5°P（麦汁比重 1.020）

外观发酵度：72%

苦味值（IBU）：120

酒精含量（*V/V*）：7.2%

色度：172 EBC（87.3°L）

10.7.7 "德舒特河暗夜酒花"

"暗夜酒花"啤酒是德舒特河前任酿酒大师拉里·西多尔（Larry Sidor）所谓的卡斯卡特深色艾尔的实例之一，值得注意的是，该酒是采用黑大麦和巧克力麦芽酿造而成，而不是其他地区酿造经典黑色 IPA 所用的去皮焦香麦芽，这款啤酒非常独特，因为德舒特河单独将黑麦芽进行冷糖化，之后再将其与采用浅色麦芽、燕麦和结晶麦芽制备的麦汁进行混合。

酿造用水：

采用很软的水酿造，添加 25ppm 乳酸调节 pH。

麦芽清单：

第一次糖化：

巧克力麦芽　　15%

黑大麦麦芽　　5 %

第二次糖化：

浅色麦芽　　67%

燕麦　　　　5%

结晶麦芽　　8%

原料糖化和麦汁过滤：

　　每次酿造进行两次糖化，并进行两次过滤。水料比为 2.8/1（1.35 夸脱/磅），在煮沸之前将两次糖化的麦汁在麦汁暂存罐中混合。第一次糖化采用冷水和配料表中深色麦芽，第二次糖化采用升温糖化，投料温度为 50℃（122°F），保持 10 分钟，升温至 68℃（154°F）保持 25 分钟，最后升温至 76℃（168°F），糖化结束。

麦汁煮沸和酒花添加：

　　总煮沸时间为 60 分钟（德舒特河啤酒厂所在地的海拔为 3600 英尺）。剧烈煮沸可以蒸出所有的二甲基硫，并采用 100%整酒花，总添加量为 1.9 磅/桶。酒花品种为拿盖特、西楚、卡斯卡特和北酿。初沸时添加 10%酒花，第 30 分钟添加 20%，在酒花回收罐中添加 70%。

啤酒发酵和后贮：

　　接种德舒特河自己培养的艾尔菌株或相似的酵母，将麦汁冷却至 16.7℃（62°F）开始发酵，17.2℃（63°F）发酵 3 天，当剩余外观发酵度为 2%时封罐，保压 24～48 小时，以还原双乙酰，之后迅速冷却，啤酒过滤之后干投酒花，包装之前让酒花在啤酒中浸泡 7 天。将整酒花放入网格袋，固定于发酵罐中，添加的酒花为世纪和卡斯卡特，添加量为 1.16 克/升（0.3 磅/桶，0.155 盎司/加仑）。

分析指标：

　　原麦汁浓度：16°P（麦汁比重 1.064）

　　最终麦汁浓度：4.0°P（麦汁比重 1.012）

　　外观发酵度：75%

　　苦味值（IBU）：65

　　酒精含量（*V/V*）：6.5%

　　色度：177 EBC（90°L）

附录 A

19 世纪以来各种 IPA 的分析

表 A.1 19 世纪各种 IPA 的分析

时间	酿酒商	国家	啤酒类型	包装	原麦汁浓度/°P	原麦汁比重 (SG)	最终麦汁浓度/°P	最终麦汁比重 (SG)	外观发酵度/%	真正浓度/°P	酒精度 (V/V)	酒精度 (m/m)	真正发酵度/%
1844	未知, 爱丁堡	英国	90/-出口印度的 IPA	瓶装	16.53	1067.61	2.01	1007.75	88.54	4.63	7.6	6.30	71.97
1844	未知, 爱丁堡	英国	84/-出口 IPA	桶装生啤	14.86	1060.38	1.36	1005.25	91.30	3.80	7.0	5.80	74.40
1844	未知, 爱丁堡	英国	95/-出口 IPA	桶装生啤	16.95	1069.43	2.07	1008.00	88.48	4.76	7.8	6.46	71.91
1844	未知, 爱丁堡	英国	90/-出口印度的 IPA	桶装生啤	16.23	1066.28	2.07	1008.00	87.93	4.63	7.4	6.12	71.46
1844	未知, 爱丁堡	英国	84/-出口印度的 IPA	桶装生啤	15.23	1061.98	2.58	1010.00	83.86	4.87	6.6	5.44	68.02
1844	未知, 爱丁堡	英国	81/-本土 IPA	桶装生啤	14.60	1059.25	3.09	1012.00	79.75	5.17	6.0	4.93	64.55
1844	未知, 爱丁堡	英国	90/-出口印度的 IPA	瓶装	13.31	1053.75	1.69	1006.50	87.91	3.79	6.0	4.95	71.54
1844	未知, 爱丁堡	英国	90/-出口印度的 IPA	瓶装	13.33	1053.82	1.30	1005.00	90.71	3.47	6.2	5.12	73.94
1844	未知, 爱丁堡	英国	90/-出口印度的 IPA	瓶装	13.41	1054.18	3.35	1013.00	76.00	5.17	5.2	4.29	61.46
1844	未知, 爱丁堡	英国	90/-出口印度的 IPA	瓶装	16.06	1065.55	3.09	1012.00	81.69	5.44	6.8	5.60	66.13
1844	未知, 爱丁堡	英国	95/-出口印度的 IPA	瓶装	16.42	1067.10	1.88	1007.25	89.20	4.51	7.6	6.30	72.54
1844	未知, 爱丁堡	英国	90/-出口 IPA	瓶装	16.84	1068.93	1.94	1007.50	89.12	4.64	7.8	6.47	72.47
1844	未知, 爱丁堡	英国	60/-本土 IPA	瓶装	11.16	1044.69	1.30	1005.00	88.81	3.08	5.0	4.15	72.39

续表

时间	酿酒商	国家	啤酒类型	包装	原麦汁浓度/°P	原麦汁比重（SG）	最终麦汁浓度/°P	最终麦汁比重（SG）	外观发酵度/%	真正浓度/°P	酒精度（V/V）	酒精度（m/m）	真正发酵度/%
1844	未知，爱丁堡	英国	60/-本土 IPA	瓶装	12.41	1049.93	1.10	1004.25	91.49	3.15	5.8	4.79	74.62
1844	未知，爱丁堡	英国	60/-本土 IPA	瓶装	11.75	1047.18	1.56	1006.00	87.28	3.40	5.2	4.30	71.07
1844	未知，爱丁堡	英国	81/-出口 IPA	瓶装	15.07	1061.28	0.78	1003.00	95.10	3.36	7.4	6.14	77.67
1844	未知，爱丁堡	英国	81/-出口 IPA	瓶装	14.39	1058.38	0.85	1003.25	94.43	3.30	7.0	5.80	77.11
1844	未知，爱丁堡	英国	66/-出口 IPA	瓶装	13.46	1054.40	1.04	1004.00	92.65	3.29	6.4	5.29	75.59
1844	未知，爱丁堡	英国	90/-出口印度的 IPA	瓶装	17.11	1070.10	2.65	1010.25	85.38	5.26	7.6	6.29	69.24
1844	未知，爱丁堡	英国	90/-出口 IPA	瓶装	16.46	1067.28	2.33	1009.00	86.62	4.88	7.4	6.12	70.33
1845	未知，爱丁堡	英国	81/-本土 IPA	桶装生啤	13.31	1053.75	1.69	1006.50	87.91	3.79	6.0	4.95	71.54
1845	未知，爱丁堡	英国	81/-本土 IPA	瓶装	13.56	1054.83	1.56	1006.00	89.06	3.73	6.2	5.12	72.52
1845	未知，爱丁堡	英国	81/-本土 IPA	瓶装	14.44	1058.55	1.30	1005.00	91.46	3.67	6.8	5.63	74.55
1845	未知，爱丁堡	英国	81/-本土 IPA	瓶装	14.80	1060.13	1.30	1005.00	91.68	3.74	7.0	5.80	74.73
1845	未知，爱丁堡	英国	81/-本土 IPA	瓶装	14.49	1058.80	1.36	1005.25	91.07	3.74	6.8	5.63	74.21
1845	未知，爱丁堡	英国	90/-出口 IPA	桶装生啤	15.39	1062.65	3.16	1012.25	80.45	5.37	6.4	5.27	65.11
1845	未知，爱丁堡	英国	90/-出口 IPA	桶装生啤	15.75	1064.23	3.16	1012.25	80.93	5.44	6.6	5.44	65.50
1845	未知，爱丁堡	英国	90/-出口 IPA	桶装生啤	15.33	1062.40	3.09	1012.00	80.77	5.31	6.4	5.27	65.38
1845	未知，爱丁堡	英国	90/-出口印度的 IPA	瓶装	16.75	1068.53	2.71	1010.50	84.68	5.25	7.4	6.09	68.65
1845	未知，爱丁堡	英国	60/-出口 IPA	瓶装	12.03	1048.35	1.10	1004.25	91.21	3.08	5.6	4.62	74.40
1845	未知，爱丁堡	英国	63/-出口 IPA	桶装生啤	12.33	1049.60	1.43	1005.50	88.91	3.40	5.6	4.62	72.43
1845	未知，爱丁堡	英国	81/-出口 IPA	瓶装	14.51	1058.88	0.98	1003.75	93.63	3.42	7.0	5.80	76.41
1845	未知，爱丁堡	英国	63/-出口 IPA	瓶装	13.66	1055.23	0.85	1003.25	94.11	3.16	6.6	5.46	76.85
1845	未知，爱丁堡	英国	90/-出口 IPA	桶装生啤	16.84	1068.93	1.94	1007.50	89.12	4.64	7.8	6.47	72.47
1845	未知，爱丁堡	英国	90/-出口 IPA	桶装生啤	16.89	1069.18	2.01	1007.75	88.80	4.70	7.8	6.47	72.19
1846	未知，爱丁堡	英国	90/-出口 IPA	桶装生啤	13.56	1054.83	1.56	1006.00	89.06	3.73	6.2	5.12	72.52

续表

时间	酿酒商	国家	啤酒类型	包装	原麦汁浓度/°P	原麦汁比重（SG）	最终麦汁浓度/°P	最终麦汁比重（SG）	外观发酵度/%	真正浓度	酒精度（V/V）	酒精度（m/m）	真正发酵度/%
1846	未知，爱丁堡	英国	90/-本土 IPA	桶装生啤	13.68	1055.33	1.69	1006.50	88.25	3.85	6.2	5.12	71.82
1846	未知，爱丁堡	英国	90/-出口 IPA	瓶装	12.96	1052.25	1.30	1005.00	90.43	3.41	6.0	4.95	73.71
1846	未知，爱丁堡	英国	65/-出口 IPA	瓶装	15.23	1061.95	1.36	1005.25	91.53	3.87	7.2	5.96	74.58
1870	巴斯（Bass）啤酒厂	英国	IPA			1060.00							
1870	未知，不来梅	德国	IPA		16.21	1066.20	3.70	1014.40	78.25	5.97	6.8	5.41	63.20
1887	富勒，斯密斯和特纳	英国	IPA	桶装生啤	14.67	1059.56	4.61	1018.00	69.77	6.43	5.39	4.31	56.00
1887	富勒，斯密斯和特纳	英国	IPA	桶装生啤	14.99	1060.94	4.27	1016.62	72.73	6.21	5.76	4.61	59.00
1897	多伦多科普兰公司	加拿大	IPA	瓶装	14.73	1059.80	3.20	1012.40	79.26	5.28	6.18	4.95	64.14
1897	多伦多科普兰公司	加拿大	IPA	瓶装	14.47	1058.70	1.81	1007.00	88.07	4.10	6.78	5.42	71.65
1897	魁北克拉钦道斯公司	加拿大	IPA	瓶装	14.14	1057.30	0.55	1002.10	96.34	3.01	7.27	5.81	78.75
1897	欧文桑兄弟公司	加拿大	IPA	瓶装	13.70	1055.40	1.56	1006.00	89.17	3.75	6.47	5.18	72.61
1897	富勒，斯密斯和特纳	英国	IPA	桶装生啤	13.83	1055.95	4.27	1016.62	70.30	5.99	5.10	4.08	57.00
1897	安大略省圭尔夫夫杰奥·斯里曼公司	加拿大	IPA	瓶装	12.85	1051.80	1.76	1006.80	86.87	3.77	5.88	4.71	70.68
1897	安大略省普莱斯考特J·麦卡锡父子公司	加拿大	IPA	瓶装	15.08	1061.30	2.46	1009.50	84.50	4.74	6.78	5.42	68.57
1897	安大略省伦敦市兰伯特公司	加拿大	IPA	瓶装	12.38	1049.80	3.60	1014.00	71.89	5.19	4.64	3.72	58.07
1897	新布伦瑞克省圣琼斯·圣约翰公司	加拿大	IPA	瓶装	13.93	1056.40	2.02	1007.80	86.17	4.17	6.36	5.09	70.04
1897	魁北克省蒙特利尔市W·陶氏公司	加拿大	IPA	瓶装	16.26	1066.40	2.07	1008.00	87.95	4.64	7.67	6.14	71.48
1898	富勒，斯密斯和特纳公司	英国	IPA	桶装生啤	13.96	1056.51	4.34	1016.90	70.10	6.08	5.14	4.11	56.00

资料来源：数据出自于罗伯茨所著《苏格兰的艾尔啤酒酿造师和实战型制麦师》（1877年），第382页；英国富勒公司酿酒记录；英国巴斯啤酒厂价格表（1847年），第171~173页；英国巴斯啤酒厂价格表；奥古斯特·威廉·冯·霍夫曼，《近十年德国化学工业最新研究报告》（1898年）；加拿大税务局收入支出报告及加拿大国土局统计数据（1898年），第34~49页。

附录 B

20 世纪英式 IPA 分析

表 B.1　惠特布雷德 IPA（1901～1944 年）

时间	啤酒类型	包装	原麦汁浓度 /°P	原麦汁比重 （SG）	最终麦汁浓度 /°P	最终麦汁比重 （SG）	发酵度 /%	真正浓度	酒精度 （V/V）	酒精度 （m/m）	真正发酵度 /%	色度 （EBC）	色度 （SRM）
1901	IPA	桶装生啤	12.73	1051.3	3.35	1013.0	74.66	5.05	4.98	3.98	60.37		
1910	IPA	桶装生啤	12.40	1049.9	3.73	1014.5	70.94	5.30	4.59	3.67	57.28		
1923	IPA	瓶装	9.06	1036.0	2.07	1008.0	77.78	3.34	3.64	2.91	63.20	24.0	12.18
1931	IPA	桶装生啤	9.23	1036.7	2.84	1011.0	70.03	4.00	3.33	2.66	56.73	23.0	11.68
1931	出口 IPA	瓶装	11.57	1046.4	3.86	1015.0	67.67	5.25	4.06	3.25	54.61		
1933	IPA	瓶装	9.48	1037.7	1.56	1006.0	84.08	2.99	4.13	3.30	68.46	23.0	11.68
1939	IPA	桶装生啤	9.33	1037.1	2.07	1008.0	78.44	3.38	3.78	3.02	63.73	18.5	9.39
1940	IPA	瓶装	9.21	1036.6	1.58	1006.1	83.33	2.96	3.97	3.17	67.84	18.5	9.39
1940	IPA	桶装生啤	9.36	1037.2	1.81	1007.0	81.18	3.18	3.93	3.14	66.03	18.5	9.39
1940	IPA	桶装生啤	9.14	1036.3	1.94	1007.5	79.34	3.24	3.74	2.99	64.50	18.5	9.39
1944	IPA	瓶装	7.84	1031.0	1.45	1005.6	81.94	2.61	3.30	2.64	66.74	18.0	9.14

资料来源：惠特布雷德公司酿造记录。惠特布雷德浓度对照表，由 Ron Pattinson 友情提供。

印度淡色艾尔（IPA）啤酒的酿造技术、配方及其历史演变

表 B.2　巴克莱帕金斯 IPA（1928~1956 年）

时间	啤酒类型	包装	原麦汁浓度 /°P	原麦汁比重 (SG)	最终麦汁浓度 /°P	最终麦汁比重 (SG)	发酵度 /%	真正浓度 /%	酒精度 (V/V)	酒精度 (m/m)	真正发酵度/%	色度 (EBC)	色度 (SRM)
1928	IPA		11.50	1046.0	2.50	1010.0	78.27		4.80	3.84		20	10.00
1936	IPA	瓶装	11.23	1045.0	2.58	1010.0	77.78	4.15	4.55	3.64	63.08	20	10.15
1939	IPA	瓶装	10.98	1043.9	3.60	1014.0	68.13	4.94	3.87	3.10	55.03	20	10.15
1939	IPA	瓶装	10.95	1043.8	3.35	1013.0	70.34	4.72	3.99	3.20	56.87	22	11.17
1940	IPA	瓶装	9.73	1038.7	2.97	1011.5	70.31	4.19	3.53	2.82	56.93	23	11.68
1941	IPA	瓶装	9.29	1036.9	1.94	1007.5	79.69	3.27	3.82	3.06	64.78	23	11.68
1942	IPA	桶装生啤	7.92	1031.3	1.81	1007.0	77.64	2.92	3.15	2.52	63.14	21	10.66
1943	IPA	桶装生啤	7.97	1031.5	1.56	1006.0	80.95	2.72	3.31	2.65	65.91	17	8.63
1946	IPA	桶装生啤	7.97	1031.5	2.33	1009.0	71.43	3.35	2.91	2.33	57.98	22	11.17
1950	IPA	瓶装	7.50	1029.6	1.35	1005.2	82.43	2.46	3.17	2.54		19	9.64
1950	IPA	瓶装	8.02	1031.7	2.15	1008.3	73.82	3.21	3.03	2.43		20	10.15
1951	IPA	瓶装	7.38	1029.1	2.02	1007.8	73.20	2.99	2.76	2.21		20	10.15
1951	IPA	瓶装	7.89	1031.2	1.97	1007.6	75.64	3.04	3.06	2.45		17	8.63
1954	IPA	瓶装	7.89	1031.2	1.94	1007.5	75.96	3.02	3.07	2.46		19	9.64
1956	IPA	瓶装	7.72	1030.5	1.89	1007.3	76.07	2.95	3.01	2.41		19	9.64

资料来源：巴克莱帕金斯酿造记录、惠特布雷德浓度对照表，由 Ron Pattinson 友情提供。

表 B.3　沃辛顿 IPA (1921~1957 年)

时间	啤酒类型	包装	原麦汁浓度 /°P	原麦汁比重 (SG)	最终麦汁浓度 /°P	最终麦汁比重 (SG)	发酵度 /%	真正浓度	酒精度 (V/V)	酒精度 (m/m)	真正发酵度 /%	色度 (EBC)	色度 (SRM)
1921	IPA	瓶装	13.58	1054.9	1.92	1007.4	86.52	4.03	6.22	4.97	70.35		
1922	IPA（比利时的样品，由布鲁塞尔的 J.Baker 灌装）	瓶装	13.60	1055.0	1.22	1004.7	91.45	3.46	6.60	5.28	74.57		
1931	IPA（由 R.P.Culley 灌装）	瓶装	14.54	1059.0	3.37	1013.1	77.80	5.39	5.98	4.79	62.91		
1947	IPA	瓶装	13.18	1053.2	0.86	1003.3	93.80	3.09	6.55	5.24	76.58	20	10.15
1948	IPA	瓶装	13.39	1054.1	1.32	1005.1	90.57	3.51	6.42	5.14	73.82	20	10.15
1948	出口 IPA	瓶装	13.18	1053.2	1.63	1006.3	88.16	3.72	6.14	4.91	71.76	19	9.64
1951	IPA	瓶装	14.00	1056.7	1.87	1007.2	87.30	4.06	6.48	5.19	71.00	18	9.14
1951	IPA	瓶装	13.51	1054.6	1.58	1006.1	88.83	3.74	6.35	5.08	72.32	19	9.64
1953	IPA	瓶装	15.03	1061.1	3.48	1013.5	77.91	5.57	6.21	4.97	62.97	27	13.71
1955	绿盾 IPA	瓶装	15.54	1063.3	2.43	1009.4	85.15	4.80	7.06	5.65	69.11	18	9.14
1955	白盾 IPA	瓶装	15.63	1063.7	0.76	1002.9	95.45	3.44	8.02	6.42	77.96	18	9.14
1959	IPA	瓶装	12.80	1051.6	2.97	1011.5	77.71	4.75	5.22	4.17	62.93	18	9.14
1961	绿盾 IPA	瓶装	12.92	1052.1	2.28	1008.8	83.11	4.20	5.65	4.52	67.48	20	10.15
1961	白盾 IPA	瓶装	13.32	1053.8	2.25	1008.7	83.83	4.25	5.89	4.71	68.08	20	10.15
1967	绿盾 IPA	瓶装	12.07	1048.5	2.48	1009.6	80.21	4.22	5.07	4.05	65.07	18	9.14
1967	白盾 IPA	瓶装	13.04	1052.6	3.04	1011.8	77.57	4.85	5.31	4.25	62.80	20	10.15

资料来源：惠特布雷德德浓度对照表，由 Ron Pattinson 友情提供。

表 B.4　其他英国酿酒商酿造的 IPA

时间	酿酒商	啤酒	包装	原麦汁浓度/°P	原麦汁比重（SG）	最终麦汁浓度/°P	最终麦汁比重（SG）	发酵度/%	真正浓度	酒精度（V/V）	酒精度（m/m）	真正发酵度/%	色度（EBC）	色度（SRM）
1936	Hammerton	IPA	瓶装	10.03	1040.0	1.07	1004.1	89.75	2.69	4.69	3.75			
1938	Hammerton	IPA	瓶装	7.94	1031.4	1.14	1004.4	85.99	2.37	3.51	2.81			
1938	Hammerton	IPA	瓶装	9.70	1038.6	1.99	1007.7	80.05	3.39	4.02	3.21			
1944	Hammerton	IPA	瓶装	7.01	1027.6	1.17	1004.5	83.70	2.22	3.00	2.40		19.0	9.64
1946	Hammerton	IPA	瓶装	6.69	1026.3	0.52	1002.0	92.40	1.64	3.16	2.53		19.5	9.90
1947	Hammerton	IPA	瓶装	6.91	1027.2	0.73	1002.8	89.71	1.85	3.17	2.54		19.5	9.90
1947	Hammerton	IPA	瓶装	6.78	1026.7	0.60	1002.3	91.39	1.72	3.18	2.54		19.0	9.64
1949	McEwan's	出口 IPA	瓶装	11.66	1046.8	2.20	1008.5	81.84	3.91	4.99	3.99	66.47	19.5	9.90
1950	Hammerton	IPA	瓶装	8.26	1032.7	1.20	1004.6	85.93	2.47	3.66	2.93		25.0	12.69
1950	Charrington	IPA	桶装生啤	10.95	1043.8	2.43	1009.4	78.54	3.97	4.47	3.58	63.73	29.0	14.72
1950	McEwan's	出口 IPA	瓶装	12.14	1048.8	3.25	1012.6	74.18	4.86	4.70	3.76	60.01	25.0	12.69
1954	Charrington	IPA	桶装生啤	11.47	1046.0	2.28	1008.8	80.87	3.94	4.84	3.87	65.66	32.0	16.24
1954	Charrington	IPA	桶装生啤	11.64	1046.7	2.07	1008.0	82.87	3.80	5.04	4.04	67.34	27.0	13.71
1954	McEwan's	IPA	桶装生啤	10.99	1044.0	2.53	1009.8	77.73	4.06	4.45	3.56	63.05	25.0	12.69
1954	Mann Crossman	IPA	桶装生啤	10.99	1044.0	2.99	1011.6	73.64	4.44	4.20	3.36	59.62	26.0	13.20
1954	Mann Crossman	IPA	瓶装	12.09	1048.6	2.12	1008.2	83.13	3.93	5.27	4.22	67.54	24.0	12.18
1957	Charrington	Best IPA	桶装生啤	11.16	1044.7	2.92	1011.3	74.72	4.41	4.34	3.47	60.52	27.0	13.71
1957	Mann Crossman	IPA	桶装生啤	10.44	1041.7	1.58	1006.1	85.37	3.18	4.64	3.71	69.50	23.0	11.68
1957	McEwan's	出口 IPA	易拉罐	11.57	1046.4	2.76	1010.7	76.94	4.36	4.64	3.71	62.35	22.0	11.17

续表

时间	酿酒商	啤酒	包装	原麦汁浓度/°P	原麦汁比重(SG)	最终麦汁浓度/°P	最终麦汁比重(SG)	发酵度/%	真正浓度	酒精度(V/V)	酒精度(m/m)	真正发酵度/%	色度(EBC)	色度(SRM)
1959	Greene King	IPA	瓶装	8.41	1033.3	2.58	1010.0	69.97	3.64	3.02	2.41	56.74	25.0	12.69
1960	Greene King	IPA	瓶装	8.33	1033.0	1.99	1007.7	76.67	3.14	3.16	2.63	62.31	25.0	12.69
1960	Mann Crossman	IPA	桶装生啤	10.32	1041.2	2.56	1009.9	75.97	3.96	4.06	3.25	61.61	23.0	11.68
1961	McEwan's	出口 IPA	瓶装	11.23	1045.0	2.99	1011.6	74.22	4.48	4.18	3.47	60.10	20.0	10.15
1961	McEwan's	出口 IPA	瓶装	11.97	1048.1	3.14	1012.2	74.64	4.74	4.49	3.73	60.40	22.0	11.17
1968	Greene King	苦味 IPA	桶装生啤	8.82	1035.0	1.43	1005.5	84.29	2.76	3.69	3.07	68.66	18.0	9.14
1972	Greene King	IPA	桶装生啤	8.87	1035.2	1.74	1006.7	80.97	3.03	3.70	2.96	65.87		
1972	Charrington	IPA	桶装生啤	10.15	1040.5	2.89	1011.2	72.35	4.20	3.80	3.04	58.60		

资料来源：惠特布雷德浓度对照表；《每日镜报》（1972 年 7 月 10 日，第 15 版）。由 Ron Pattinson 友情提供。

附录 C
阅读历史酿酒记录

我们在解读英国历史酿酒记录时遇到了一些困难，这些困难包括计量单位、酿造技术、可识别度和酿酒记录中的酿酒商代码或速记等内容。

计 量 单 位

在过去 200 年中，酿酒记录中的计量单位发生了重大变化。例如，今天我们用磅或公斤作为麦芽的计量单位，而在历史记录中，蒲式耳是麦芽的计量单位，根据使用了多少蒲式耳麦芽，而不是根据生产了多少桶麦汁来计算酒花的添加量。当时的酿酒商经常使用重量单位"酿酒镑数"（brewers pounds）来描述原麦汁浓度，而不测量具体的麦汁浓度。以下是一些换算系数、常数和假设，可使用今天的计量单位将历史档案中的配方计算出来。

酿酒镑数（BP）和麦汁浓度计算

BP=1 桶麦汁的重量/1 桶水的重量

bbl.= 啤酒桶（beer barrel）=31 加仑

转换

BP=OG（表示为 SG 的最后两位数字）×0.36

例如：64 SG（或 1.064）=23 BP

因此

[（BP × 2.77）+ 1000]/1000=SG

例如：23 BP=1.064 SG

Balling=SG/4

例如：64 SG=16 °Balling

常数

每夸特（quarter）麦芽=85 BP

Balling=（BP × 2.6 × 100）/（360 + BP）

Balling=260 × BP/（360 + BP）

麦芽重量

转换

1 蒲式耳=大约 42 磅，即 8 加仑水的体积所容纳谷物的体积

现在的 1 蒲式耳≈48 磅麦芽

1 篮筐（Hoop 或 measure）=4 蒲式耳

1 配克（Peck）=0.25 蒲式耳（2 加仑）

8 蒲式耳= 1 夸特=336 磅浅色麦芽

1 苏格兰夸特（Scottish quarter）=252 磅

1 夸特棕色麦芽（Brown malt quarter）=244 磅

（对于深色麦芽，每夸特的重量是变化的）

1 夸特糖（Sugar quarter）=224 磅

2 蒲式耳=1 打

4 蒲式耳=1 库姆（Coomb）=1 袋（Sack）=1 桶（Barrel）

5 夸特=1Weigh=1 担（Load）

10 夸特=1 last

常数

1 夸特麦芽能生产 3 桶、比重为 1.074 SG 的麦汁

2 蒲式耳麦芽可以生产 1 桶比重为 1.056 的啤酒

2 桶水/夸特麦芽 = 76~84 磅麦汁

40 磅麦汁=1 夸特麦芽/1 桶水

实例

1. 用 55 夸特的麦芽酿造比重为 1.065 的麦汁，能产生多少桶？

   a. 65 ×0.36=23.4 BP

   b. 85 BP/夸特×55 夸特×1 桶/23.4 BP=200 桶

2. 用 30 夸特的麦芽酿造 70 桶啤酒，这款啤酒的原麦汁浓度（OG）是什么？

   a. 30 夸特×85 BP/夸特/70 桶=36.4 BP/桶

   b. 36.4BP/0.36=101，即原麦汁比重为 1.101=25.25°P

其他常用的转换

体积

英国啤酒桶：36 加仑（注意，有些文献提到英国艾尔啤酒桶为 32 加仑）

艾尔啤酒桶：30 或 32 艾尔加仑（ale gallons）

1688：34 艾尔加仑

1803：36 艾尔加仑

1824：36 英制加仑

啤酒桶：36 啤酒加仑

1688：34 啤酒加仑

1803：36 啤酒加仑

1824：36 皇室加仑

1 大木桶（Hogshead）：54 加仑（苏格兰 63 加仑；17 世纪可能是 54 加仑、56 加仑或 63 加仑，取决于质量）

1 Puncheon：72 加仑

1 垛（Butt）：108 加仑（有时为 126 加仑）=2 个大木桶（hogsheads）=3 桶（barrels）

超大桶（Tun）：216 加仑

1 小杯（Noggin）：1 品脱

1 壶（Pot）：1 夸脱

酒花

苦味指数=酒花添加量/（原麦汁浓度×100）

公式中：当 α-酸含量为 5 时，酒花添加量=磅/桶，原麦汁浓度=麦汁比重数的最后 2 位（如：1.070 OG=70）。

当苦味指数为 3 或 3 以下时，可以认为酒体口感是柔和的。

1 袋（Bag）：一包酒花重量为 2.25 cwt

1 小袋（Pocket）：一包酒花重量为 1.25 cwt

酿 造 技 术

如果对当时所采用的酿造工艺没有很好的理解，就不可能破解酿造记录中的奥秘。我希望我已经提供了足够多的背景知识，如多步糖化、部分糖化、伯顿联合发酵、橡木桶陈贮，以及其他现在已不再常见的酿造技术。原料也是如此，这有助于了解英国酿酒商在啤酒中所用的是加州（CA）的酒花和麦芽，还是欧洲的酒花和麦芽，而且这些原料在酿酒记录中通常会用缩写形式。

酿酒记录的识别度

酿酒记录是啤酒厂的官方记录，通常记录在豪华的记录本中，其中有些字迹

很张扬、龙飞凤舞，解读起来十分困难。若多看多研究，可能更容易解读一些，但是要破译个别单词还是很困难，更不用说理解其含义了。

酿酒商代码

许多日志中都使用酿酒商的代码，约翰·哈里森博士（Dr. John Harrison）和德顿公园啤酒圈的书《古老的英国啤酒及其酿造方法》(*Old British Beers and How to Make Them*)记录了一些酿酒商的代码。

附录 D
探寻属于你的 IPA

对我来说，为撰写这本书研究一些材料是一次非常有益的经历。尽管我一直对啤酒酿造史感兴趣，但这个项目唤醒了我对啤酒历史、啤酒神话、过去啤酒酿造和销售真相等所有相关事件的热情。如果你有兴趣研究啤酒酿造历史，这里有一些我发现的宝贵而实用的资源。

博客/网站

Zythophile

该博客由啤酒历史学家、作家马丁·康奈尔（Martyn Cornell）撰写，包含许多英国啤酒类型的历史上令人惊异的信息。据我所知，康奈尔是第一位揭示 IPA 和伦敦波特啤酒起源神话真相的啤酒历史学家，其博客内容令人吃惊、令人大开眼界。

Shut Up about Barclay Perkins

该博客由啤酒历史学家、作家荣·帕丁森（Ron Pattinson）撰写，包括对许多历史悠久的英格兰、苏格兰和德国啤酒配方的研究，其中包括教科书、广告和酿造记录中的某些片段，这些片段准确描述了过去 200 年间啤酒是如何酿造的，除包括一些惊艳的啤酒配方外，其博客内容还包含著名家酿师克里斯汀·英格兰（Kristen England）传统配方的家酿再现和品尝笔记等。

My Beer Buzz

该博客由比尔·科科伦（Bil Corcoran）撰写，介绍了一些关于禁酒前的美国啤酒

厂的历史信息，例如费根斯潘（Feigenspan）啤酒厂和百龄坛（Ballantine）啤酒厂。

Google Books

网站提供了一些最好的历史酿酒教科书的扫描版，包括《英国的乡村家酿》（*Country House Brewing in England*）、《酿酒理论和实践图册》（*The Theory and Practice of Brewing Illustrated*）、《酿酒工业：历史记录指南》（*The Brewing Industry：A Guide to Historical Records*）、《英国的酿酒工业》（*The Brewing Industry in England*），以及《艾尔和啤酒的奇妙之处》（*The Curiosities of Ale and Beer*）。可以推荐的谷歌图书资源太多了！

历史酿造书籍

在档案馆和图书馆，以及在某些谷歌图书上，有许多伟大的历史酿酒书籍。虽然有些书很罕见，但这些书包含了很多信息，并提供了许多酿酒商的酿造工艺。以下是我用过的参考书。

- *The Theory and Practice of Brewing*, Michael Combrune, 1762
- *The Theory and Practice of Brewing Illustrated*, William L. Tizard, 1846
- *The Complete Practical Brewer: Or, Plain, Accurate, and Thorough Instructions in the Art of Brewing Ale, Beer, and Porter,* Marcus Lafayette Bryn, 1852
- *The Scottish Ale Brewer and Practical Maltster,* W. H. Roberts, 1847
- *The Curiosities of Ale and Beer,* John Bickerdyke, 1886
- *The Noted Breweries of Great Britain and Ireland,* Alfred Barnard, 1889 and 1891
- *Practical Brewings: A Series of Fifty Brewings,* George Amsinck, 1868
- *The Brewer: A Familiar Treatise on the Art of Brewing,* W. R. Loftus, 1856
- *The Innkeeper and Public Brewer,* Practical Man, 1860
- *The Philosophical Principles of the Science of Brewing,* John Richardson, 1805
- *Burton-on-Trent: Its History, Its Waters, and Its Breweries,* William Molyneaux, 1869
- *The Town and Country Brewery Book: Or, Every Man His Own Brewer,* W. Brande, 1830
- *100 Years of Brewing,* 1903

这些书已经再版，可在 Raudins 出版社网站（www.Raudins.com/BrewBooks/）购买。

最近的酿酒书籍

- *A History of Brewing*, H. S. Corran, 1975
- *The History of English Ale and Beer,* H. A. Monkton, 1966
- *The Brewing Industry in England, 1700-1830*, Peter Mathias, 1959
- *Homebrew Classics: India Pale Ale*, Clive La Pensée and Roger Protz, 2003
- *Amber, Gold, and Black*, Martyn Cornell, 2008
- *Beer: The Story of the Pint,* Martyn Cornell, 2004
- *Hops and Glory*, Pete Brown, 2009
- *The British Brewing Industry, 1830-1980*, T. R. Gourvish and R. G. Wilson, 1994
- *Country House Brewing in England, 1500-1900,* Pamela Sanbrook, 1996
- *The Brewers Art,* B. Meredith Brown, 1948
- *The Brewing Industry: A Guide to Historical Records*, Lesley Richmond and Alison Turton, 1990
- *Old British Beers and How to Make Them*, Dr. John Harrison and Members of the Durden Park Beer Circle, 1976

档　　案

可以浏览英国国家档案馆网站 www.nationalarchives.gov.uk/2a2/，它对英国的所有档案材料进行了分类，可以搜索"brewery"或具体的啤酒厂名称。

London Metropolitan Archives

40 Northampton Road, London EC1R 0HB
www.Cityoflondon.gov.uk/lma
包括*Courage & Co.; Watney Combe & Reid; Truman Hanbury; Buxton; Fuller Smith and Turner; Allied Breweries; and Whitbread.*

Brewery History Society Archive

Birmingham Central Library, Chamberlain Square, Birmingham B3 HQ
www.birmingham.gov.uk
啤酒厂历史学会档案馆。

National Brewing Library

Oxford Brookes University Library, Gipsy Lane, Oxford OX3 0BP
www.brookes.ac.uk/library/speccoll/brewing.html
收藏有历史酿酒文本、日志、促销书籍和其他文学作品,包括已故的迈克尔·杰克逊晚年的文件,它位于美丽的牛津镇,是一些大酒馆的所在地!

Scottish Brewing Archive

Archive Services, 13 Thurso St., University of Glasgow, Glasgow G11 6PE
www.archives.gla.ac.uk/sba/default.html
收藏了苏格兰啤酒厂的主要记录,包括19世纪最伟大的IPA啤酒厂之一杨格啤酒厂。

Bass Archives

National Brewery Centre, Burton-on-Trent
19世纪和20世纪研究伯顿酿造啤酒的主要资源,档案中令人惊奇的收藏主要来自巴斯啤酒厂,但来自联盟啤酒厂、沃辛顿啤酒厂和印第安·库珀啤酒厂的材料也在那里。

British Library

查看"东印度收藏"可以深入了解殖民地印度的生活,里面包括许多报纸和广告。

Portsmouth Athenaeum

这家位于新罕布什尔区朴次茅斯的博物馆和档案馆有许多弗兰克·琼斯啤酒厂的照片,也可以查看 Red hook 啤酒厂和 Rusty Hammer 酒吧(都在朴次茅斯)关于弗兰克·琼斯的更多照片。

组 织 机 构

Brewery History Society

英国啤酒历史学家出版了一份季刊时事通讯和期刊,该杂志包括有关历史啤酒厂、酿造技术和专业书籍的一些随笔,学会会员需要缴纳年费(membership@

breweryhistory.com）。

博 物 馆

National Brewery Centre and Museum, Burton-on-Trent

该博物馆有许多英国啤酒酿造历史的展示，即使对特伦特-伯顿啤酒酿造史不太感兴趣的人也应该去参观一下，其亮点是 19 世纪伯顿 IPA 的整篇介绍和一个特伦特-伯顿的多尺度比例模型，模型大约建于 1920 年，可以辨识出啤酒厂所有的建筑和铁路支线，最后可以在博物馆酒吧品尝一些经典的沃辛顿艾尔啤酒来结束你的旅程！

London Museum Docklands

这是一个伟大的博物馆，主要介绍了伦敦作为港口城市和主要航运中心的历史，包括东印度公司的展品和手工艺品。博物馆位于伦敦东部的 Canary Wharf 商业区，距离 Jubilee Line Canary Wharf 地铁站仅几步之遥。

British Museum

世界上最好的博物馆之一。

名 胜 古 迹

Lea Valley Walk

该地区最南端是位于泰晤士河和利河交汇处的 East India 码头旧址，现在所处的湿地保护区、公寓楼以及码头和牌匾的遗迹，都讲述着那段历史。East India 码头遗址位于 O2 体育场（O2 Arena）正对面的泰晤士河畔。去那里最容易的方法是乘坐 Dockland 轻轨，或从 Canary Wharf 站的 Jubilee Line 向北，或从 Bow Road 站和 District Line 向南，都是到 East India 站下车。

原弓（Bow）啤酒厂遗址

在 River Lea 以北较远的地方有两处曾经是弓啤酒厂的厂址，现在两个地方都建成了公寓，而且都在原弓教堂旧址对面。从 District Line 的 Bromley by Bow 地铁站和 Hammersmith and City Line 向东步行很方便，只需几个街区。

特伦特–伯顿

　　一个鲜活的啤酒酿造历史博物馆，整个特伦特-伯顿镇都是建立在英国啤酒酿造历史之上的，当时的大部分建筑都曾经与啤酒酿造工业有关，有些纪念匾间隔地摆放着，讲述着一些建筑和遗址的历史。一个可以四处走走、充满英格兰啤酒酿造历史的伟大城镇。

参 考 文 献

Amsinck, George Stewart. *Practical Brewings: A Series of Fifty Brewings*. London: Author, 1868.

Ashton, John. *Social Life in the Reign of Queen Anne*. London: Chatto & Windus, 1882.

Baker, Julian. The Brewing Industry. London: Methuen, 1905.

Barnard, Alfred. The Noted Breweries of Great Britain and Ireland. Vol. 1. London: Causton, 1889.

———. The Noted Breweries of Great Britain and Ireland. Vol. 4. London: Causton, 1891.

Barth-Haas Group. Barth-Haas Hops Companion: A Guide to the Varieties of Hops and Hop Products. Washington, DC: John I. Haas, 2009.

Bass. *A Glass of Pale Ale*. Burton-on-Trent, 1884.

———. *A Glass of Pale Ale*, 2nd ed. Burton-on-Trent, 1950s.

———. A Visit to the Bass Brewery. Burton-on-Trent, 1902.

Bayley, Paul. "A Thousand Years of Brewing in Burton-on-Trent." The Brewer International 2, no. 8 (2002).

BeerHistory.com. "Shakeout in the Brewing Industry." Accessed September 27, 2011. http://www.beerhistory.com/library/holdings/shakeout.shtml.

Benow, Mark. "Frank Jones." RustyCans.com. Accessed May 2010. http://www.rustycans.com/HISTORY/jones.html.

Bickerdyke, John. The Curiosities of Ale and Beer. London: Field & Tuer, 1886.

Boys, Geoffrey. *Directions for Brewing Malt Liquors*. London: J. Nutt, 1700.

Brande, W. The Town and Country Brewery Book: Or, Every Man His Own Brewer. London: Dean and Munday, 1830.

Brockington, Dave. "American IPA." Brewing Techniques, September/October 1996.

Brown, B. Meredith. The Brewers Art. London: Whitbread, 1948.

Brown, Pete. Hops and Glory: One Man's Search for the Beer That Built the British Empire. London: Pan Macmillan, 2009.

———. "Mythbusting the IPA." All about Beer Magazine 30, no. 5 (November 2009).

Bryn, Marcus Lafayette. The Complete Practical Brewer: Or, Plain, Accurate, and Thorough Instructions in the Art of Brewing Ale, Beer, and Porter. Philadelphia: H. C. Baird, 1852.

Child, Samuel. Every Man His Own Brewer: Or, a Compendium of the English Brewery. London, 1768.

Cilurzo, Vinnie. "Brew a Double IPA." Zymurgy 32, no. 4 (July/August 2009).

Cilurzo, Vinnie, and Tom Nickel. "Brewing Imperial/Double IPA." Presentation at the Craft Brewers Conference. San Diego, 2004.

Claussen, N. H. "On a Method for the Application of Hansen's Pure Yeast System in the Manufacturing of Well-Conditioned English Stock Beers." *Journal of the Institute of Brewing* 10: 308–331.

Combrune, Michael. *The* Theory and Practice of Brewing. London: [Printed by J. Haberkorn], 1762.

Corcoran, Bil. "Local Brewing History: Christian Feigenspan Pride of Newark Brewery." My Beer Buzz blog. May 11, 2010.

http://mybeerbuzz.blogspot.com/2010/04/local-brewing-historychristian.html.

Cornell, Martyn. Amber, Gold, and Black: The History of Britain's Great Beers. Middlesex, UK: Zythography Press, 2008.

———. Beer: The Story of the Pint; The History of Britain's Most Popular Drink. London: Headline, 2004.

———. "FAQ: False Ale Quotes." Zythophile *blog.* 2007. http://zythophile.wordpress.com/.

———. "The First-Ever Reference to IPA." Zythophile *blog.* March 29, 2010. http://zythophile.wordpress.com/.

———. "Hodgson's Brewery, Bow, and the Birth of the IPA." Journal of the Brewery History Society 111 (Spring 2003).

———. "IPA: The Executive Summary." Zythophile *blog.* March 31, 2010. http://zythophile.wordpress.com/.

———. "IPA: The Hot Maturation Experiment." Zythophile *blog.* June 17, 2010. http://zythophile.wordpress.com/.

———. "IPA: Much Later Than You Think; Parts 1 and 2." Zythophile *blog.* November 19, 2008. http://zythophile.wordpress.com/.

———. "The Long Battle between Ale and Beer." Zythophile *blog.* December 14, 2009. http://zythophile.wordpress.com/.

———. "Pale Beers." Zythophile *blog.* November 26, 2009. http://zythophile.wordpress.com/.

———. "A Short History of Hops." Zythophile *blog.* November 20, 2009. http://zythophile.wordpress.com/.

Corran, H. S. A History of Brewing. London: David and Charles, 1975.

Curtin, Jack. "Black and Bitter: True Origins of Black IPA." Ale Street News 19, no. 4 (August–September 2010).

Daily Mirror. July 10, 1972.

Falstaff Brewing. "Ballantine XXX Ale." Last modified February 20, 2012. http://falstaffbrewing.com/ballantine_ale.htm.

Faulkner, Frank. The Theory and Practice of Modern Brewing, 2nd ed. London: F. W. Lyon, 1888.

Foster, Terry. "Historical Porter." Brewing Techniques 16, no. 4 (2010).

Fox, Messieur. The London and Country Brewer. London, 1736.

Glaser, Gregg. "The Late, Great Ballantine." Modern Brewery Age, March 2000.

Glover, Brian. Cardiff Pubs and Breweries. Stroud, UK: History Press, 2005.

Gourvish, T. R., and R. G. Wilson. The British Brewing Industry, *1830–1980.* Cambridge, UK: Cambridge University Press, 1994.

Grant, Bert. The Ale Master: How I Pioneered America's Craft Brewing Industry, Opened the First Brewpub, Bucked Trends, and Enjoyed Every Minute of It. Seattle: Sasquatch Books, 1998.

Great American Beer Festival. "GABF Winners." Accessed December 2010. www.greatamericanbeerfestival.com/the-competition/winners/.

Harrison, Dr. John. "London as the Birthplace of India Pale Ale." Paper presented at the Guild of Beer Writers IPA Conference. London, 1994.

Harrison, Dr. John, and Members of the Durden Park Beer Circle. Old British Beers and How to Make Them. London, 1976.

Hayes, Antony. "The Evolution of English IPA." Zymurgy 32, no. 4 (July/August 2009).

Hough, J. S., D. E. Briggs, R. Stevens, and T. W. Young. Malting and Brewing Science. *2 vols.* New

York: Chapman and Hall, 1982.

Jackson, Michael. "Jackson on Beer: Giving Good Beer the IPA Name." Zymurgy, Spring 1996.

Jurado, Jaime. "A Pale Reflection on Ale Perfection." The Brewer International 2, no. 12 (2002).

Koch, Greg, and Steve Wagner. The Craft of Stone Brewing Co.: Liquid Lore, Epic Recipes, and Unabashed Arrogance. With Randy Clemens. Berkeley, CA: Ten Speed Press, 2010.

La Pens"|e, Clive, and Roger Protz. Homebrew Classics: India Pale Ale. St. Albans, UK: CAMRA, 2003.

Lewis, Michael J., and Tom W. Young. Brewing, 2nd ed. New York: Kluwer Academic/Plenum Publishers, 2001.

Loftus, W. R. The Brewer: A Familiar Treatise on the Art of Brewing. London: W. R. Loftus, 1856.

Mathias, Peter. The Brewing Industry in England, 1700–1830. Cambridge, UK: Cambridge University Press, 1959.

McCabe, John T., Harold M. Broderick, and Master Brewers Association of the Americas. The Practical Brewer. Wauwatosa, WI: Master Brewers Association of the Americas, 1999.

McMaster, Charles. "Edinburgh as a Centre of IPA." Paper presented at the Guild of Beer Writers Conference on IPA. London, 1994.

Meantime Brewing Company. "India Pale Ale." Accessed January 2010. http://www.india-pale-ale.com/.

Molyneaux, William. Burton-on-Trent: Its History, Its Waters, and Its Breweries. London: Tr"¹bner, 1869.

Monkton, H. A. The History of English Ale and Beer. London: Bodley Head, 1966.

Mosher, Randy. Radical Brewing. Boulder, CO: Brewers Publications, 2004.

Ockert, Karl. MBAA Practical Handbook for the Specialty Brewer. Vol. 1, Raw Materials and Brewhouse Operations. Pilot Knob, MN: Master Brewers Association of the Americas, 2006.

One Hundred Years of Brewing: A Supplement to the Western Brewer. Chicago: H. S. Rich, 1903. Reprint, New York: Arno Press, 1974.

Palmer, John. "Reading a Water Report." In How to Brew. Boulder, CO: Brewers Publications, 1999.

Papazian, Charlie. The Complete Joy of Homebrewing. New York: Avon Books, 1984.

Pattinson, Ron. "Allsopp Reassures the Public." Shut Up about Barclay Perkins blog. January 7, 2011. http://barclayperkins.blogspot.com/.

———. "Black IPA." Shut Up about Barclay Perkins blog. March 12, 2010. http://barclayperkins.blogspot.com/.

———. "Brettanomyces and Pale Ale." Shut Up about Barclay Perkins blog. April 5, 2011. http://barclayperkins.blogspot.com/.

———. "Brewing IPA in the 1850s." Shut Up about Barclay Perkins blog. December 28, 2010. http://barclayperkins.blogspot.com/.

———. "Burton Ale in the 1820s." Shut Up about Barclay Perkins blog. May 20, 2011. http://barclayperkins.blogspot.com/.

———. "Burton Water: Parts 1 and 2." Shut Up about Barclay Perkins blog. January 16 and January 17, 2011. http://barclayperkins.blogspot.com/.

———. "The Characteristics of IPA." Shut Up about Barclay Perkins blog. January 14, 2011. http://barclayperkins.blogspot.com/.

———. "The India Beer Market in the 1830s and 1840s." Shut Up about Barclay Perkins blog. December 10, 2010. http://barclayperkins.blogspot.com/.

———. "Logs: Lesson 1." Shut Up about Barclay Perkins blog. June 17, 2009.

http://barclayperkins.blogspot.com/.

———. "Mr. Bass Chips In." Shut Up about Barclay Perkins blog. January 15, 2011. http://barclayperkins.blogspot.com/.

———. "Party-gyles." Shut Up about Barclay Perkins blog. April 26, 2010. http://barclayperkins.blogspot.com/.

———. "Stock Ale in the 19th Century." Shut Up about Barclay Perkins blog. April 10, 2011. http://barclayperkins.blogspot.com/.

Pereira, Jonathan. A Treatise on Food and Diet. New York: Fowlers & Wells, 1843.

Practical Man. The Innkeeper and Public Brewer. London: G. Biggs, 1860.

Protz, Roger, ed. *Good Beer Guide 2002*. London: CAMRA, 2001.

———. *Good Beer Guide 2005*. London: CAMRA, 2004.

Prout, Dr. William. *On the Nature and Treatment of Stomach and Urinary Diseases*. London: Oxford University, 1840.

Pryor, Alan. "Indian Pale Ale: An Icon of an Empire." Commodities of Empire, Working Paper No. 13, University of Essex, 2009.

Richardson, John. The Philosophical Principles of the Science of Brewing. York, UK: [Printed by G. Peacock], 1805.

Richmond, Lesley, and Alison Turton. The Brewing Industry: A Guide to Historical Records. Manchester, UK: Manchester University Press, 1990.

Roberts, W. H. The Scottish Ale Brewer and Practical Maltster. Edinburgh, 1847.

Sanbrook, Pamela. Country House Brewing in England, 1500–1900. London: Hambledon Press, 1996.

Scottish Brewing Archive Association. *Newsletter* 2 (2000).

———. *Newsletter* 25 (Summer 1995).

———. *Newsletter* 28 (Spring 1997).

Southby, E. R. *A Systematic Handbook of Practical Brewing*. London, 1885.

Steel, James. Selection of the Practical Points of Malting and Brewing, and Strictures Thereon, for the Use of Brewery Proprietors. Glasgow, 1878.

Sunderland, Paul. "Brew No. 396: Parti-gyled Brew of India Pale Ale Brewed in the Allsopp Brewhouse and Fermented in the Ind Coope Brewery, Burton-on-Trent, Wednesday, May 15th, 1935." Paper presented at the Guild of British Beer Writers IPA Conference. London, 1994.

Thomlinson, Thom. "India Pale Ale: Parts 1 and 2." Brewing Techniques, March/April and May/June 1994.

Tizard, William L. The Theory and Practice of Brewing Illustrated. London, 1846.

University of Michigan. Contributions from the Chemical Laboratory. Vol. 1, Part 1. Ann Arbor, MI: University of Michigan, 1882.

Wahl, Robert, and Max Henius. American Handy-book of the Brewing, Malting and Auxiliary Trades. Chicago: Wahl & Henius, 1902.

Wilson, Dr. Richard J. "The Rise of Pale Ales and India Pale Ales in Victorian Britain." Paper presented at the Guild of Beer Writers Conference on IPA. London, 1994.

Worthington, Roger. "Cascade: How Adolph Coors Helped Launch the Most Popular U.S. Aroma Hop and the Craft Beer Revolution." Indie Hops "In Hop Pursuit" blog. January 25, 2010. http://inhoppursuit.blogspot.com/.